受 浙江大学文科高水平学术著作出版基金 资助
中央高校基本科研业务费专项基金

神经科学与社会丛书

丛书主编：唐孝威　罗卫东

执行主编：李恒威

心智、大脑与法律

法律神经科学的概念基础

[美] 迈克尔·帕尔多（Michael S. Pardo）

[美] 丹尼斯·帕特森（Dennis Patterson） ◎著

杨彤丹◎译

MINDS,
BRAINS AND
LAW

ZHEJIANG UNIVERSITY PRESS

浙江大学出版社

总　序

　　每门科学在开始时都曾是一粒隐微的种子，很多时代里它是在社会公众甚至当时主流的学术主题的视野之外缓慢地孕育和成长的；但有一天，当它变得枝繁叶茂、显赫于世时，无论是知识界还是社会公众，都会因其强劲的学科辐射力、观念影响力和社会渗透力而兴奋不已，会引起他们对这股巨大力量的深入思考，甚至会有疑虑和隐忧。现在，这门科学就是神经科学。神经科学正在加速进入现实和未来；有人说，"神经科学正在把我们推向一个新世界"；也有人说，"神经科学是第四次科技革命"。对个新世界的革命，在思想和情感上，我们需要高度关注和未雨绸缪！

　　脑损伤造成的巨大病痛，以及它引起的令人瞩目或离奇的身心变化是神经科学发展的起源。但这个起源一开始也将神经科学与对人性的理解紧紧地联系在一起。早期人类将灵魂视为神圣，但在古希腊著名医师希波克拉底（Hippocrates）超越时代的见解中，这个神圣性是因为脑在其中行使了至高无上的权力："人类应该知道，因为有了脑，我们才有了乐趣、欢笑和运动，才有了悲痛、哀伤、绝望和无尽的忧思。因为有了脑，我们才以一种独特的方式拥有了智慧、获得了知识；我们才看得见、听得到；我们才懂得美与丑、善与恶；我们才感受到甜美与无味……同样，因为有了脑，我们才会发狂和神志昏迷，才会被畏惧和恐怖所侵扰……我们之所以会经受这些折磨，是因为脑有了病恙……"即使在今天，希波克拉底的见解也是惊人的。这个惊人见解开启了两千年来关于灵与肉、心与身以及心与脑无尽的哲学思辨。历史留下了一连串的哲学理论：交互作用论、平行论、物质主义、观念主义、中立一元论、行为主义、同一性理论、功能主义、副现象论、涌现论、属性二元论、泛心论……对于后来者，它们会不会变成一处处曾经辉煌、供人凭吊的思想废墟呢？

现在心智研究走到了科学的前台，走到了舞台的中央，它试图通过理解心智在所有层次——从分子，到神经元，到神经回路，到神经系统，到有机体，到社会秩序，到道德体系，到宗教情感等等的机制来解析人类心智的形式和内容。

20世纪末，心智科学界目睹了"脑的十年"（The Decade of the Brain），随后又有学者倡议"心智的十年"（The Decade of the Mind）。现在一些主要发达经济体已相继推出了第二轮的"脑计划"。科学界以及国家科技发展战略和政策的制定者非常清楚地认识到，脑与心智科学（认知科学、脑科学或神经科学）将在医学、健康、教育、伦理、法律、科技竞争、新业态、国家安全、社会文化和社会福祉方面产生革命性的影响。例如，在医学和健康方面，随着老龄化社会的迫近，脑的衰老及疾病（像阿尔茨海默综合征、帕金森综合征、亨廷顿综合征以及植物状态等）已成为影响人类健康、生活质量和社会发展的巨大负担。人类迫切需要理解这些复杂的神经疾病的机理，为社会福祉铺平道路。从人类自我理解的角度看，破解心智的生物演化之谜所产生的革命性影响，有可能使人类有能力介入自身的演化，并塑造自身演化的方向；基于神经技术和人工智能技术的人造智能与自然生物智能集成后会在人类生活中产生一些我们现在还无法清楚预知的巨大改变，这种改变很可能会将我们的星球带入一个充满想象的"后人类"社会。

作为理解心智的生物性科学，神经科学对传统的人文社会科学的辐射和"侵入"已经是实实在在的了：它衍生出一系列"神经X学"，诸如神经哲学、神经现象学、神经教育学或教育神经科学、神经创新学、神经伦理学、神经经济学、神经管理学、神经法学、神经政治学、神经美学、神经宗教学等。这些衍生的交叉学科有其建立的必然性和必要性，因为神经科学的研究发现所蕴含的意义已远远超出这个学科本身，它极大地深化了人类对自身多元存在层面——哲学、教育、法律、伦理、经济、政治、美、宗教和文化等——的神经生物基础的理解。没有对这个神经生物基础的理解，人类对自身的认识就不可能完整。以教育神经科学为例，有了对脑的发育和发展阶段及运作机理的恰当认识，教育者就能"因地制宜"地建立更佳的教育实践和制定更适宜的教育政策，从而使各种学习方式——感知运动学习与抽象运算学习、正式学习与非正式学习、传授式学习与自然式学习——既能各得其所，又能自然地相互衔接和相得益彰。

"神经 X 学"对人文社会科学的"侵入"和挑战既有观念和方法的一面，也有情感的一面。这个情感的方面包括乐观的展望，但同时也是一种忧虑，即如果人被单纯地理解为复杂神经生物系统的过程、行为和模式，那么与生命相关的种种意义和价值——自由、公正、仁爱、慈悲、憧憬、欣悦、悲慨、痛楚、绝望——似乎就被科学完全蚕食掉了，人文文化似乎被此新一波神经科学文化的大潮淹没，结果人似乎成了一种生物机器，一具哲学僵尸（zombie）。但事实上，这个忧虑不可能成为现实，因为生物性从来只是人性的一个层面。相反，正像神经科学家斯蒂文·罗斯（Steven Rose）告诫的那样，神经科学需要自我警惕，它需要与人性中意义性的层面"和平共处"，因为"在'我'（别管这个'我'是什么意思）体验到痛时，即使我认识到参与这种体验的内分泌和神经过程，但这并不会使我体验到的痛或者愤怒变得不'真实'。一位陷入抑郁的精神病医生，即使他在日常实践中相信情感障碍缘于5-羟色胺代谢紊乱，但他仍然会超出'单纯的化学层面'而感受到存在的绝望。一个神经生理学家，即使能够无比精细地描绘出神经冲动从运动皮层到肌肉的传导通路，但当他'选择'把胳膊举过头顶时，仍然会感觉到他在行使'自由意志'"。在神经科学中，"两种文化"必须协调！

从社会的角度看，神经科学和技术在为人类的健康和福祉铺平道路的同时，还带来另一方面的问题，即它可能带来广泛而深刻的人类伦理问题。事实上，某些问题现在已经初露端倪。例如，我们该如何有限制地使用基因增强技术和神经增强技术？读心术和思维控制必须完全禁止吗？基因和神经决定论能作为刑事犯罪者免除法律责任的理据吗？纵观历史，人类发明的所有技术都可能被滥用，神经技术可以幸免吗？人类在多大程度上可承受神经技术滥用所带来的后果？技术可以应用到人类希望它能进入的任何可能的领域，对于神经技术，我们能先验地设定它进入的规则吗？至少目前，这些问题都还是开放的。

2013年年初,浙江大学社会科学研究院与浙江大学出版社联合设立了浙江大学文科高水平学术著作出版基金,以提升人文社会科学学术研究品质,鼓励学者潜心研究、勇于创新,通过策划出版一批国内一流、国际上有学术影响的精品力作,促进人文社会科学事业的进一步繁荣发展。

经过前期多次调研和讨论,基金管理委员会决定将神经科学与人文社会科学的互动研究列入首批资助方向。为此,浙江大学语言与认知研究中心、浙江大学物理系交叉学科实验室、浙江大学神经管理学实验室、浙江大学跨学科社会科学研究中心等机构积极合作,并广泛联合国内其他相关研究机构,推出"神经科学与社会"丛书。我们希望通过这套丛书的出版,能更好地在神经科学与人文社会科学之间架起一座相互学习、相互理解、相互镜鉴、相互交融的桥梁,从而在一个更完整的视野中理解人的本性和人类的前景。

唐孝威　罗卫东

2016年6月7日

前 言

这本书最开始的筹划是在一张餐巾纸上,当时我们正在曼哈顿的一家酒店开美国法学院协会(AALS)年会。从我们第一次讨论这本书的问题开始,已经过去了好多年,也发生了好多事。法学和神经科学已经引起各学科领域学者的关注。我们就是这些争论的积极参与者。虽然有时被认为是神经法学的怀疑论者,但是我们认为这种标签是不确切的。在这本书中,我们力图使我们的案例更加持久,涵盖话题更广,而且总是能表明我们的立场:涉及的概念问题是法学和神经科学这一交叉领域的重要维度。

我们关于此话题的工作源于一篇发表在《伊利诺伊大学法学评论》的文章。[1] 在那篇文章中,我们对法学和神经科学问题进行了广泛的讨论,提出了我们想要进一步研究的问题。那篇文章的发表获得了广泛关注,并奠定了我们在此问题上的地位,我们因此受邀在各种论坛上阐述自己的观点。感谢尼尔·利维(Neil Levy)和沃尔特·辛纳特-阿姆斯特朗(Walter Sinnott-Armstrong)在《神经伦理学》杂志上策划专题讨论我们的作品,感谢那一期的其他参与者[沃尔特·格兰农(Walter Glannon)、莎拉·罗宾斯(Sarah Robins)、卡尔·克雷弗(Carl Craver)和托马斯·纳德尔霍夫(Thomas Nadelhoffer)]做出了富有洞见的评论。[2] 从我们第一篇合作的

---

[1] Michael S. Pardo & Dennis Patterson, Philosophical Foundations of Law and Neuroscience, 2010 Univ. Ill. L. Rev. 1211(2010).

[2] 我们在这个领域的成果还包括:Michael S. Pardo & Dennis Patterson, Minds, Brains, and Norms, 4 Neuroethics 179 (2011) 和 Michael S. Pardo & Dennis Patterson, More on the Conceptual and the Empirical: Misunderstandings, Clarifications, and Replies, 4 Neuroethics 215 (2011)。

文章开始，我们一直致力于拓宽和深化我们的研究。这本书就是那些努力的结果。[3]

我们感谢很多人支持我们的工作。

我们的学院给了我们非常重要的研究支持。帕尔多（Pardo）教授感谢肯·兰德尔（Ken Randall）院长对这个项目的热心，且常提供压倒性的支持，并且不断地尽一切可能提供一流的研究环境。帕尔多教授还要感谢亚拉巴马州法学院基金会慷慨的经费支持。帕特森（Patterson）教授最想要感谢的是罗格斯·卡姆登（Rutgers Camden）法学院雷曼·所罗门（Rayman Solomon）院长。所罗门院长的支持是无与伦比的。感谢英国威尔士斯旺西（Swansea）大学的约翰·林纳雷利（John Linarelli）院长坚定地支持此工作。这本书很多部分的写作是在佛罗伦萨欧洲大学学院托斯卡纳区优美的环境中完成的。帕特森教授还感谢欧洲大学学院法学部领导摩理势·克雷莫纳（Marise Cremona）和汉斯·米克利茨（Hans Micklitz）的支持。

我们在世界各地很多场合分享我们关于法学和神经科学的研究，同时我们也从很多慷慨的评论和问题中受益。我们两都参加了罗格斯（Rutgers）法学院卡姆登校区（Camden）法学与哲学研究所举办的"法学与神经科学：艺术的状态"研讨会。帕尔多教授参加了圣地亚哥大学法学院法学与哲学研究所和伦敦大学学院举办的法学和神经科学研讨会，法学院东南联合会年会的一场关于法学和神经科学的座谈会，AALS证据类年中会议中关于 fMRI 测谎的座谈会，斯坦福法学院法学与神经科学年轻学者研讨会，西北法学院法哲学俱乐部的研讨会。帕特森教授在斯旺西大学、欧洲大学学院法学部、弗赖堡（Freiburg）大学和卢塞恩（Lucerne）大学介绍了部分

---

〔3〕 除了前面提到的文章，本书还扩展了我们在 Michael S. Pardo & Dennis Patterson, Neuroscience, Normativity, and Retributivism, in The Future of Punishment 133（Thomas A. Nadelhoffer ed. , 2013）中提到的论点，并借鉴了一些我们个人的工作，包括 Michael S. Pardo, Self-Incrimination and the Epistemology of Testimony, 30 Cardozo L. Rev. 1023（2008）；Michael S. Pardo, Neuroscience Evidence, Legal Culture, and Criminal Procedure,33 Am. J. Crim. L. 301（2006）；Michael S. Pardo,Disentangling the Fourth Amendment and the Self-Incrimination Clause, 90 Iowa L. Rev. 1857（2005）；Dennis Patterson, On the Conceptual and the Empirical：A Critique of John Mikhail's Cognitivism,73 Brook. L. Rev. 1053（2007—2008）（跨学科研究科学真理研讨会）。

研究成果。我们感谢这些活动的组织者和参与者。

我们拥有优秀的研究助理，因此我们感谢亚拉巴马大学法学院 2013 级的迈克尔·斯特拉米洛（Michael Stramiello）同学、法兰克福歌德大学（Goethe University, Frankfurt）的艾琳·库珀（Erin Cooper）、佛罗伦萨欧洲大学学院的安娜·苏德斯坦（Anna Södersten）、索菲亚·莫拉蒂（Sofia Moratti）博士。

也有一些人在过去的几年里通过书面或者口头的方式给我们提供了很多很好的建议。为此我们特别感谢：拉里·亚历山大（Larry Alexander）、罗恩·艾伦（Ron Allen）、菲利普·博比特（Philip Bobbitt）、特内尼尔·布朗（Teneille Brown）、克雷格·卡伦（Craig Callen）、埃德·程（Ed Cheng）、黛博拉·德诺（Deborah Denno）、贝比恩·唐纳利（Bebhinn Donnelly）、金·弗赞（Kim Ferzan）、丹尼尔·戈德堡（Daniel Goldberg）、汉克·格里利（Hank Greely）、安德鲁·哈尔宾（Andrew Halpin）、亚当·科尔伯（Adam Kolber）、丹·马克尔（Dan Markel）、约翰·米哈伊尔（John Mikhail）、詹妮弗·穆诺金（Jennifer Mnookin）、迈克尔·摩尔（Michael Moore）、斯蒂芬·莫斯（Stephen Morse）、艾迪·纳米亚斯（Eddy Nahmias）、托马斯·纳德霍夫（Thomas Nadelhoffer）、汉斯·奥伯迪耶克（Hans Oberdiek）、约翰·奥伯迪耶克（John Oberdiek）、拉尔夫·波舍尔（Ralf Poscher）、阿曼达·普斯提尼克（Amanda Pustilnik）、迈克尔·瑞辛格（Michael Risinger）、阿蒂娜·罗斯基（Adina Roskies）、弗雷德·肖尔（Fred Schauer）、安妮－利兹·西博尼（Anne-Lise Sibony）、沃尔特·辛诺特－阿姆斯特朗（Walter Sinnott-Armstrong）、卡特·斯奈德（Carter Snead），拉里·索伦姆（Larry Solum）、妮可·文森特（Nicole Vincent）、杰斐逊·怀特（Jefferson White）。

深深感谢彼得·哈克（Peter Hacker）通读了全部手稿，替我们改正了无数错误。

我们还要感谢牛津大学出版社的编辑珍妮弗·龚（Jennifer Gong）在整个过程中提供了非常有价值的帮助和建议。

最后，我们也要感谢我们的家人。帕尔多教授感谢梅雷迪思（Meredith）和纳撒尼尔（Nathaniel）的支持、耐心、友好和关爱。帕特森教授感谢芭芭拉（Barbara）、莎拉（Sarah）和格雷厄姆（Graham）这些年来的支持和爱护，使得本书得以最终完成。

目　录

导　论

　　心智*和大脑的关系是一个会引起哲学界、科学界及公众广泛关注的话题。[1]各种各样相互作用的与心智和精神生活相关的力量、能力、才能不仅使人类与其他动物建立起联系,而且使我们成为独一无二的人。这些力量、能力和才能包括知觉、感觉、知识、记忆、信念、想象、情感、心态、欲望、目的和行动。大脑在与神经系统的其他方面和人体的其他部分相互作用中使这些能力成为可能。心智和大脑的关系是不可否认的,本书中我们也不否认它。实体二元论,即笛卡尔的理论,认为心智由非物质实体组成,这种非物质实体通过某种方法与身体(包括大脑)发生因果联系,我们认为这太难以置信而不能当真。我们不是二元论者。[2]

　　然而,心智和脑的关系的确非常复杂。有种说法认为心智(或者一些精神生活的特殊方面,如痛苦)有赖于脑;另一种说法认为心智(或者它的特殊方面)就是脑,或者说可以归结为脑(在这个意义上,心智完全以脑的运行角

---

　　* mind,亦有译为意识、精神、思想、心理、心灵等。

　　〔1〕　近期,有关最近神经科学引发的哲学问题的讨论包括:Alva Noë, Out of Our Heads: Why You are Not Your Brain, and Other Lessons From the Biology of Consciousness (2010); Raymond Tallis, Aping Mankind: Neuromania, Darwinitis, and the Misrepresentation of Humanity (2011); Paul Thagard, The Brain and the Meaning of Life(2012); Michael S. Gazzaniga, Who's in Charge? Free Will and the Science of the Brain(2012)。

　　〔2〕　在拒绝物质二元论的时候,我们赞同温和的或实用主义的"自然主义"形式;参见 Philip Kitcher, The Ethical Project(2011)。然而,由于第二章讨论的原因,我们拒绝自然主义的更为极端的"简化"或"消除"形式。虽然现代神经科学家(以及法律学者主张神经科学在法律中的应用)压倒性地声称拒绝与笛卡尔相关的物质二元论,但他们的解释仍然通过用大脑取代非物质的灵魂来保留有问题的笛卡尔主义形式结构。M. R. Bennett 和 P. M. S. Hacker, 在 Philosophical Foundations of Neuroscience, 233—235(2003)中清楚地阐述了这种讽刺性的发展。此外,正如我们在第二章中所探讨的那样,将笛卡尔主义和简化主义之间错误的二分法作为心智的概念,为整个神经法学文献的概念混淆奠定了基础。

度进行阐释）。无论它是或不是都有赖于一系列的经验性或实证性（empirical）和概念性（conceptual）的问题。实证问题关注证据基础和科学解释的充分性，如我们把心智与感觉、情感、认知和思考联系在一起，这些因素构成了我们的精神生活。过去几十年认知神经科学的发展有助于我们了解关于心智和脑的关系的实证问题，同样，神经科学的发展也有赖于技术提供的详细的脑结构和运行信息（最重要的是脑成像的类型）。

有时概念问题更难被认识，但它们确确实实存在着。[3] 不管是心智和脑的一般关系，还是一些特别的精神活动，真的都很难认识。对一般关系而言，想想这种主张，"心智即脑"。[4] 当我们做这道选择题时——心智是一种实体（脑）还是另一种实体（非物质实体），选哪个看起来似乎很明显。但是要注意：当我们用这种方法呈现问题时，我们已经预设了心智是一种实体。如果心智是一种实体，那么选择应当是基于实证的成功例子，即现有的对抗性假设能够解释实体的本质。然而，如果心智不是一种实体，那么这种描述问题的方法便容易产生错误引起混乱。我们把这称为一种概念性的混乱，因为争议双方所称的心智概念是混乱的、错误的（例如，事先假设心智是一种实体）。

一般命题（共性）为真时，特殊命题（个性）也是真。思考下列临床心理学案例。在讨论抑郁和大脑化学关系时，心理学家格雷戈里·米勒（Gregory Miller）这样解释：

> 如果我们重置一下"抑郁"这个术语，将之指代其他事情，如将生物化学和"抑郁"联系在一起，"抑郁"这个术语的特殊用法所描绘的现象并没有改变。如果经协商一致，今天将"抑郁"这个术语指代一种心理状态的悲伤，而10年后指代为一种大脑化学状态，那么我们不仅没有改变悲伤的现象，而且也没有依据大脑化学解释清楚它。[5]

---

[3] 事实上，正如我们在本书中所讨论的那样，"概念性问题有时难以识别"这一事实有助于产生我们讨论的一些概念性问题。

[4] 参见 Patricia Smith Churchland, Neurophilosophy: Toward a Unified Science of the Mind/Brainix(1986)（"因为我是唯物主义者，因此相信心智即大脑……"）。

[5] Gregory A. Miller, Mistreating Psychology in the Decades of the Brain, 5, Perspectives Psychol. Sci. 716, 718 (2010).

　　关于上述引用，我们需要注意两个问题：第一，"抑郁"指代一种现象，术语只是给出了概念。第二，概念可以改变，定义术语时，常用来表述的概念因此也会改变。我们不在乎概念的变化（或者用术语定义不同的事物）——这样做可能是更富有成效而带有启示性的，特别是基于科学的发展。[6] 但是，改变概念并没有改变先前术语指代的现象。因此，使用新的概念并不一定能解释先前的现象。用我们的说法，当实证的主张意图依靠现有的概念（如"抑郁"表达的概念），但其实事先假设了一种相比现在已经改变的概念或错误观点，那么就可能产生概念的错误或混乱。

　　这样，理解心智、精神生活与脑的复杂关系，不仅需要不断增加关于脑的实证知识，而且还需要概念性地厘清提出的各种问题和主张。脑科学已经为前者做出了大量贡献，而哲学（主要是那些研究心智和相关领域的哲学）则是针对后者。但是对于两个学科和它们之间的相互作用而言，仍有大量的工作要做。

　　在这种复杂的背景下，引入了法律和公共政策问题。[7] 关于心智和脑的复杂问题，由于第三种变量（法律）的引入，变得更加复杂，就如同物理学上的三体问题一样。利用神经科学揭示法律和公共政策的关系，同样面临前述讨论过的实证和概念问题，而且使这些问题更加复杂并且面临更多新的挑战。就实证层面而言，问题更加复杂，因为法学经常采用自己的实证充分性的标准，这些标准主要还来源于科学家等。[8] 就概念层面而言，问题也更加复杂，因为法学原理和法学理论在一些事件上采用我们关于心智和精神生活的"一般"概念，而在其他的事件上不采用。因此，进一步的概念性难

---

　　[6] 有关科学概念变化的启发性讨论，参见 Mark Wilson, Wandering Significance: An Essay on Conceptual Behavior(2006)。关于概念变化的另一个例子，参见 Susanne Freidberg, Fresh: A Perishable History (2009)，其讨论了与食物有关的"新鲜"概念的变化。

　　[7] MacArthur 基金会 "法律和神经科学研究"网站提供并收集有关法学和神经科学交叉学科的资源。参见 http://www.law-neuro.org/。该研究网站为探索日益壮大的神经法学跨学科领域提供了一个有用的起点。关于神经法学成果文献综述，请参阅 Oliver R. Goodenough & Micaela Tucker, Law and Cognitive Neuroscience, 6 Ann. Rev. L & Soc. Sci. 28.1 (2010); International Neurolaw: A Comparative Analysis (Tade Matthias Spranger ed., 2012); Francis X. Shen, The Law and Neuroscience Bibliography: Navigating the Emerging Field of Neurolaw, 38 Int. J. Legal Info. 352(2010)。

　　[8] Fred Schauer 强调了这一主题，并阐明了标准分歧的几种方式。参见 Fred Schauer, Can Bad Science Be Good Evidence? Neuroscience, Lie Detection, and Beyond, 95 Cornell L. Rev. 1191(2010)。

题源于法学原理和法学理论使用的概念。[9] 伴随着不断增加的实证和概念问题,法学同时也提出了一系列额外的实践和伦理问题。

一、关于本项目研究范围的说明与强调

要探讨这三个变量(心智、大脑和法律)的关系,我们认为有必要引入下面这些方法论:实证的、实践的、伦理的和概念的。我们相信厘清这些类别,对于法学和神经科学的交叉学科研究进展来说,是非常关键的。我们用脑测谎技术为例解释和阐述这些分类。第一,有些问题是实证的——它们关注各种与神经科学数据相关的问题。以脑测谎技术为例,这些问题包括特殊的脑活动与真实或虚假行为反应的相互关系,以及这些关系是否因不同的人、不同的群体、不同的谎言或者其他相关的变量而有不同的变化。第二,有些问题是实践的——它们关注将神经科学引进法学和公共政策等这类实践挑战。以测谎为例,实践问题包括如决定何时以及如何将证据引入法律程序,同样还有决定什么样的法律标准和指令(instructions)来确认证据推理规则。第三,有些问题是伦理的——它们关注各种各样关于隐私、安全、尊严、自治以及神经科学在法学中蕴含的其他价值问题。以测谎为例,这些问题会涉及比如强制测谎是否与这些价值和当事人权利相冲突。第四,有些问题是概念性的。这类问题是全书的焦点,然而学界研究非常少。概念问题关注神经科学与法学领域的与心智和精神生活相关的概念的预设和运用,这些概念包括它们当中的知识、信仰、记忆、意图、自愿行为和自由意志,甚至心智本身的概念。哲学对这些问题进行研究的主要效果是矫正,即矫正错误的推理和概念性错误,这些通常源于预设和设置有问题的或者错配的概念。我们说过,我们的焦点是概念问题,探究的价值也将是矫正。为了避免混乱,我们在开头就详细阐释每个术语的概念,我们仍将用到测谎这个例子。

概念问题关系到诸多概念的应用,比如心智与心理力量、能力和才能的多种排列,亦即我们所言的有意识。概念问题关注在各种涉及法律

---

〔9〕 例如,即使神经科学能够告诉我们关于"知识"的一些概念或者"知识"的某个特殊类型,但它也可能会或可能不会告诉我们关于"知识"的任何事情,用于分析刑法中的犯罪意图。

和神经科学的诉讼请求当中采用的概念的范围和特征。有意识的人拥有的这种能力是指向他们周围的人撒谎的能力。这是一个实证问题——是否特定的人会在特定的时候撒谎；同样，是否特定的大脑活动和撒谎行为相关也是实证问题。但是什么构成"撒谎"却是概念问题。它关系到"撒谎"定义的范围和特征。必须注意：上述两个实证问题（例如：是否一个人在撒谎、是否脑活动和撒谎相关）的答案也将预设一些关于什么构成撒谎的概念。

　　主张什么构成"撒谎"是概念性问题，并不是因此否认这个问题有很多实证方面，包括这个术语在过去怎么使用或者现在大多数人如何使用。而且，"概念"和"概念性分析"是哲学术语，有时有很多关于两者的不同想法和理论。[10] 因此，为进一步厘清我们所指的"概念"和"概念性分析"，一些额外的强调是有必要的。我们认为概念只是词语使用的抽象。概念和词语不同，因为不同的词语可能表达同样的概念[11]，同样的词语可能表达不同的概念。但是当争议的诉讼请求涉及我们日常的"大众心理学"[12]精神概念时，我们采用通常的做法作为探讨的起点；当争议的诉讼请求涉及法学原理或理论性的概念时，我们采用现行的法律用语作为探讨的起点。我们预设这些概念不一定有：(1)固定的边界（概念会变化，而且也在变化）；(2)清晰的边界（可能存在暧昧的案例）；(3)本质或者充分必要的条件（它们运用的标准是可被废除的）。然而，在运用相关概念时有各种各样的标准（或者表达概念的术语），而且，我们的分析经常聚焦于把注意力引到这些标准上来。争议中的标准扮演一种规范的角色：它们部分构成相关术语的含义，它们还规范如何运用。继续以测谎为例，标准起到了衡量什么

　　〔10〕　关于哲学文献的综述，请参阅 Eric Margolis & Stephen Laurence, Concepts, in Stanford Encyclopedia of Philosophy(2011), http://plato. stanford. edu/entries/concepts/. 更多关于概念分析所发挥的不同作用的详细讨论，请参阅 Frank Jackson, From Metaphysics to Ethics: A Defence of Conceptual Analysis(2000); Conceptual Analysis and Philosophical Naturalism (David Braddon-Mitchell & Robert Nola eds. ,2008).

　　〔11〕　例如，"snow""Schnee"和"neve"都是同一个概念的不同表达。

　　〔12〕　"大众心理学"指的是我们普遍的心理、精神状态，以及我们表达这些概念时通常使用的词语。"大众心理学"或"大众心理概念"其概念本身是哲学性和有争议的。我们使用这一表达，并非赞同它在哲学文献中的诸多用法。然而，这个概念是哲学文献的主要部分，因此我们需要用到它。我们的论据从不排斥大众心理学的观点。因此，我们不讨论这个概念是否可行以及是否是睿见。

构成撒谎的作用，而不仅仅是一项某人在特定时刻是否说谎的衡量依据。[13]

除了这些相对比较中庸的方法论认识，我们并没有把我们的分析同任何关于概念或者概念性分析的特别理论联系在一起。同样，我们单纯关于词语和词语的用法的考虑也不是这样。这些词语，比如"撒谎"，指代这个世界的特定现象。我们和法律的关切与这些潜在的现象有关。概念的澄明将提升我们对这些现象的理解；概念上的混淆将会使我们想要理解的问题更加模糊。

这就是我们所指的概念性问题。那么，分析"矫正"的主要价值，又是基于何种考虑呢？神经法学文献的实证诉求将有赖于这些概念（例如撒谎），那么运用这些术语表达概念所预设的标准可能是让人困惑的或者是有问题的（例如，预设说谎一定需要欺骗的动机[14]）。用创新的方式使用一种术语并没有什么错，但是如果用新的方式使用术语，并且认为它和之前的术语有同样的意思或者具有同样的推理逻辑的话，却是错误的。当辨识法律与神经科学争论中的概念性错误或者推理的错误时，概念性的探究能够起到一种有效的矫正作用。这些推理错误可能通过各种方式表现出来。例如，思考一下那种把某种特定的精神活动与说谎联系在一起的主张。如果某种行为与某种神经活动互相关联，但实际上这种行为并不是说谎，那么这种主张可能就是基于一种错误的"关于什么是说谎"的概念。同时，如果没有一种行为专门跟说谎联系在一起（比如确信说某件事肯定是假的），那么预设大脑活动构成说谎，也是错误的。而且，即使一种主张是基于正确的概念，考虑到被运用的术语的一般定义，如果这项主张对法学原理如何运用这个术语有错误认识，同样的错误也可能产生。如果争论的两个前提是基于不同的概念并且由于错误匹配而产生错误的推理，错误同样可能产生。

---

〔13〕 我们在第四章深入讨论了说谎的标准。

〔14〕 正如我们在第四章中讨论的那样，人们可以撒谎而无意欺骗。例如，一名受威胁的证人可能在法庭的证人席上说谎，但却无意欺骗法官，而是希望法官"识破"谎言（而不依赖证人的陈述）。

　　在接下来的章节中,我们要阐明在神经法学文献中各种各样此类的概念错误和推理错误是如何产生的。在法律和神经科学中,这类概念问题会经常产生,这并不足为奇。神经科学和各种各样的精神和心理概念之间的关系本身就非常复杂,当引入一个新的变量——法律时,它带来一系列关于法律证据、法学原理、法学理论的问题,这就变得更加复杂。我们讨论的这些概念问题,将集中于这三个层面:证据、原理和理论。证据问题关系到法庭上神经科学证据的使用(例如,基于大脑的测谎技术)。原理问题主要关系到刑法和宪法性刑事程序领域。法学理论问题主要涉及一般法理学、经济学、伦理学和刑罚等领域。

　　虽然我们概念性探究的主要推动力是矫正,但在开始前我们还是希望消除另一种潜在的混乱。我们的最终目标并不是怀疑脑科学在信息传递方面或在一些案例中解决法律问题的积极作用。我们主张对这些概念问题的持续性感知能够提升我们对相关问题的认识。法学和神经科学交叉学科的进步有赖于不断增加的实证调查和概念的澄清,更为重要的是从这些调查中获得的推理过程和结论。实证调查摆脱了概念上的困扰,告诉我们需要知道的信息,而从有问题的概念假象推导出来的调查就没有办法提供这些;基于混乱的概念开展的实证调查可能使我们误入歧途。

　　其他两项关于我们研究课题的强调,也必须在这个导论中说明。首先,因为我们的焦点是关于概念的问题,我们会广泛采用科学文献当中或者法律文献中引用的神经科学数据。这并不是因为我们必须认同这些实证主张,或者因为我们将沿着这条路指出一些实证问题,而是因为它从方法论上解放了我们,让我们可以在我们的探究中追寻概念和法律问题。更重要的是,我们不是神经科学家,而且我们的分析不是以科学的名义进行神经科学批判。让我们更加清楚明白这一点,我们主要关注一些概念性的主张,比如当精神概念与法律、法学理论和公共政策有关,那么目前的神经科学数据如何与我们的精神概念相关联,这些思考必须由神经科学来阐明,但是他们提到的这些问题在神经科学专家研究的领域之外。

　　其次,需要强调的是我们聚焦于法律。我们大部分的案例以及我们讨论的大量理论,都是关于美国法律,而且我们的讨论会主要聚焦于刑法理论。一部分是因为这是我们的专长所在,而且关于美国刑法判例最新的一些重要发展在我们的讨论中起到了主导作用。虽然理论分析将主要围绕美国刑法展开,但我们相信这些例子有利于阐明这些有问题的概念是如何在法学理论层面产生的。[15] 并且,我们讨论的理论问题,通常都跟法律有关。

二、关于科技的简要描述

就像我们上面解释的,为了研讨,我们在本书中的概念研究将很大一部分采用神经科学的数据,这些数据是由各种各样的实验生成的。当我们讨论下面章节中的一些具体问题时,我们会提供相关的实证细节;一些基本的关于这个领域的理解和相关的科技知识,可能是读者不熟悉的,但是对读者非常有用。在这部分中我们会提供一些读者可能觉得有用的基本背景信息,有些读者可能已经非常熟悉神经科学和科技领域,比如,大脑波纹检测/脑电图(EEG)和功能性磁共振成像(fMRI),这部分读者可以跳过去往后看。

神经科学对大脑和神经系统进行广泛的调查研究,关注该系统的构造、功能和进程,以及与其他身体系统的相互作用。在这个领域中,认知神经科学研究神经系统和精神特质之间的关系,经常探寻大脑和各种力量、能力和才能之间的联系,通常我们会把心智和精神生活,比如决策、知识、记忆和意

---

〔15〕 最近关于神经科学和其他理论领域的讨论包括:Jean Macchiaroli Eggen & Eric J. Laury, Towarda Neuroscience Model of Tort Law:How Functional Neuroimaging Will Transform Tort Doctrine, 13 Colum. Sci. & Tech. L. Rev. 235 (2012);Jeffrey Evans Stake, The Property"Instinct", in Law & the Brain 185(Semir Zeki & Oliver Goodenough eds. ,2006);Edwin S. Fruehwald, Reciprocal Altruismas the Basis for Contract, 47 Louisville L. Rev. 489 (2009);Richard Birke, Neuroscience and Settlement:An Examination of Scientific Innovations and Practical Applications,25 Ohio St. J. Dispute Res. 477(2011); Steven Goldberg,Neuroscience and the Free Exercise of Religion, in Law & Neuroscience:Current Legal Issues (Michael Freeman ed. ,2010);Collin R. Bockman, Note,Cybernetic-Enhancement Technology and the Future of Disability Law,95 Iowa L. Rev. 1315(2010)。

识与这些联系在一起。[16] 很多法律和神经科学交叉领域的问题关系到认知神经科学,因为法律对这些精神特质和它们在人类行为当中扮演的角色特别感兴趣。通常为了对精神过程进行神经学分析,法律也需要临床神经科学知识,临床神经科学研究与精神失常相关的神经问题,这些精神失常可能与大量的法律问题(例如,是否能够起草遗嘱或进行刑事辩护)相关,发展神经科学研究大脑发展,可能涉及大量关于儿童、年轻人和老年人的法律问题。[17]

　　神经科学在过去的几十年当中大量受益于技术的进步。最重要的发展是神经影像,特别是 fMRI。[18] 神经影像技术采用安全无创方法获取精细的脑功能结构数据。我们在这本书当中讨论的很多提议和实验都是基于 fMRI 所获得的数据。磁共振成像(MRI)和 fMRI 让人们躺在

　　〔16〕 一般性讨论,参见 Michael S. Gazzaniga, Richard B. Ivry & George R. Mangun, Cognitive Neuroscience:The Biology of the Mind (3rd ed. , 2008);M. R. Bennett & P. M. S. Hacker, History of Cognitive Neuroscience(2008)。其他介绍参见 A Judge's Guide to Neuroscience:A Concise Introduction (Michael S. Gazzaniga & Jed S. Rakoff eds. ,2010)。

　　〔17〕 我们在本书中的讨论主要集中在关于认知神经科学和法学的主张上;然而,临床问题出现在对于精神错乱的讨论中(第五章)。法学和神经科学跨学科领域的许多重要诊断问题(包括涉及疼痛,脑死亡的判断标准以及植物状态的患者)通常不在我们讨论的范围之内,但偶尔会在相关时提及。关于疼痛,请参阅 Amanda C. Pustilnik, Pain as Fact and Heuristic:How Pain Neuroimaging Illuminates Moral Dimensions of Law, 97 Cornell L. Rev. 801(2012);Adam Kolber, The Experiential Future of Law, 60 Emory L. J. 585(2011)。关于脑死亡,请参阅 Laurence R. Tancredi, Neuroscience Developments and the Law, in Neuroscience & the Law:Brain, Mind, and the Scales of Justice(Brent Garland ed. ,2004)。关于植物状态,请参阅 Adrian M. Owen & Martin R. Coleman, Functional Neuroimaging of the Vegetative State, 9 Nature Rev. Neuro. 235(2008);Rémy Lehembreetal. ,Electrophysiological Investigations of Brain Functionin Coma, Vegetative and Minimally Conscious Patients, 150 Arch. Ital. Biol. 122 (2012)。关于衰老和记忆,请参阅 Rémy Schmitz, Hedwige Dehon & Philippe Peigneux, Lateralized Processing of False Memories and Pseudoneglect in Aging, Cortex(published online June 29, 2012)。发育神经科学和法学也不在我们讨论的范围之内。参见 Terry A. Maroney, The False Promise of Adolescent Brain Science in Juvenile Justice, 85Notre Dame L. Rev. 89 (2009);Terry A. Maroney, Adolescent Brain Science after Graham v. Florida, 86 Notre Dame L. Rev. 765 (2011)。美国最高法院在最近的判例中有依据发育神经科学来限制刑事判决。参见 Miller v. Alabama, 567 U. S. (2012);Graham v. Florida, 130 S. Ct. 2011 (2010);Roper v. Simmons, 543 U. S. 551(2005)。

　　〔18〕 关于神经影像学的一般概况,见 Owen D. Jones et al. ,Brain Imaging for Legal Thinkers:A Guide for the Perplexed, 5 Stan. Tech. L. Rev. (2009);Teneille Brown & Emily Murphy, Through a Scanner Darkly:Functional Neuroimaging as Evidence of a Criminal Defendant's Past Mental States, 62 Stan. L. Rev. 1119 (2012);Henry T. Greely & Judy Illes, Neuroscience-Based Lie Detection:The Urgent Need for Regulation, 33 Am. J. L. & Med. 377 (2007);Marcus Raichle, What Is an fMRI?, in A Judge's Guide to Neuroscience,同本章注 16,第 5—12 页。

扫描仪器上，进行扫描工作，扫描仪器有很强大的磁性。MRI 和 fMRI 的关键区别在于：MRI 研究结构，fMRI 则如其名称所指，研究功能。MRI 测量身体内水分子的磁性。[19] 扫描仪器产生磁场使得水分子中的氢原子核能够排成一列，然后运用射频脉冲使得氢原子核达到一种高能状态。当脉冲停止，氢原子核回到排列状态，释放出不同能量。然后电磁场会探测原子核中的质子释放出来的能量。不同物质（例如：大脑皮层、神经轨道和脑脊液）的质子会"共振"出不同的频率。这些不同会转换成图像，并呈现出不同的阴影，然后通过不同的技术进一步加强。如此得到的脑"图像"甚至能够被"切割"并且从不同的角度进行观察。MRI 是一种神奇的诊断工具。

fMRI，在测量脑的过程中，关注血液里的磁性。[20] 血液里的磁性被用来衡量大脑活动，因为血液流动和大脑活动有关。当血红蛋白将氧气输送到大脑区域，它变成"顺磁性"的，并且会干扰扫描仪器产生的磁场。当大脑活动在特定的区域增强时，"血液流动因为供氧量的增加也会相应增强"。[21] 当血液加快流向脑的某个区域，血红蛋白会携带更多的氧气，MRI 信号也会加强。加强的信号表明那个大脑的区域更活跃或者此区域与当前此人的心理活动有关。这种信号叫"血氧依赖水平"（BOLD），是 fMRI 的基础原理。[22] 在我们将探讨的论题和实验中，与 BOLD 信号有关的活动通常包括这些任务，比如回答问题、决策、观察图像、思考问题，或者玩游戏。测量得出的统计数据通过统计技术经加工转化成脑扫描"图像"。在连接脑功能和精神过程时，基于 fMRI 的主张有时依赖于从精神过程到"积极的"脑活动的相关推理，从而得出哪些脑区域会产生或者激活精神过程，或者有赖于从脑活动到精神过程的相关推理结论（例如，因为一个人有 X 大脑活动，所以他

[19] Marcus Raichle, What Is an fMRI?, in A Judge's Guide to Neuroscience, 同本章注 16, 第 5—12 页。

[20] 同上。

[21] 同上, 第 6 页。

[22] 参见 William G. Gibson, Les Farnell & Max. R. Bennett, A Computational Model Relating Changes in Cerebral Blood Volume to Synaptic Activity in Neurons, 70 Neurocomputing 1674 (2007)。

或她很可能产生 Y 的精神过程）。后者更富争议。[23] 除了 fMRI 和 MRI，我们还将讨论一项在神经科学领域极富特色的技术——脑波纹检测（EEG）。脑波纹检测测量脑电活动，特别是通过头皮上的电极。基于个性化的脑电活动的呈现，研究者得出关于大脑和个体心理的相关推论。在第四章，我们将检视一项富有争议的技术，它用脑波纹检测（EEG）进行测谎，更加具体地说，它是一种衡量一个人是否有"犯罪知识"或是否知道犯罪细节的手段。其他收集大脑信息的神经科学技术还包括"正电子放射断层造影术"（PET）和"单光子发射计算机断层扫描"（SPECT），以及一些更新的技术如"颅磁刺激"（TMS）和"近红外光谱技术"（NIRS）。[24] 我们在开展相关讨论时会提到这些技术，但是大部分我们评论的观点和论据都主要基于 fMRI 数据（以及部分基于脑波纹检测）。

三、总结

第一、二章讨论一般性的哲学话题并解释全书运用的方法论路径。第三章到第七章将头两章提到的方法论框架和哲学问题运用到各种各样的法律、法学理论和公共政策话题上。

第一章讨论几个哲学问题，主旨在于强调神经科学可以或者应当启示（在一些案例中，转化成）法律。该章中，我们会介绍我们的讨论和论据依据的主要方法论定位：概念性问题和实证性问题的区别。概念性问题关注一项主张是否"有道理"，我们借此指出该主张运用了正确的概念解析（或者预设了表达这些概念术语的正确含义）。例如，如果一项主张是关于说谎，那么这项主张是否运用了正确的说谎概念？换句话说，主张中的"说谎"指的是说谎还是其他（它是表达了说谎的概念，还是另一个不同的概念，抑或根本没有概念）？我们把缺乏这项特征的主张认为是"无意义的"。

---

〔23〕 参见 Russell A. Poldrack, Can Cognitive Processes Be Inferred from Neuroimaging Data?, 10 Trend in Cog. Sci. 79（2006）。讨论用脑数据绘制关于心理过程的"逆推论"的问题。

〔24〕 相关简要概述，请参见 Amanda C. Pustilnik, Neurotechnologies at the Intersection of Criminal Procedure and Constitutional Law, in the Constitution and the Future of the Criminal Law (John Parry & L. Song Richardson eds. 2013), http://ssrn.com/abstract=2143187。

相比之下,实证问题关注命题正确与否以及是否具备特定条件[25],例如,"当琼斯宣称他不在犯罪现场,他在说谎吗"。为了说明这种区别,我们需要解释其他两个辅助问题:(1)标准证据和归纳证据的区别;(2)部分性谬误(mereological fallacy)。[26]我们通过比较守法、释法和知识的概念来阐明这些方法论的思考。

一般性的哲学思考暗含着很多法学与神经科学的观点,然而第二章我们转向更加具体地关注心智概念本身。很多神经法学文献的观点是基于"简化论者"关于心智的概念,根据这种概念,为了得以充分地被解释(或者在一些"消除性"话题中辩解),心智可以按照脑功能和过程被"简化"。作为心智概念的基础,我们有必要讨论这些自相矛盾的臆测。我们也指出三种关于心智的通说:笛卡尔的二元论,简化论者关于心智作为大脑的概念,亚里士多德关于心智是一种力量、能力和才能的安排的概念。

将这些哲学问题考虑到位以后,我们将在下面几个章节中转向神经法学文献中提到的一些具体主张。我们有时用"神经法学家"[27]这个术语作为一种简写指代那些坚决狂热地主张脑的科学数据能够阐释或者转化成法律和法律问题的学者。第三章讨论了几个神经科学和法学理论交叉领域的问题。我们首先讨论神经科学如何可能阐释一般的法理学问题,然后讨论脑和道德的关系,关注约书亚·格林(Joshua Greene)和他同事在情感和道德决策方面的工作以及约翰·米哈伊尔(John Mikhail)在"道德语法"上的成果。最后,我们检视了在神经经济学方面的最新成果。

第四章讨论了脑测谎。我们研究了两种目前实验室研发的并投入市场运用的大脑技术。民事和刑事诉讼的当事人都试图在法庭上采用

---

〔25〕 当然,出于这个原因,概念性主张将会有经验方面的问题(例如,我们可以问关于概念的命题是真是假)。但是概念性和经验性主张之间的一个关键区别是两者发挥的作用不同:概念性主张主要涉及规范性、调节性作用,经验性主张主要涉及描述性作用。考虑这种区别的另一种方式是概念性的主张是关于概念是如何建构起来的,而经验性主张是关于用概念做出具体的判断。关于说谎的概念性主张是关于什么是谎言;关于说谎的经验性主张是,某人是否在某个特定场合说谎,或者特定的大脑活动是否与说谎相关。

〔26〕 M. R. Bennett & P. M. S. Hacker, Philosophical Foundations of Neuroscience, 233 — 235 (2003).

〔27〕 我们并不是指每个人在法学和神经科学领域都采用这个术语进行写作。这个领域是巨大而多样的,有着各种各样的观点,或乐观,或悲观,或谨慎,或挫败,或关切。

这种检测结果作为有证明力的证据。第一种是运用 fMRI 测验一个人说谎或讲真话时是否会显示不同的神经活动。第二种采用 EEG 测验某人是否具有"犯罪知识"(例如,关于一个犯罪现场的定罪细节)。我们描绘出在诉讼中使用这类证据面临的各种各样的经验和实践问题,但是我们大部分的讨论会集中在几种有问题的概念假设,而一些关于证据和推理的争论却是以此类预设为前提的,可是这样的推理我们在诉讼中也可能合法地推导出。

第五、六章关注刑事案件中的法律原则。第五章讨论实体性法律原则,检验这些将神经科学运用到三大犯罪构成学说分类上的依据:客观要件、主观要件和精神障碍辩护。第六章关注刑事程序,检视三大宪法性规定:第四修正案、第五修正案中的反自证其罪、正当程序,这些规定限制了政府收集和使用神经科学证据。正如本书的其他章节一样,概念性问题会贯穿这两章。[28] 除了我们对各种规定的具体分析外,这两章中,我们的主要目标是阐明有关神经科学如何或者应该如何适用法律原则(教义)的论据有赖于这些概念问题以及之后的实践结果。

第七章从教义回到理论,并检视那些有关神经科学和刑法理论关系的辩论。我们评估两种不同的挑战,神经科学意图为刑罚报应理论提出这些挑战。第一种挑战关注做出惩罚决定的脑所传达的信息,并且由于情感和报应性惩罚决定的关系,而寻求破坏或动摇报应主义。第二种挑战关注罪犯(和一般人)的脑信息,并且预言没有一个被告应当受到惩罚会破坏报应

---

〔28〕　我们讨论的范围之外的两个涉及神经科学和刑法的相关问题是预测暴力,以及罪行确定后神经科学证据在死刑案件中发挥的独特作用。关于预测暴力的内容,请参见 Thomas Nadelhoffer et al., Neuroprediction, Violence and the Law: Setting the Stage, 5 Neuroethics 67(2012); Amanda C. Pustilnik, Violence on the Brain: A Critique of Neuroscience in Criminal Law, 44 Wake Forest L. Rev. 183 (2009)。关于死刑案件,请参见 O. Carter Snead, Neuroimaging and the "Complexity" of Capital Punishment, 82 N. Y. U. L. Rev. 1265 (2007)。就神经科学证据对死刑案件量刑的相关性而言,会引起关于罪责的质疑(因为会产生关于犯罪意图、精神错乱或犯罪行为的质疑),我们在第五章中的分析也适用于此处。我们也没有提到在判决中可能减少使用神经科学的问题,因为这并非遵循理论问题的研究方向。在我们讨论刑事程序合宪性时,我们将宪法条款及其相关理论作为一个既定的原则,而且我们并没有考虑是否应根据神经科学的发展来创造新的权利。对于主张"认知自由"权利的观点,请参阅 Richard G. Boire, Searching the Brain: The Fourth Amendment Implications of Brain-Based Deception Devices, 5 Am. J. Bioethics 62 (2005)。

主义。我们阐明两种挑战如何依赖这些有问题的概念预设。揭示了这些问题，将颠覆这些挑战，并且揭露为何他们的结论应该遭到抵制。

我们最后的结论表达了一些想法，我们相信我们的论据把这些想法讲清楚了，也解释了为何我们相信对这个问题的研究路径值得推荐。正如我们已经说过的那样，我们的立场是法学和神经科学文献提到的概念问题是重要的并且被广为忽视的。我们写这本书的目的是使这些问题受到关注，阐释它们的重要性，并且对我们提到的问题给出审慎的解决方案。

第一章　哲学问题

任何好的辩论的重要部分,无论它是哲学辩论,还是公共政策观点,抑或是一场关于日常锻炼优缺点的争论,都应是清楚明白的。清楚明白可能对辩论来讲是好事也是坏事。一项明确的辩论,某种程度上,通过辩论过程中形成的相互关系的本质获得力量。同时,清楚明白可以揭露辩论中的缺点,使某种观点的支持者承认失败,或者用更好的术语重组辩题。

哲学(作为方法)的主要优点之一是在辩论中无情地揭露缺陷——不管是显而易见的还是深藏不露的。正如每个大学生所知,存在多元谬误(multiple fallacies)。谬误,如合成谬误,深受权威欢迎。每天报纸上和教师休息室里谈论的话题基本上都在用未经证实的假设来辩论。除了这些相对知名的普遍的错误辩论,还有一些更精巧的更难反驳的错误。本章主要针对的就是后面这种类型的辩论。我们聚焦的谬误本质上是逻辑的或哲学的谬误。

人们可能会问:什么是"哲学谬误"? 计算可能存在错误,推理可能存在问题,但什么是"哲学谬误"呢? 本书中,我们通过仔细审查很多作者的观点来回答这一问题,这些作者认为心智最好被理解或解释为神经学事件。他们信奉的观点是"心智即大脑"。采用这一观点会导致我们强调的哲学错误。这些错误是逻辑的或者哲学的错误,因为这些主张在运用语言时超越了"感知的界限"。当这些主张在不应该适用该术语的上下文情况下适用了这些术语表达概念,那么它们就逾越了感知的界限——在没有规定或预设术语的新含义的情况下。因此,我们不认为规则或标准会被"无意识地"遵循。"遵循"一项规则的确切含义是指一个人认识到并且愿意在任何暗合该项规则的情况下调用它。通过例子和注释,我们解释了为什么"无意识地遵守规则"这种观点是错误的。

在论证我们的观点前,我们希望先厘清一些潜在的混乱。我们关于心智和其他精神特征的问题性概念的讨论可能对一些读者来讲意味着我们正在建立一种经典的二元主义而非唯物主义讨论,而神经科学的支持者站在唯物主义一边。[1] 但其实并不是这样的。真的,就像我们即将讨论的,推定的二分法是我们调查的问题的主要来源。笛卡尔的二元论——心智的图像是非物质存在,独立但又与身体存在因果关系[2]——典型地被很多神经科学讨论作为背景。例如,在讲到《神经伦理学》杂志时,尼尔·利维(Neil Levy)写道,"笛卡尔(实体)二元论不再被认真对待;大脑和心智的关系太过密切而不再受欢迎……神经科学发誓要揭示我们心智乃至灵魂的结构和功能"[3]。而且,在讨论神经科学对司法的暗喻时,奥利弗·古德诺夫(Oliver Goodenough)写道:"笛卡尔的模型……假定心智和大脑是分离的",然而心智的模型,对于"一个像我这样的非二元论者"而言,是"大脑作用的"[4],这种二分法是错误的。而且,正如我们即将在第二章讨论的那样,唯物主义者如古德诺夫太笛卡尔式了——他,像很多神经科学家和神经法学家一样,奉行有问题的笛卡尔哲学结构,简单地用脑替换笛卡尔说的灵魂。[5]

与其争论心智在哪生成(例如,在大脑或者其他地方),我们不如回过头来思考是否这是个正确的问题。首先,心智的位置这个问题预设了心智是

---

〔1〕 根据著名的神经科学家迈克尔·葛詹尼加(Michael Gazzaniga)的说法,"98%或99%"的认知神经科学家赞成在解释精神现象的尝试中将心智简化为大脑的理论。参见 Richard Monastersky, Religion on the Brain,Chron. Higher Ed. A15 (May 26,2006)。

〔2〕 有关这一立场的综述,请参阅 Howard Robinson, Dualism, in Stanford Encyclopedia of Philosophy (2009),http://plato. stanford. edu/entries/dualism/。我们在第二章中更详细地讨论了笛卡尔二元论。

〔3〕 Neil Levy,Introducing Neuroethics,1 Neuroethics 1,2 (2008) (重点略). 我们注意到,Levy 并不赞同我们在本书中批判的神经简化论。参见 Neil Levy,Neuroethics:Challenges for the 21st Century (2007)。

〔4〕 Oliver R. Goodenough, Mapping Cortical Areas Associated with Legal Reasoning and Moral Intuition,41 Jurimetrics 429,431-432(2000—2001)。

〔5〕 参见 M. R. Bennett & P. M. S. Hacker,Philosophical Foundations of Neuroscience,233-235 (2003)。在 19 世纪末和 20 世纪初,在早期的神经科学中,通过将其转化为隐晦的笛卡尔结构,来追踪明确的笛卡尔心智结构。

种"东西"或者"存在",位于"某处",例如,在人体中。为什么必须是这样呢?我们的回答是它不需要这样,也不是这样。一个替代心智的概念——我们认为更受欢迎的——是作为一种人类拥有的力量、能力和才能的安排。[6]这些能力暗指心理学上的多种类别,包括感觉、知觉、认知(例如,知识、记忆),沉思(例如,信仰、思考、想象、心理意象),情感和其他情感状态(例如,情绪和嗜好),以及意志(例如,意图、自主行为)。[7]

为了清楚地说明问题,我们并不否认一个正常工作的大脑允许人使用不同的力量、能力和才能的安排,这些我们统合识别为精神生活。虽然人类在运用这些力量、能力和才能时神经活动是必需的,但是神经活动本身并不充分。成功地运用它们的标准不是大脑里面有什么或没有什么。这些标准——本质上是规范的——是我们精神特征属性的基础。[8]为了简要描述我们下面将探讨的一个例子,让我们思考一下"有知识"指的是什么。我们相信"知道"并不(只)是在特定的生理状态下具备一个脑,而是它有能力去做特定的事情,例如,去回答问题,改正错误,基于一定的信息基础采取正确的行动,等等。这样,如果是由各种行为而不是脑状态构成"知道"的标准,那么就没有道理[9]说知识是"位于"大脑中。同样对于其他心理断言也是如此——对心智本身也是。因此,对于这个问题"什么是心智?是一种非物质存在(笛卡尔)或者大脑吗?",我们的回答是"都不是"。对于这个问题"心智位于何处?在大脑里还是在非空间维度里(笛卡尔)?",我们的回答也是"都

---

〔6〕　Bennett & Hacker, Philosophical Foundations of Neuroscience, 62－63(2003). "正如我们已经暗示的那样,心智不是任何形式的物质……我们说一个生物(主要是一个人),如果它有一定范围的积极和消极的智力和意志力——特别是一个语言使用者运用概念的能力,这种能力使自我意识和自我反思成为可能——那么它便具有心智。"

〔7〕　我们并不是要暗示我们列举的所有类别都应该被理解为相互平等或者可以根据一个方案进行分类。例如,具有思维能力的生物的独特之处在于,他们能够并且确实是出于原因而行动的。因此,智力和意志力将与感觉和知觉的能力区分开来。每个类别都需要进行详细的分析。

〔8〕　参见 Donald Davidson, Three Varieties of Knowledge, in A. J. Ayer: Memorial Essays, 153(A. Phillips Griffiths ed. , 1991), 转载于 Donald Davidson, Subjective, Intersubjective, Objective, 205, 207(2001). "毫无疑问,它是精神状态或事件概念的一部分,行为是证据的一部分。"为了避免另一种潜在的混淆,请注意我们也不是行为主义者。虽然心理能力表现在行为中(因此行为提供了证据),但是我们并不是建议,相反行为主义者却可能建议,能力等同于行为或将能力简化为行为。与行为主义者不同,我们承认心理事件有时可能在没有行为的情况下发生,并且行为可能在没有心理事件的情况下发生。

〔9〕　关于"感觉"的讨论,请参见下文注释 16.

不是"。人类有心智，但是心智并不是某种在他们身体里的存在。[10]

我们意识到我们的主张可能首先就打击了那些二元论者的二分法，并被视为异端邪说。这样，为了颠覆这些根深蒂固的，被很多神经法学家信奉但有问题的预设，我们深思熟虑，小心翼翼地论证。我们引入一项用于区分概念和经验问题的重要的方法论。在神经科学研究的文本中，经验性主张是在实验或者数据的基础上对是非曲直进行修正的。相比，概念性问题关注概念之间的逻辑关系。我们将解释为什么这类问题——心智是什么、讨论的各种心理类别是什么（如，知识、记忆、信仰、意图、决策）——是概念性而非经验性问题。

假定这些是概念性问题，然后我们讨论标准证据和归纳证据的区别。这个问题关注从身体证据（神经科学研究）得出的推理，这些证据与各种能力和它们的运用有关。然后我们转向哲学问题，这些问题伴随着有关标准的主张。再次，我们提供的标准本质上是哲学的。无意识地守法和释法这类话题是哲学文献的主题。我们将解释为何几个神经法学家的研究路径使概念更加混乱。

然后我们探讨关于认识的问题。认识是法学的核心概念，从侵权法到刑法等等都有广泛的运用。我们举例说明"知道某事"最好被理解为能力或才能的安排而非大脑的特定状态。我们运用整体的哲学立场中的最重要但有争议的方面去终结它，即"部分性谬误"。"部分性谬误"的问题在于将心理判断归因于脑而非整个人是否有道理。[11] 我们认为没有道理，我们将解释为什么我们这么认为。

一、概念的和经验的

关于概念和经验主张的关系这一重要问题，很不幸，在目前关于神经科学在法学当前和将来扮演的角色中几乎不受直接关注。经验神经科学主张，以及法律从这些主张中得到的推导和暗喻，有赖于心智的概念性预设。正如我们知道的，很多倡导加强神经科学在法学中的作用的

---

〔10〕 除非我们用隐喻来说话。比较："他有赢得比赛吗？"

〔11〕 这其中包括上述关于感觉、知觉、认知、沉思、情感和意志等广泛的能力。

支持者,将他们的案例建立在有争议的根本站不住脚的心智本质上。虽然我们知道需要更强调以及审查关于神经科学在法学中的运用的经验性主张,但是我们相信关于心智的基础概念问题即使没有更为重要,也是同等重要的。

神经科学家致力于理解脑的生理机能,但是他们首要感兴趣的是生理过程。[12] 神经科学家最感兴趣的问题是关于神经构造、脑功能以及精神特征(如知觉、记忆、视觉和情感)的生理学基础。科学解释,包括神经科学的科学解释,用解释性的语言构建,这种解释性语言大部分被认为是"经验性"的。相比理论和假设,科学主张由实验手段检验。实验对假设的确证形成了科学方法的基础。

经验问题和概念问题是不同的,它们是逻辑上的不同。[13] 除了它们不同的特征以外,概念性在特定方面与经验性相联系:经验性询问的成功之处有赖于概念的清晰和一致。如果实验以混乱的或者可疑的概念主张为背景,那么就无法证明任何事情。[14]

概念问题关注概念之间的逻辑关系。概念,如意识、知觉、知识和记忆,是在神经科学讨论中涉及的概念种类的典型例子。为了更好地论证,从而为成功地提出经验主张打好基础,概念性主张必须正确。[15] 概念性

---

〔12〕 参见 M. R. Bennett & P. M. S. Hacker, History of Cognitive Neuroscience, 1 (2008)。神经科学关心的是理解神经系统的运作。

〔13〕 正如我们在导论中所解释的那样,概念性问题的经验性方面问题,例如,某人是否已经学会了一个概念或者某人是否正确地使用了一个概念,这可能是一个经验性事实。"逻辑上不同"是指一个不能简化为另一个,或者不能在其术语中得以解释。经验性和概念性主张之间的关系本身就是一个哲学争论的问题。最近的哲学趋势——"实验哲学"——融合了经验性方法和概念性研究。有代表性的论文集可以在 Experimental Philosophy (Joshua Knobe & Shaun Nichols eds. , 2008) 中找到。

〔14〕 例如,设想一个实验来确定德沃金的法律原则是否比大象更重。当然,基于错误概念预设的实验有时会产生富有成效的结果,但这不是依赖于错误的概念预设。发现真正的命题通常需要理解命题中表达的相关概念。维尼小熊寻找"东极"的尝试必然失败,不是因为他看起来不够努力,或是因为他找错了地方。参见 A. A. Milne, Winnie-the-Pooh(2009)。这个例子来自 Bennett & Hacker,同本章注 5,第71 页(人们只有知道什么是极点,才能找到地球的极点——也就是说"极点"的含义是什么,什么才算是找到地球的一个"极点")。

〔15〕 参见 Bennett & Hacker,同本章注 5,第 148 页(对我们心理能力的神经基础进行富有成效和启发性的实证研究的先决条件是所涉及的概念的清晰度)。

主张必须"正确"指的是什么？[16] 对语言中词语的使用来讲，感觉的概念与表达的形式关系密切。因此，说一项特定的主张"缺乏感觉"（文字上讲，是指错误），并不是说主张是无聊的或者愚蠢的（虽然可能是）。这是说主张无法表达有意义的事物，因此，不能就它的真理性或错误性进行评估。错误或者使用模糊的经常产生"无意义的"主张——例如，有人主张德沃金的法学原理比一头大象"重"，是何意思？我们想没有人会认为这是对的，但是我们也猜没有人会认为这是错的。或者想想一个法官的主张，当她听到双方的辩论，她会"在她的大脑里"判案吗？这指的是什么（而不是她将决定什么）、什么证据应该肯定或否定，这些都是不清楚的。有时，用法的错误可能表现为简单的语法错误——比较一下"他差不多吃好早餐了"和"他还没吃好早餐"。然而，更重要的是它们有时向更有问题的更重要的方向分化。

当我们认为心智必须是一种存在时，这样一种错误就产生了。[17] 基本的简化论运动在很多积极的神经科学与法的争论中都犯这种错误。[18] "简化论"是将心智简化成大脑，典型地表现为两种形式：等同模式（心智是大

---

〔16〕 班纳特和哈克是这样解释感觉和真理的关系的：

认知神经科学是一项实验性研究，旨在发现有关人体器官的神经基础和伴随其运动的神经过程的经验性真理。真理的先决条件是感觉。如果某种形式的词语毫无意义，那么它就不会表达真相。如果它没有表达真相，那么它就无法解释任何事情。对神经科学概念基础的哲学研究旨在揭示和阐明概念真理，这些概念真理是由认知神经科学的相关发现和理论所预设的，是感觉的条件，是这些发现和理论的有力描述。如果进行得正确，它将阐明神经科学实验及其相关描述以及可以从中得出的推论。在《神经科学的哲学基础》中，我们抛弃了心理学概念家族形成的概念网络。这些概念被认知神经科学研究预设为人类认知、思考、情感和意志力的神经基础。如果表征使用这些概念的含义、排除、兼容性和预设的逻辑关系不被尊重，那么无效的推论很可能被认可，有效的推论很可能被忽视，而词的无意义的组合很可能被认为是有意义的。

M. R. Bennett & P. M. S. Hacker, The Conceptual Presuppositions of Cognitive Neuroscience: A Reply to Critics, in Neuroscience and Philosophy: Brain, Mind and Language, 127, 128 (Maxwell Bennett, Daniel Dennett, Peter Hacker & John Searle eds., 由 Daniel Robinson 做介绍并总结, 2007)。

〔17〕 班纳特和哈克在他们的书中追溯了这个错误的谱系，同本章注 5，第 324—328 页。

〔18〕 如上所述，迈克尔·葛詹尼加声称，"98％或 99％"的认知神经科学家在尝试解释心理现象时赞同将心智简化成大脑。参见本章注 1。

脑)或者解释模式(根据大脑的信息,精神特征能被完全解释)[19]。通过这种运动,很多支持提升神经科学作用的人为他们的事业做好准备,这是对人类行为在因果、机械、非自主状态下的解释。[20]正如我们将表明的那样,简化的动机是受关于心智和大脑关系的概念性错误驱使的。一旦这一根基被破坏,很多神经法学家的抱负会极大地减弱。我们通过聚焦各种概念问题揭露这些有问题的根基:标准和归纳证据的区别,无意识地守法、释法,知识和部分论谬误。

二、标准证据和归纳证据

假设我们被要求去寻找各种关于心理能力和特征的证据,如知觉和信仰。一些证据会提供标准支持——就是它将为能力或特征提供要素证据。[21]另一种证据将提供归纳性支持——即,虽然不是能力或特征的要素,但是它可能经验性地与能力和特征联系在一起,因此我们可以在一定程度上相信这种证据的存在,增加了(或者减少了)关联现象的可能性。[22]

标准证据作为心理断言的归因,如"去感知"或者"去相信",存在于行为

---

〔19〕　另一种表征第二种形式的方法是,关于心智的陈述可以在不遗漏的情况下翻译成关于大脑的陈述。神经科学文献提供了许多将心智简化为大脑的例子。例如,Francis Crick 在他的经典著作《惊人的假说》(The Astonishing Hypothesis)中,捍卫他所谓的"科学信念……我们的思想——我们大脑的行为——可以通过神经细胞(和其他细胞)及其关联的分子的相互作用来解释"。同样,Colin Blakemore 认为"我们所有的行为都是我们大脑的产物……"[Colin Blakemore, The Mind Machine, 270(1988)]。再次,简化论(reductionism)是被这种信念激发而来的,即人类行为的成功解释不必超越物理领域:大脑是解释所有知识、意图、理解和情感的源泉(locus)。我们讨论神经简化论,并在第二章中阐述更多的例子。班纳特和哈克为这种简化论提供了一个诅咒的反例,表明在解释人类行为时,背景(context)永远无法消除:

"没有多少神经知识足以区分写一个人的姓名,复制一个人的姓名,练习一个人的签名,伪造姓名,亲笔签名,签一张支票,见证遗嘱,签署死刑令,等等。因为这些之间的差异取决于具体情况,不仅是个人意图的作用,而且还包括必须获得的社会和法律惯例,以实现这种意图并实现这些行动。"

Bennett & Hacker,同本章注 5,第 360 页。亦参见 Gilbert Garza & Amy Fisher Smith, Beyond Neurobiological Reductionism: Recovering the Intentional and Expressive Body, 19 Theory & Psychol. 519－544 (2009),也有类似的关于心理学背景的争论。

〔20〕　同本章注 1。

〔21〕　关于"标准"概念的讨论,参见 Ludwig Wittgenstein, The Blue and Brown Books, 24－25 (1958)。关于维特根斯坦对标准的一般解释,参见 Joachim Schulte, Wittgenstein: An Introduction, 130－132(William H. Brenner & John F. Holley trans., 1992)。

〔22〕　参见 Bennett & Hacker,同本章注 5,第 68－70 页;亦参见 James Hawthorne, Inductive Logic, in Stanford Encyclopedia of Philosophy (2012), http://plato.stanford.edu/entries/logic-inductive/。

的各种类型中。[23] 按特定的方式行动,逻辑上是好的证据,这样,部分地构成了这些概念。对于视觉,这包括,例如,某人的眼睛跟踪到了某人感知的现象,某人的报告与某人的观察相匹配,等等。[24] 对于信仰,这包括,例如,某人宣称或赞同他相信的事情,某人的行为和他的信仰相一致,某人不相信直接矛盾的命题,等等。[25] 这种行为不仅是判断某人是否感知或相信某事的方法,而且也能帮助判断(真的,它部分构成)从事某种行为所指的含义。换句话说,它帮忙衡量某人是否事实上从事这项活动(而不只是一种在特定的情况下的衡量手段)。[26] 如果这些行为的形式对绝大多数人来讲不可能,那么将断言正确或错误地归因于它都没有意义。[27] 然而,要注意,这种标准证据是可废除的;人们可以宣称他们并不相信的命题,或者说他们感知到他们并没有感知到的事物,人们甚至没有形容过他们所感知或者宣称或者按照他们相信的做,也能感知或者相信。主要问题在于行为不仅能够作为某人是否在特定的时刻感知某事或者有信仰的证据,而且行为部分地决定了

---

〔23〕 虽然我们认为行为在标准的形成中起着核心(但不是决定性的)作用,但我们并不会将其归因于行为主义对人类行为的描述。粗略地说,行为主义者在解释人类行为时将心理状态简化为行为。我们认为更好的解释性过程是表明行为是如何与心理语言交织在一起形成心理状态归属的标准,如信念、愿望和意图。在这方面,我们遵循吉尔伯特·赖尔(Gilbert Ryle)和维特根斯坦的哲学方法。赖尔和维特根斯坦通过攻击基本假设来破坏笛卡尔的心灵(mind)图景,即"心灵"是一个内部剧场,是真正的研究对象。内外二分法是笛卡尔主义及其多种混淆的核心。关于笛卡尔主义和行为主义的讨论,请参阅 Wes Sharrock & Jeff Coulter, TOM: A Critical Commentary, 14 Theory & Psychol, 579, 582 — 587 (2004)。

〔24〕 当然,人们有时可能在特定情况下被误解,甚至在结构上被误解(例如,一个人是色盲)。但如果报告似乎与一个人周围发生的事情没有任何联系,我们就不会说这个人在察觉任何东西。参见 Bennett & Hacker,同本章注 5,第 127 页。表现出对特定感知能力的占有的行为形式包括在歧视、认可、辨别、追求目标和探索环境方面的相对效率,以及就人类而言,体现在其相应的话语中。例如,这些基于视觉而产生的行为是生物看事物的逻辑标准。

〔25〕 同样,特定情况可能会产生异常,但批量的失败会让我们质疑这个人是否真的保有据称归于他的信念。这也是为什么诸如"P,但我不相信 P"(摩尔的悖论)这样的断言通常被认为是矛盾的。参见 Roy Sorensen, Epistemic Paradoxes 5.3, in Stanford Encyclopedia of Philosophy(2011), http://plato. stanford. edu /entries/ epistemic-paradoxes /# MooPro。

〔26〕 参见 Bennett & Hacker,第 130 页。"将一个句子描述为表达一个概念上的真理,就是将其独特的功能单独化为一种标准陈述(a statement of a measure),而不是一种衡量标准。"

〔27〕 同样,在特定情况下,标准是不可行的。参见后注 53。或者,此类用途可能旨在改变"感知"或"相信"的含义。我们应该注意到科学家、哲学家、法学教授或任何其他人创造新术语或赋予现有术语新的含义都没有什么问题。我们正在讨论的关于神经科学和神经法学主张的概念性问题之所以产生,是因为这些主张旨在告诉我们现存的、普通的心理能力和属性(例如相信、感知和认识)——不是因为作者正在创造新的术语或扩展现有的术语。

感知或者相信的含义。[28]

相比之下,一些证据只为某人是否正在感知或者正在相信提供了归纳性支持。如果作为一种经验事项,一些证据与感知或信仰存在关联,那么这可能就对了。例如,戴眼镜和感知可能有相对强的因果联系,但是戴眼镜这一行为并没有构成(或者部分构成)感知的含义。神经活动,正如神经科学研究所阐明的那样,可能扮演这种角色;确切地说,寻找这些关联是很多目前研究的目标。[29]但是注意,这一因果联系只有当我们知道什么与神经相联系时才有意义。[30]脑的生理状态并不是心理能力和特征如感知或者信仰的标准证据,因为它们并不是构成这些证据的一部分。[31]回到上述段落的暗喻,神经活动可能有助于形成一种衡量方法——但不是衡量——关于在特定的时刻某人是否已经感知或者相信某事。[32]

为了知道某种脑状态是否和特定的心理能力或特征相联系,我们首先必须对认定能力或特征持有一定的标准。脑的生理状态不能胜任这种角色。为了说明这点,让我们思考一下,如有人主张某种特定的脑状态或者神经活动的模式,表示的是感知到 X 或者认为 P 是对的[33],但是一个人的脑

---

〔28〕 参见 Richard Rorty,The Brain as Hardware,Cultureas Software,47 Inquiry 219,231(2004)。信仰不能按与神经状态相关的方式被个性化。

〔29〕 参见,例如,Maxwell Bennett,Epilogue to Neuroscience and Philosophy,第 163 页(讨论感知的神经科学)。

〔30〕 这里的类比可能会有所帮助。为获赏金去追捕逃犯的人毫无疑问是对追捕逃犯感兴趣,而不是对在通缉海报上的逃犯照片感兴趣。但为获赏金去追捕逃犯的人应该注意海报上的细节,以便识别逃犯:知道要追捕谁。同样,即使神经科学家和法律学者可能对我们的心理能力感兴趣,而不是对我们关于这些能力的概念感兴趣,他们也应该注意这些概念的细节,以便寻找和识别这些能力。这个类比取自Frank Jackson,From Metaphysics to Ethics:A Defense of Conceptual Analysis,30-31(2000)。

〔31〕 如果神经活动确实提供了标准证据,那么具有特定的大脑状态将被视作运用能力(感知)或具有属性(相信)。参看 Bennett & Hacker,同本章注 5,第 173-174 页。有持怀疑态度和容易上当的人,但没有持怀疑态度和容易上当的大脑。我们都知道一个人信仰或不信仰上帝,相信保守党或仙女,相信一个人或他的故事,或怀疑一个人的话,并对他的故事持怀疑态度,等等,是什么意思。但我们不知道宗教的、不可知论者或无神论者的大脑是什么。这种形式的话没有任何意义。

〔32〕 同一命题可以作为一种情境中的衡量标准(measure)和另一种情境下的衡量标准(measurement)。差异取决于它是否被用于规范性的、制定性的角色或纯粹的描述性角色。

〔33〕 我们在第二章中讨论的最喜欢的例子是爱情与神经状态相同的主张。

处于任何这两种状态,实际上并没有进行这两种感知或者思考的行为。[34] 假设我们问那个人,她很真诚地否认她感知或思考了任何东西。在这个例子中,主张特定的脑状态在思考或感知是错误的,部分基于相反的证据(她的经历和她真诚的否认)。[35] 任何意图建立特定脑状态和思考或感知之间联系的尝试,都应该重新得到检讨。

三、无意识的守法

关于伦理和法律最基础的问题之一涉及标准和遵守标准(或者不遵守)。对这个问题的兴趣源自想要了解更多伦理认知的本质:我们如何决定有什么标准以及这些标准都要求什么,这是标准应用的问题,或者用一些哲学家的语言表述,遵守规则指的是什么?

很多学者认为伦理知识"被编译"或"被嵌入"脑中。[36] 关于伦理知识本质的观点假定伦理判断的能力是"固定"在脑中的。换句话说,伦理知识是"内向的",解释伦理知识即解释脑如何在做伦理判断时做出选择。按这种解释,伦理判断是计算"依据无意识的不可获得的原则去做出伦理裁决"的一种机制。[37] 这些原则,如争论的那样,以一种被视为"无意识"的状态在伦

---

〔34〕 某些神经活动可能是参与(并在其中发挥因果作用)思考或感知的行为所必需的,这种行为被视为具有思考或感知的能力,并且神经科学家可以通过检查脑状态和神经活动之间的相关性来发现这种关系。但是,这只会表明这种活动对于感知或相信等能力来说是一个必要条件,而不是一个充分条件。活动相关的行为仍然是提供标准证据的行为。

〔35〕 关于标准和归纳区别的另一个例子涉及心理意象。关于一个人是否具有特定心理意象(mental image)的标准证据是该人的言词以及该人如何使图像可视化。伴随这种心理图像的神经证据可能与这种图像有归纳性关联,但是神经事件不是获得图像的标准。有关此问题的讨论,请参见 Bennett & Hacker,同本章注 5,第 187—198 页。心理图像问题可能与目击者识别问题具有法律相关性。参见 Jeffrey Rosen,The Brain on the Stand,N. Y. Times Mag. ,Mar. 11,2007,50—51(引用 Owen Jones 教授关于神经科学与面部识别的潜在相关性的论述)。

〔36〕 例如,John Mikhail,Elements of Moral Cognition:Rawls' Linguistic Analogy and the Cognitive Science of Moral and Legal Judgment,319—360(2011);John Mikhail,Moral Grammar and Intuitive Jurisprudence:A Formal Model of Unconscious Moral and Legal Knowledge,50 Psychol. Learning & Motivation 5,29(2009)。"道德语法假设普通人是直觉的律师,他们拥有丰富多样的法律规则、概念和原则的隐性或无意识知识,并且自然而然地愿意应用合法可信的术语计算人类行为和遗漏的心理表征。"米哈伊尔从约翰·罗尔斯《正义论》的一些观点中得到了启示。

〔37〕 Marc D. Hauser,Moral Minds,42(2006).

理上得到遵循。[38] 无意识遵守规则的观念是以伦理知识被编译或嵌入脑中这样的认识为前提的,是人类伦理判断的神经逻辑解释的基本特征。我们说这个观点作为一种解释是无意义的。为什么无意识的遵守规则的想法不对?有两个原因。

首先,"精巧的知识"的观念应与"正确的执行"区分开。[39] 一个人因为行为准确所以认为他的大脑"拥有"精巧的知识,这种说法并不全面(例如符合伦理标准)。[40] 诉诸隐性知识来解释行为需要的不仅仅是诉诸,而是要明确地表明隐性知识是如何完成对其所声称的工作的。如果隐性知识不仅仅是一个循环论证解释,那么它必须有独立的标准。缺乏这样的标准,解释就是空洞的。[41]

其次,我们质疑"无意识"遵守规则这一说法的可理解性,一个人或一个大脑"无意识地遵守规则"是什么意思?当然,一个人可以在行动时没有意识到规则或者思考规则,但其为了遵守规则仍然必须认识到规则(例如,知道规则和它的要求)。一个人如果无意识,他并不能遵守规则,同样,如我们在第五章讨论的那样,根据刑事法理,无意识的身体活动也不被认为是行为。脑既不是有意识的,也不是无意识的,因此人不能有意识或无意识地遵守规则,从它们不"远距离行动"这个意义上说[42],规则并不是因果机制。遵守规则是人类做的事情,不单单只是脑,而是脑和其他部分相协调。

最后一点可以进一步细化。考虑到很多日常生活中规则发生作用的情况,下面这些事情可能看起来有关联。我们可能:(1)依照规则使我们的行为正当;(2)在决定采取行动时先查询一下规则;(3)依照规则,改正我们和其他人的行为;(4)当我们无法理解规则的要求时,可以解释规则。

---

〔38〕　参见 John Mikhail, Universal Moral Grammar: Theory, Evidence and the Future, 11 Trends Cognitive Sci. 143,148(2007)(认为道德知识是"隐性的",并且基于"无意识"应用的原则);Mikhail, Moral Grammar and Intuitive Jurisprudence,同本章注 36,第 27 页。"人类道德感是某种无意识的计算机制。"

〔39〕　参见 G. P. Baker & P. M. S. Hacker, Wittgenstein: Understanding and Meaning, 185 (1 An Analytical Commentary on the Philosophical Investigations, 2d ed. 2005)。"必须有可识别的条件来区分拥有隐性知识和完全无知,条件不同于正确的表现。"

〔40〕　我们在第五节更详细地讨论了"拥有"知识意味着什么。

〔41〕　人们在此得到提醒:鸦片让人入睡,是因为它具有"休眠能力"。

〔42〕　Baker & Hacker,同本章注 39,第 186 页。

规则遵守在很多情况中出现，每种情况都有它唯一的特征。这些情况并不是"在脑中"，而是在全世界。主体认为准则要求什么？以主体的观点看来，那项准则又要求什么？在解释这些问题的过程中，都需要参考它们。当关于准则要求什么发生争议时，诉诸人的脑袋里有什么是无关的，因为关于准则要求什么的不同观点的呈现说明了这样的诉请是循环论证（question-begging，以尚在争论的问题为依据，用未经证明的假定进行辩论）的。[43] 在捍卫准则要求什么的过程中推理不能"无意识地"完成。

而且，遵守规则和行为与规则一致两者之间是有基本差异的。思考一个简单的例子。伦敦中区一家俱乐部的入口处墙上写着："男士在餐厅须穿夹克。"史密斯先生是一位衣冠楚楚的男士，刚好是这家俱乐部会员的朋友。如果史密斯先生刚好穿着夹克走进餐厅，我们可以放心地说他的行为和规则一致。但他是在"遵守"规则吗？对于这种情况，需要更深入的分析。

实际上，"遵守"规则，首先史密斯应当是要认识到规则的。[44] 如果史密斯在进入俱乐部时并不知道规则，那么很难说他如何在"遵守"规则。他如何能够通过一些行为（比如，由他的俱乐部的会员朋友告诉他着装规则）使得他的行为和规则一致？如果史密斯把他的夹克放在手臂上，而且没有看到墙上的规则，那么他的行为并没有和规则一致，而大致可以推断得出一旦他被告知这项规则那么他的行为会符合规则。

这里的关键点是遵守规则有个认识的构成要件：一个人必须认知规则。使某人的行为符合规则是"遵守规则"的重要特征。没有这个认识构成要件，只能说是一个人的行为与规则所要求的一致。在任何意义上说，这不是遵守规则。

---

〔43〕 同样的困难困扰着道德现实主义。相关讨论，参见 Dennis Patterson, Dworkin on the Semantics of Legal and Political Concepts, 26 Oxford J. Legal Studies 545－557(2006)。

〔44〕 参见 Bennett & Hacker, 同本章注 16, 第 151 页。但是对于守法而言，仅仅根据规则制定规范是不够的。可以说，一个人只有在涉及实际和潜在活动（如证明行为合法、注意到错误，并参照规则改正错误、批评违法行为，若被要求会根据规则解释行为并教导其他人遵守规则）的复杂实践背景下才能遵循规则。

四、解释

在很多神经科学家和他们的狂热拥护者看来,大脑做了所有的事情,如描述、理解、计算、解释、做出决定。这小节中,我们将聚焦于一种主张,见证脑通过"解释"获得知识。尽管在这方面他们并不孤单,但很多神经科学的作者执着地相信脑通过一种内在的"解释"进程掌握规范(norms)。以下是奥利弗·古德诺夫赞扬迈克尔·葛詹尼加的"解释模式"的法律文本:

> (葛詹尼加)假定存在解释模式,他的作品也是基于词汇的(word-based arena)。一个相似的基于词汇的推理者是用基于词汇的法律规则来工作。在一项对脑裂(split-brain)患者的实验中,为了治疗严重的认知(epileptic)问题,该患者的中枢脑胼胝体被切开了,解释者为一些源于非基于词汇的思考模式的行为提供了一种完全错误的解释。[45]

我们关于精神生活的问题是精神生活并不理解这样一种事实——解释是一种"寄生行为","寄生行为"在伦理实践中是第二位的。如德沃金的法学理论所言[46],神经伦理学家想要为把解释作为一种基础的伦理判断特征寻找例证。虽然我们同意解释一定是伦理和法律的一项重要元素,但是解释是一种在判断中依赖存在的广泛共识的活动。简而言之,解释不能缺乏判断中早已存在的广泛共识而存在。

正如维特根斯坦所指出的那样,实践和固定的规则性是规范性的基础,也是理解与解释之间的区别("Im Anfang war die Tat")。维特根斯坦指示牌[47]例子的要点是只有实践和固定的规则性能够为正确的和不正确的判断

---

〔45〕　Goodenough,同本章注 4,第 436 页。

〔46〕　关于德沃金法理学这一方面的讨论以及他的法律理论所带来的两难困境,请参见 Dennis Patterson,Law and Truth 71—98(1996)。

〔47〕　"规则就像一个路标。路标是否毫无疑问地向我敞开我必须走的路? 当我通过它时,它是否指明我要走的方向,是沿着公路或人行道还是越野道路? 但它说我应该走哪条路呢,是在其手指方向还是(例如)相反的方向? 如果并不单单只有一个路标,而是一整串相邻的路标或者在地面上有很多标记呢? 那是否还是只有一种解说法? 因此我可以说,路标确实没有任何值得怀疑的地方。或者更确切地说:它有时会留下怀疑的空间,有时却没有。现在,这不再是一个哲学命题,而是一个经验主义命题。" Ludwig Wittgenstein,Philosophical Investigations § 85,39—40 (G. E. M. Anscombetrans. ,1953).

提供背景。[48] 没有遵守规则的实践,即行为的方式,指示牌本身并不能为我们提供其如何正确使用的线索。理论上,决定它如何被遵守和遵守规则中什么起作用的可能惯例和"遵守"指示牌的潜在方法是一样多的。但是一旦遵守指示牌的惯例固定下来,理解的背景就开始进化。正是在这种背景下出现了解释的需要。[49] 当理解出现问题时,解释是一种我们从事的反思性实践。理解在行动中展现。例如,我们通过关门表现出我们理解"请关上门"这一请求。解释的需要源于实践的基础。

作为实践中(不管是伦理、法律、算术还是测量)正确或不正确行为,解释并不是一个开始,因为解释使我们的注意力从技术转移开,而技术使理解成为可能。正确和不正确的行为方式是实践中固有的。正确的行为方式不能通过解释或者其他被强加在实践中。只有当我们掌握实践中参与者采用的技术时,我们才能抓住正确和不正确行为(例如,在伦理或法律方面)的区别。那些关于伦理和法律要求什么的主张是通过运用主体间性共享的评价标准而裁定的。正如维特根斯坦所言,"并不是解释搭建了指示牌和它所指示的意思之间的桥梁,只有实践才可以"。[50]

五、知识

在先前的章节中,我们检视了两个关于特殊知识种类的问题:名义上,一个人知道如何遵守规则意味着什么? 一个人知道(并解释)准则要求什么,又意味着什么? 在本章节中,我们转向探讨知识的概念。我们首先将知

---

〔48〕 所有的解释都以理解为前提。没有人可以解释以下内容:Nog drik legi xfom。在解释发生之前,首先必须翻译或破译这些术语。Contra Quine,"Translation is not Interpretation."W. V. O. Quine,Ontological Relativity and Other Essays,51—55 (1969)。当我们在不同的理解方式之间做出选择时,我们会解释一种话语。法律解释是决定理解规则给定条款的几种方式中的哪一种是正确的或可取的理解方式。这正是维特根斯坦写作时所考虑的那种活动:"我们应该限制'解释'这个术语将一个规则的表达替换为另一个。"参见 Wittgenstein,同本章注 47,§201,81。

〔49〕 参见 G. P. Baker & P. M. S. Hacker,Wittgenstein:Understanding and Meaning,667 (2 An Analytical Commentary on the Philosophical Investigations,1980)。"给出正确的解释是理解的标准,而给出的解释是正确使用所解释的表达式的标准。相应地,根据对它的正确解释去运用表达式是理解的标准,而理解表达式则预示着解释它的能力。"

〔50〕 引自 G. P. Baker & P. M. S. Hacker,Wittgenstein:Rules,Grammar and Necessity,136(An Analytical Commentary on the Philosophical Investigations,1985)。

识的一般概念作为一种能力来表达，然后我们将这个概念运用到法律案例中，学者们主张神经科学可以对这些案例有所启示。

知识的概念是几千年来备受哲学关注的话题，理解它的概要是很多知识学家的主要议程。除了认识论上的理论问题，知识也关系到重要的伦理和实践问题。伦理和法律关于是否应将伦理谴责或刑事责任归因于某人的行为的判断经常有赖于这一情况，即当某人做出该行为时知道或不知道其所做的事，同样是否有能力知道所做的事。类似地，某人关于其身处何处以及在某个特定的时刻正在做什么的知识事实上也总是具有高度证明力的证据，例如，某人是否是犯罪凶手以及是否应当承担刑事责任。神经科学可能帮助我们最终决定某人知道什么或者他/她有能力知道什么，这种前景预示很有魅力。

我们划出一些有关知识的概念点作为一般性讨论事项。关于遵守规则和解释，我们基础的方法论观点是：为了评估神经科学可能在这些问题上所扮演的角色，我们必须清楚地知道知识是什么以及什么说明某人具有认知能力。更具体地说，在我们决定某人是否在特定的时刻知道某事之前，或者通常有能力知道某事之前，我们需要一些知识归因的确切标准。[51]

知识归因通常具有下列两种形式：某人知道如何做某事，例如，骑自行车、变戏法、回家，或者在变戏法和骑车回家时会背诵各州首府名称；以及某人知道事情如何，例如，"斯普林菲尔德是伊利诺伊州首府"，"他住在舍伍德大道"。[52] 在这两种知识归因类型上是有大量重合的。知道什么以及知道如何，换句话说，证明他们自己有能力展示相关知识。这些证明——即知识的表达——可能根据特定的情境采用各种各样的形式。一个人可能证明他/她具有如何做某事的知识，例如，通过做这件事或者通过说应该如何做

---

〔51〕　换句话说，我们并不关心某人在特定场合是否知道（或符合标准）这一经验问题，而是关注知识归因的一般标准。

〔52〕　关于"知道是什么"（knowing-that）与"知道怎么做"（knowing-how）之间的区别，请参阅 Gilbert Ryle, The Concept of Mind, 25—61 (1949)。"知道是什么"与"知道怎么做"之间的确切关系是一个哲学争论的问题，但这场辩论超出了我们讨论的范围。关于"知道是什么"与"知道怎么做"之间的关系，请参阅 Jason Stanley, Know How (2011)；Knowing How: Essay on Knowledge, Mind, and Action (John Bengson & Marc A. Moffett eds., 2012)；Stephen Hetherington, How to Know (that Knowledge-That is Knowledge-How), in *Epistemology Futures*, 71—94 (Stephen Hetherington ed., 2006)。

这件事。[53]一个人可以证明其具有某种知识，知道某事如何，例如，通过宣传事情是怎么样的，通过正确地回答问题，通过改正其他人犯的错误，或者通过恰当的行为（由于具备该知识）。一个人也有可能具备该种知识（如何做以及是什么）而不做任何事。主要问题是知识是一种认知收获或者成功——它由知识个体的力量、能力或者潜力组成。[54]

当然，这并不是认为知识只是相关行为。一方面，可能有知识但没有表达。另一方面，可能从事了相关行为但是不具备该知识。例如，侥幸猜中某事是真的或者如何做某事，事实上并不具备该知识。

虽然知识最具代表性的（但并不总）是由行为证明，但人们可能会反对某些特定类型的综合征或者伤害对"知识作为一种能力"的概念构成了根本性的挑战。思考一下"闭锁综合征"的不幸案例，该案中受害者因为脑干受损，仍然有完全的意识——有完整的记忆和知识，但是不能移动或者说话。[55]坦白地说，他们有知识，但是他们缺乏能力去证明他们在典型方式上拥有知识。这是否意味着知识实际上不是一种能力，而是其他东西（一种脑状态）？我们认为不是。首先，那些闭锁综合征患者非常明显可以通过一系列复杂的眼睛移动学会用他们的知识进行交流。[56]这些交流确实证明了知识和知识的能力概念是一致的。在一个闭锁综合征患者学会用这种办法交流前，或者在"完全闭锁综合征"例子中眼睛不能动或者身体其他部位都不能动的时候，他仍然能够思考他的知识，用他所知道的去推理，以及以他所知去感受情感。这些也是能力或者技能，事实上，这些是我们在这种情况下将知识归于患者的原因。如果这样的患者不能用任何方式意识到他们的知识，以及不能以任何方式证明之，那么我们将基于什么将知识归因于他们？我们不能。这样，与其挑战这种主张（知识归因的标准包括能力或者技能去

---

〔53〕 后者可能是指那些生理上不再能够执行任务但仍然知道如何做某事的人（例如，表演舞蹈或参加体育运动）的情况。

〔54〕 Bennett & Hacker，同本章注12，第96页。知道某事情是这样的能力，更像是潜能的力量，而不是国家或现实。

〔55〕 参见 Jean-Dominique Bauby, The Diving Bell and the Butterfly (1997)。关于这种综合征及其对神经科学提出的问题的讨论，参见 Alva Noë, Out of Our Heads: Why You Are Not Your Brain, and Other Lessons from the Biology of Consciousness, 14—17 (2010)。

〔56〕 同上。

证明知识),不如说这个例子是一致的,并且加强了这个概念。

另一种潜在的具有挑战性的例子是某人处于植物状态。这个例子提出了几个问题。植物人有知识吗?要具体看。如果其在植物状态,那么可能没有理由去假定其知道事情。如果植物人醒来,那么我们会说其仍记得那些知识。

而且,处于持续植物状态的患者,据报道,有时在其他的情境下会有动作,这可能证明具有知识。例如,虽然这种情况的患者被认为是无意识的,但是据报道,他们会"对声音做出反应,坐起来移动眼睛,大声喊叫,做痛苦状,大笑,微笑,或者哭泣"。[57] 当这发生时,患者有知识吗?如果他没有,但是他有能力对他们的环境做出反应,这是否意味着知识不是一种能力(去证明这样的反应)?我们认为不是。首先,按上面所说,一个人可以做出与认知一致的行为(如何做某事或者某事如何),而事实上并不具备该知识(例如,某人回答问题时只是猜对了)。换句话说,这种行为对知识而言并不充分。[58] 其次,虽然知识暗含着有能力做某事,但反过来并不对:有能力做某事并不一定暗含知识。[59] 做事情的能力可以适用很多情境,在这些情境中知识归因不一定确切。再如,一块金属导电的能力并不意味着金属知道如何导电。例如,温度计显示正确温度的能力并不意味着温度计知道当前温度 70 度。知识包含一种"双向能力":人(agents)可以按意愿选择或者克制做某事。[60] 对于规则遵守,我们可以说一个有知识的人(agent)知道如何正确地做某事,同时也知道犯错意味着什么。

六、部分性谬误

如果将神经法学家的各种问题和项目统一起来,那么意识和脑就是一回事。这种信念是当前很多神经科学和神经法学文献以及其他热门文章的流行特征。但是将一般归因于人的问题归因于脑的心理特征是否正确?我

---

〔57〕 Noë,同本章注 55,第 17 页。

〔58〕 如上所述,行为也不是必要的——某人可能具有知识并且选择不以任何方式表达或证明它。

〔59〕 同样,人们可能知道如何做某事但却无法做到。关于"能够"和"知道如何"之间的区别,参见 Bennett & Hacker,同本章注 12,第 97—99 页。

〔60〕 关于"双向能力",同上,第 97—98 页。

们能清楚明白地说是脑思考、感知、感觉疼痛以及做出决定吗？ 如果我们不能，那么神经科学和法学的含义又是什么？

我们认为很多神经法学家的错误是部分性谬误（mereological fallacy），我们会从概念—经验的区别说起。与之前讨论的一样，这两个不同种类的问题渗透到精神生活讨论的方方面面。经验问题是科学研究的焦点，特别是关于大脑功能的生物学和生理学研究。[61] 相反，概念问题研究相关概念如何被清楚地表达以及如何关联。哲学（philosophical enterprise）的要点是评估大脑表达合理性的程度。[62]

部分性谬误存在于将能力或功能归因于某一部分，而这部分确切地只是对该整体有作用。[63] 在这个例子中，部分性谬误原则是精神特征应用于人类，而不是他们身体的某一部分（例如，人脑）。[64] 但是为什么它是错的？真的是一种"概念性"错误——将一种精神特征归因于人的一部分吗？ 再次思考一下"知识"。知识存在于大脑这种主张超越了感知的边界了吗？ 因此我们可以说"脑存储知识"没道理吗？ 知识能被存在脑中就像信息被存在书里或硬盘里吗？

麦克斯韦·班纳特（Maxwell Bennett）和彼得·哈克（Peter Hacker）对丹尼尔·丹尼特（Daniel Dennett）的著作进行了批判，他们认为"如果说人拥有信息，那么人脑什么都没有"。[65] 想象一下纽约交响乐团的演出安排被"编码到"你的脑中。我们能说你知道什么时候乐队将表演下一曲马勒的交响乐吗？ 如果这样的问题"什么时候纽约交响乐团将表演下一曲马勒交响乐"问到你，你回答了错误的日期，我们会（正确地）总结你不知道问题的答

---

〔61〕 参见 Bennett & Hacker，同本章注 5。

〔62〕 同上。

〔63〕 参见 Achille Varzi, Mereology, in Stanford Encyclopedia of Philosophy（2009），http://plato. stanford. edu /entries /mereology /。

〔64〕 参见 Bennett & Hacker，同本章注 16，第 133—134 页。

〔65〕 同上，第 137 页。"就书本包含信息而言，人脑不包含任何信息。就人类拥有信息而言，人脑不拥有任何信息。"

案。认知并不存在于特殊的状态。[66] 认知是一种能力——例如正确回答问题的能力。衡量答案对错的标准并没有存在于你的脑神经状态中。你是否知道问题的答案，是通过你所说的来证明的。[67]

　　这个和其他无数例子的要点是心理特征本质上是通过人们生活长河中的行为、反应、回应而得以证明，而不是通过任何所谓的共存的脑神经活动。这是部分性谬误和摒弃神经法学家简化论冲动的关键点。行为只是人类（或其他动物）能够做的事，脑功能和活动不是行为（人也不是脑）。是的，一个人为了从事某种行为需要脑。[68] 但是将心理特征归因于脑皮层的简化论是一种谬论，好比从整体到局部。

　　如果将整体的特征归因于局部，这样的错误是真正的中心错误的话，那么神经法学的含义又是什么？我们建议含义是多元的。最重要的是，神经法学家将心理特征简化为脑状态，这种做法应被作为谬论加以拒绝。这样，自愿行为、意向性、知识以及决策不是脑的特征，而只能是人类的特征。下一章将更详细地讨论心智的概念。

---

　　[66]　参见 Anthony Kenny, The Legacy of Wittgenstein, 129（1984）（"包含信息应处于某种状态，而知道某事物应具有一定的容量"）。实际上，当代认识论中的几个经典论据涉及假设人拥有正确信息但没有知识的情况。参见，例如，Edmund Gettier, Is Justified True Belief Knowledge?, 23 Analysis 121（1963）；Alvin I. Goldman, Discrimination and Perceptual Knowledge, 73 J. Phil. 771（1976）；Keith Lehrer, Theory of Knowledge（2d ed. 2000）。

　　[67]　或者它可能表现在其他行为中，例如，通过准时出席交响音乐会。虽然知识通常表现在行为上，但这并不是否认某人可能会失去以某种方式表现自己知识的能力（例如，一个知道如何打网球但又不再能够参加网球运动的人），或者可能在各方面（例如，完全"闭锁综合征"的人）失去表现自己知识的能力。参见 Noë，同本章注 55；Bauby，同本章注 55。

　　[68]　虽然需要大脑，但"具有特定的大脑状态是充分条件"这一假设是错误的。这种批评是对神经简化论解释力的全面攻击，我们将在第二章中讨论。雷蒙德·塔利斯（Raymond Tallis）解释了冲动的核心所在，以及为什么它无法作为行为的解释：

　　"将脑科学作为一种解释一切的学科，其吸引力在于它的核心是一种神话，源于混淆了必要条件和充分条件。实验性和自然发生的脑部病变已经显示出大脑中的孔洞与心智（mind）中的孔洞是多么精巧地联系在一起。从最微弱的感觉到最精心构建的自我感觉，一切都需要脑；但是，并不是因为神经活动是人类意识的充分条件，更不是它与之相同。"

　　Raymond Tallis, License My Roving Hands, Times Literary Supplement, Apr. 11, 2008, 13.

第二章　心智的概念

本章中,在关于如何思考神经科学在法学中的地位的论争中,我们思考了许多问题,以便阐明"心智"概念的核心重要性。我们在本章中探讨的主要概念问题对理解(以及评估)神经科学在法学中的具体应用很重要,我们会在后面讨论这些应用。这是因为,正如我们将知道的那样,在关于神经科学如何启示法学和公共政策的论争中,这些概念性问题的预设极富争议。

我们采用"简化论"的解释策略开始我们的讨论,神经简化论是其中一种特殊的形式。争议中的神经简化论试图通过将心智和精神生活"简化为"脑和脑的状态来解释意识和精神生活。我们阐明神经简化论者关于心智的概念,这个概念构成了很多神经科学研究和项目的基础,以一项突出的神经简化路径"取消式唯物主义"为例,神经科学在法学中的运用越来越广。[1] 然后我们讨论两个例子,关于这个简化论概念如何运用到神经科学与法学的关系中。最后,我们比较了此心智的概念和其他两个替代概念:笛卡尔的和亚里士多德的。在讨论的过程中,我们思考了这些概念的含义,如"大众心理学"、决定论、自由意志、自然主义和规范性。这些讨论,连同第一章,为后续章节展开讨论神经法学的理论和实践问题做了准备。

---

〔1〕 这一概念也是讨论神经法学面临的理论问题和挑战的基础。一个说明性的例子是"自由意志"问题及其在评估刑事责任方面的作用。我们将在第七章中更详细地回顾它,讨论神经科学与刑事惩罚理论之间的关系。

一、神经简化论

简化论深刻地影响哲学。事实上,它的影响如此深刻以致人们可能想说简化论处于很多哲学和科学项目的核心位置。[2] 虽然我们承认简化论的解释策略有时可能是成功的[3],但是我们在本书中抵制简化论。神经简化论中最突出的表现是"取消式唯物主义"(eliminative materialism),本章中我们就是致力于讨论它。[4] 我们将通过帕特里夏·丘奇兰德(Patricia Churchland)(神经简化论最著名的支持者之一)的著作讨论取消式唯物主义的观点,对简化论提出一些看法。

取消式唯物主义是自然主义的一种极端形式,自然主义本身是一种哲学问题的简化路径。[5] 自然主义的明确格式很难表述清楚,而且没有什么

〔2〕 有许多类型的简化策略。简化的主要类型是(1)逻辑简化,如将关于一个领域的真实主张等同于另一个领域中的真实主张并且将其转换为后者;(2)解释简化,如将一个领域中描述的现象完全用另一个领域的术语来解释;(3)诺美格简化(nomic reduction),如一个领域的定律可以追溯至另一个领域中的定律。前两个类型——逻辑和解释是神经法学文献中经常使用的,也是我们讨论的焦点。在这些形式的简化论中,关于心智(mind)和心理属性的真实主张要么与关于脑的主张相同,要么完全可以用脑状态和脑过程这类术语来解释。关于简化策略类型的优秀讨论,请参见 Shahotra Sarkar, Models of Reduction and Categories of Reductionism,91 Synthese 167(1991)。有关生物学简化论的精彩概述,请参阅 Ingo Brigandt & Alan Love, Reductionism in Biology, Stanford Encyclopedia of Philosophy (2012), http://plato. stanford. edu /entries /reduction-biology/。简化解释似乎通常也是推理的一个关键特征;参见 Philip Johnson Laird, How We Reason,177 (2008)。"有一种解释说明了我们用所理解的术语无法理解相关内容:如果我们无法获得关键概念,我们就无法构建解释模型。"

〔3〕 例如,Brigandt & Love,同本章注 2。讨论本体简化论和拒绝生物学中"活力论"。

〔4〕 "取消式唯物主义"是否应该被视为一种形式的"简化论",这是有争议的,因为正如其名称所暗示的那样,它试图消除而不仅仅是简化一些心理属性。我们认为它是我们"简化论"的一种形式。但是,有两个原因。首先,虽然我们讨论的版本试图消除我们的大众心理学词汇(以及由该词汇预先假定的一些心理实体),但它并不寻求消除心智(或其他符合心智最佳神经科学记录的心理属性)。其次,与其他形式的简化论一样,它试图用脑来解释心智(以及与法律相关的任何心理属性)。正是这种相似性对于我们讨论简化论和法律来说是最重要的。然而,我们承认,取消式唯物主义和不那么激进的简化论形式(试图解释但不能消除)之间的差异也可能具有重要的政策含义。有关取消式唯物主义及其与简化论关系的精彩概述,请参阅 William Ramsey, Eliminative Materialism, Stanford Encyclopedia of Philosophy (2007), http://plato. stanford. edu /entries /materialism-eliminative /。

〔5〕 有关该主题的精彩介绍,请参阅 David Papineau, Naturalism, in Stanford Encyclopedia of Philosophy (2007), http://plato. stanford. edu /entries / naturalism /。

定义是权威的。[6] 然而，以它最主要的(以及最少争议的)形式，自然主义者拒绝"超自然"的实体和关于这些实体的解释，他们认为科学调查是世界上发现真理的最好(虽然不是唯一的)路径。[7] 当然，我们并非拒绝所有形式的自然主义。[8] 这样做是反科学的，而其本身也是一种有问题的简化论形式。意识和人的行为能被简化为脑中自然主义的、物理的过程，我们谨慎反对这种观点，至少没有通过认真解释是不能这么说的。本书中我们主要反对这种类型的简化论，但是本章中我们将大致地谈一些关于自然主义的问题。

那些神经科学支持者的目标是"将情感状态简化为脑状态"。[9] 情感状态是人类个性的核心：情感状态使我们成为我们。情感、态度和情绪都是情感状态的例子。一些神经科学家不满意情感状态和脑状态简单的相互作用关系，他们想要用脑状态识别情感状态。通过这种识别，他们想要用脑状态作为唯一的方式来解释情感状态。

这种神经简化论的动机不难理解。如果心理状态能被简化为脑状态，那么 fMRI 从字面上就能"阅读其他人的意识"。按法律文本，如此强大的技术将具有无限的潜力。目击证言能准确无误地立刻被评估，谎言将被排除，所有的"记忆"将毫无错误地被判定其有效性及可靠性。

---

〔6〕 今天，"自然主义"一词最常见的用法可能描述如下：哲学家——甚至大多数哲学家都在撰写关于形而上学、认识论、心智哲学和语言哲学的问题——在他们的论文和书籍中这个或那个显眼的地方，宣布他们是"自然主义者"，或者辩护的观点或描述是"自然主义的"。这种宣告，从它的位置和重点来看，类似于斯大林时期苏联文章公告的位置，表明与斯大林同志的观点一致；就像后一种公告的情况，应该很清楚地表明任何不是"自然主义"的观点(与斯大林同志的观点不一致)都是诅咒，并且不可能是正确的。另一个共同特征是，通常，"自然主义"没有定义。

Hilary Putnam, The Content and Appeal of "Naturalism", in Philosophy in an Age of Science: Physics, Mathematics, and Skepticism, 109—110 (Mario De Caro & David Macarthur eds., 2012).

〔7〕 参见 Papineau，同本章注 5。

〔8〕 例如，我们支持自然主义项目，如 Alvin Goldman 在认识论方面的工作；参见 Alvin I. Goldman, Knowledge in a Social World (1999); Alvin I. Goldman, Epistemology & Cognition(1986)，以及 Philip Kitcher 在道德论方面的工作；参见 Philip Kitcher, The Ethical Project (2011)。从广义上讲，我们支持 Charles Taylor 发现的社会现象解释路径，参见 Charles Taylor, Interpretation and the Sciences of Man, in Philosophy and the Human Sciences: Philosophical Papers, 2(1985)。

〔9〕 参见 Joseph Le Doux, The Emotional Brain: The Mysterious Underpinnings of Emotional Life, 302(1998)。"大脑状态和身体反应是情绪的基本事实，有意识的感觉是虚饰"; Antonio R. Damasio, Descartes' Error: Emotion, Reason, and the Human Brain(1996)。

这种神经简化主义的意图存在概念性的和经验性的限制。虽然我们欣赏 fMRI 的技术限制,[10]但是我们相信仍然存在很深的概念性问题。为了和本书的通篇路径保持一致,我们聚焦于神经简化主义在哲学领域的方面。我们相信神经简化主义面临的概念性问题是本质性问题,在某种情况下是无法克服的。然而我们并不想建议,因为我们指出的概念性或经验性问题无法解决。相反,我们认为一些预设有太大的困难以致它们最好被抛弃。

我们在后面的章节中讨论一些法律例子,但是为了协助准备那些讨论,会考虑一个非法律的例子:爱,因为它能很好地说明这些主要问题。[11] 在一篇受到很多关注的学术文章中,两位研究者试图指出爱的"神经基础"。[12]他们说到他们的课题尝试去"探索个体关系的神经关联"。[13] 实验非常简单。向每个个体展示四张照片,其中一张是被试者深爱的人,其他三个则是朋友。当被试者面对爱人和三个朋友的照片的大脑活动被记录后,发现被试者看到爱人照片时的大脑皮层活动远超过看到三个朋友的情况。基于这些证据,研究者得出结论:浪漫的爱情真的能在大脑中分离出来,特别是"在内侧脑岛和前扣带皮层,以及皮质下的尾状核和尾壳核,它们之间互相交互着"。[14]

我们可以把 fMRI 技术的效力问题先搁一边。正如我们在其他地方讨论的一样,并非 fMRI 的技术功能有严重问题,而是 fMRI 向我们展示的大

---

〔10〕 Owen D. Jonesetal., Brain Imaging for Legal Thinkers: A Guide for the Perplexed, 5 Stan. Tech. L. Rev. (2009); Teneille Brown & Emily Murphy, Through a Scanner Darkly: Functional Neuroimaging as Evidence of a Criminal Defendant's Past Mental States, 62 Stan. L. Rev. 1119 (2012); Henry T. Greely & Judy Illes, Neuroscience-Based Lie Detection: The Urgent Need for Regulation, 33 Am. J. L. & Med. 377(2007).

〔11〕 我们特别迷恋这个例子,因为它能够说明概念性和经验性问题之间的重要差异。

〔12〕 Andreas Bartels & Semir Zeki, The Neural Basis of Romantic Love, 11 Neuroreport 3829 (2000).

〔13〕 同上,第3832页。

〔14〕 同上,第3833页。亦参见 Andreas Bartels & Semir Zeki, The Neural Correlates of Maternal and Romantic Love, 21 Neuro Image 1155(2004)。

脑究竟代表什么。[15] 没有人对 fMRI 测量含氧血流量有疑义。[16] 但也没有通过 fMRI 直接获得认知的途径，更别说隔离出来的"某一地方"（某一种或其他种识别功能"产生"在脑中的某处）。[17] 脑是远远复杂得多的器官，而不是此类的特征描述所能指代的。

雷蒙德·塔里斯(Raymond Tallis)，经常对神经简化论学者的观点发表评论，他对爱的神经基础已经被识别的主张做过一项很有趣的批判。[18] 作为一名优秀的科学家，塔里斯专注于学习的实验设计中的弱点研究。[19] 他找到三种主要的错误。他的第一个反对意见是一项常见的主张：BOLD 对刺激物的反应[20]没有考虑到这一事实——脑的某一区域对刺激物的反应是和脑的其他已经处于积极状态的区域相协调的。这一批评的要点是 BOLD 反应最多只是对大脑活动的部分测量。这样，实验不能捕获（并且不能解释）大脑其他区域的很多活动。

塔里斯的第二个反对意见，也是技术的，更深地切入问题。根据其他科学家的数据[21]，塔里斯指出：BOLD 反应测量的额外活动只是基于原始数据的平均值，这些数据表明，不同的人对同一刺激因素的响应差异很大。关键是，所谓的"平均测量"不是一个稳定的读数，而是一个广泛发散读数的平均值。正是由于存在着广泛的分歧，这就表明，不管正在衡量什么，都不可能有很好的相关性。换句话说，如果同样的被试者对同样的刺

---

〔15〕 参见 William R. Uttal, The New Phrenology: The Limits of Localizing Cognitive Processesin the Brain(2003); Russell A. Poldrack, Can Cognitive Processesbe Inferred from Neuroimaging Data?, 10 Trends in Cog. Sci. 79(2006)。

〔16〕 William G. Gibson, Les Farnell & Max. R. Bennett, A Computational Model Relating Changesin Cerebral Blood Volume to Synaptic Activity in Neurons, 70 Neurocomputing, 1674 (2007); Marcus Raichle, What Is an fMRI?, in A Judge's Guide to Neuroscience: A Concise Introduction (Michael S. Gazzaniga & Jed S. Rakoff eds. , 2010).

〔17〕 参见 Uttal, 本章注 15; Poldrack, 本章注 15; Russell A. Poldrack, The Role off MRI in Cognitive Neuroscience: Where Do We Stand?, 18Curr. Opinion Neurobiology, 223(2008)。

〔18〕 Raymond Tallis, Aping Mankind: Neuromania, Darwinitis, and the Misrepresentation of Humanity 76－77 (2011).

〔19〕 同上，第 77 页.

〔20〕 我们在引言中提供了 BOLD(血氧水平依赖)反应的简要描述。另见 Raichle, 本章注 16。

〔21〕 Tallis, 同本章注 18, 第 77 页。正如塔里斯指出的那样，即使是非常简单的动作(例如手指敲击)也会产生高度可变的反应。同上[引用自 J. Kong et al. , Test-Retest Study of fMRI Signal Change Evoked by Electro-Acupuncture Stimulation, 34 Neuro Image1171(2007)]。

激物产生极大差异的反应,那么任何特定事物能被测量这一说法是完全不确切的。

塔里斯提出的第三个也是最后一个反对意见,对我们的心智来说,最重要也最有效。而且,要点完全是概念性的。塔里斯提出了如下基本的问题:"爱情是一种能像对一张图片做出反应一样被测量吗?"[22]简单的事实是,爱不是"一种单一的持久状态"[23](为了按照实验员预设的方法测量而需要保持的一种状态)。爱包括很多情感,如焦虑、沮丧、嫉妒、罪意、愤怒或者兴奋。再次,塔里斯的观点是概念性的:他谈论的是爱的确切的含义。正如我们在第一章中讨论的那样,关于概念性的和经验性的问题,概念性的问题必须先于任何经验性的主张得到解决。[24]有人主张已经发现爱的神经基础,这预设了其已经正确理解了"爱"的概念。我们谨慎赞同塔里斯:爱不是一种适合进行简单刺激物测量的事物。

二、取消式唯物主义和大众心理学"理论"

像通常的神经简化论者,神经法学家渴望将所有人类的行为解释简化为大脑进程水平。他们相信"意识(心智)就是大脑",神经法学家试图仅以大脑皮层功能说明精神才能、能力和过程。作为一种对人类本质的解释,这种简化主义无非就是希望用神经科学语言取代我们对信仰、欲望和意图的谈论。因为所有的行为都是"有因的",所以没有无因果的人类行为。事实上,一些简化论者的意图更机械。

对于所谓的"取消主义者"或者"取消式唯物主义者"[25],我们平常谈论的关于精神生活的所有话题只是另一种"理论"——为了正确捕捉和描绘精神生活特征而与科学理论相抗衡的一种理论。[26]例如,取消主义者把我们对痛苦、气愤、记忆和认知的口头描绘作为这些方面人类行为的理论。就像

---

〔22〕 Tallis,同本章注 18,第 77 页。

〔23〕 同上。

〔24〕 我们在第一章讨论过这个区别。

〔25〕 有关取消式唯物主义的介绍,请参见 Ramsey,同本章注 4。

〔26〕 参见 Paul M. Churchland,Eliminative Materialism and the Propositional Attitudes,78 J. Phil. 67(1981)。

它的名字一样,取消式唯物主义寻求排除我们日常语言来解释精神生活——"大众心理学的语言"[27]。他们认为大众心理学应被排除的理由是它是种错误的解释理论。保罗·丘奇兰德(Paul Churchland)是这样描写取消式唯物主义和我们日常精神生活概念之间的关系的:

> 取消式唯物主义主张我们关于心理现象的常识概念形成一种彻底错误的理论,这一理论具有根本性缺陷,以致该理论的原则和本体论都最终将被完整的神经科学所取代,而不仅仅只是被修饰修剪。[28]

取消式唯物主义是一种哲学上的一场更广泛运动的极端表达,那就是哲学自然主义。[29]受美国哲学家奎因(W. V. O. Quine)著作的启发,哲学自然主义成为一种分析哲学的主导范式。[30]虽然"自然主义"可以从不同角度进行理解[31],但奎因将科学提升到了真理最终裁决者的位置。[32]奎因将哲学从一种致力于"概念分析"的学科贬低为一种"和科学协同拓展的"学科。[33]奎因关于"分析性"的批判,形成对概念性分析的普遍攻击的核心,对于自然主义的发展极其重要。[34]虽然一种完整的事情解决办法是超越这一

---

〔27〕 参见 Patricia Smith Churchland, Neurophilosophy: Toward a Unified Science of the Mind/Brain,299 (1986),通过大众心理学,我的意思是粗略凿出的一套概念、概括和经验法则,我们都在解释和预测人类行为时使用。大众心理学是常识性心理学——心理学上的传说,我们将行为解释为信念、欲望、感知、期望、目标、感觉等的结果。

〔28〕 Churchland,同本章注 26。

〔29〕 Patricia Churchland 以这种方式看待事物。参见 Patricia Smith Churchland, Moral Decision-Making and the Brain, in Neuroethics: Defining the Issues in Theory, Practice, and Policy,3—16 (Judy Illes ed.,2006)。我们必须指出,哲学上存在受自然主义影响的项目,其脱离了 Churchland 彰显的超简化主义。在认识论方面,参见 Goldman,同本章注 8;在伦理方面,参见 Kitcher,同本章注 8。

〔30〕 参见 W. V. O. Quine, Epistemology Naturalized, in Ontological Relativity and Other Essays (1969);Putnam,同本章注 6;Papineau,同本章注 5。

〔31〕 参见 Papineau,同本章注 5。

〔32〕 与奎因相关的自然主义的特定版本是所谓的"替代性"自然主义,指的是用科学探究取代传统的哲学探究。在奎因的原始论文中,"替代"是心理学的认识论。参见 Quine,同本章注 30,"认识论,或类似的东西,只是作为心理学和自然科学的一章而落实到位"。

〔33〕 同上。关于奎因作品这方面的讨论,参见 Hilary Kornblith, What Is Naturalistic Epistemology?,in Naturalizing Epistemology (Hilary Kornblith ed.,2d ed. 1997);Richard Feldman, Naturalized Epistemology, in Stanford Encyclopedia of Philosophy(2001),http://plato. stanford. edu/entries/epistemology-naturalized/。关于法学理论背景下的自然主义讨论,参见 Brian Leiter, Naturalizing Jurisprudence:Essays on American Legal Realism and Naturalism in Legal Philosophy(2007)。

〔34〕 参见 W. V. O. Quine, Two Dogmas of Empiricism, in Froma Logical Point of View(1980)。

讨论的范畴,但是我们说取消式唯物主义认为科学是真理的最终裁决者,科学的探索可以代替哲学的探索,这点并没有冤枉它。然而奎因自己,并没有在他的自然主义课题讨论里加入这种神经简化主义,事实上,他明确地反对日常精神概念的可化简性或排除性:

> 我勉强同意戴维森(Davidson)所说的异态一元论,亦即象征性物理主义:没有精神实体,但是有无法简化的组合物理状态和事件的精神方式……精神判定都很模糊,长久地彼此相互作用着,产生古老的判定和解释人类行为的策略。它们以不可通约的方式和自然科学形成互补,并且对于社会科学和我们日常交易(行为)而言必不可少。[35]

我们现在讨论取消式唯物主义最有趣的最富争议的观点之一,是违背这一哲学背景的,至少帕特里夏·丘奇兰德是这么看。在几十年中,丘奇兰德一直倡导这样一种观念,即我们的精神词汇可以被消除,以有利于身体。以真实的自然主义精神,简化论允许脑科学去回答关于意识的哲学问题。虽然丘奇兰德支持的精神毫无疑问是简化主义的,但是没有将她的路径描绘为全面排除大众心理学和主张用物理取代,还是比较谨慎的。在她的《精神哲学》[36]一书中,她如此说道:

> 我认为"取消式唯物主义"主张:
>
> 1. 大众心理学是一种理论;
>
> 2. 它的不充足性导致它必须最终被彻底检讨,或者被完全取代(因此是"取消式的");
>
> 3. 最终取代大众心理学的将是成熟的精神科学的概念框架(因此是"唯物主义")。[37]

在取消式问题产生前,我们必须考虑是否大众心理学构成一种"理论"

---

〔35〕 W. V. O. Quine, Pursuit of Truth (2d ed. 1992). 另见 Donald Davidson, Mental Events, in Essays on Actions and Events,207 (2d ed. 2001).

〔36〕 Churchland,同本章注 27.

〔37〕 同上,第 396 页。另见 Churchland,同本章注 28 和附随文本(将大众心理学称为"根本错误理论")。

（丘奇兰德的第一信条）。为什么取消主义者会这么认为？理论包括概念的应用。大众心理学包含诸如"意图""信仰"和"欲望"等概念，人们把这些运用到他们自己或者别人身上。而且，大众心理学被用来解释和预言行为（基于运用这些概念的常识概括）。因此，如争论所说的那样，它有资格作为一种理论。[38]

认为我们日常语言的心理学概念是一种理论的说法有多可信呢？我们相信这种主张是错误的。我们关于信仰、欲望、感知、情感和意图的日常概念不是理论或者理论性术语。概念网络不是"一种推测性的假设或者理论"[39]。我们用来表达我们精神和社会生活的词汇只是：一种词汇。

我们使用词汇通常不是一种理论训练，它是一种行为。当某人踩到脚趾头发出"哎哟"的声音时，他并不是在用理论主张他的脑正在做什么。我们看到某人脸上的喜悦、拳头打在桌上的愤怒，以及因害怕而退缩的恐惧。这些动作都是行为。正如我们所看到的，取消主义的主张的根本错误是试图将行为简化为"理论"，然后争辩理论是有缺陷的，因为它不能"解释"行为的内在运行规律。我们日常的词汇从来无意于向理论一样运转，也不是按此发挥功能，因此不能按此进行测验。

然而，根据取消式唯物主义，我们通过意图控制行为这一信念，将被丢到历史的垃圾堆里去，就如同我们相信地球是太阳系的中心或者地球是平的一样。[40] 行为并不是受意图、欲望和信仰驱使，而是因果关系力量的产物。神经科学的承诺是最终揭示引发行为的"机械过程"。[41]

---

〔38〕 大众心理学是一种理论，保罗·丘奇兰德对其进行了详细的辩护，Churchland，同本章注 26。"我们熟悉的心理词汇中的术语的语义通常应采用与理论术语的语义同样的方式来理解：任何理论术语的含义都是由它所代表的法律网络所确定或构建的。"

〔39〕 M. R. Bennett & P. M. S. Hacker, Philosophical Foundations of Neuroscience, 369(2003). 区别概念网络与理论。

〔40〕 参见 P. M. S. Hacker, Eliminative Materialism, in Wittgenstein and Contemporary Philosophy of Mind, 83-84 (Severin Schroeder ed., 2001). 取消式唯物主义并不是一个严肃的选择，因为对于研究人性和人类行为来说，抛弃定义其主题的概念及运用（其本身也构成了主题论述的一部分），是不具有严格意义上的可能性的。具有人类本性的学生不仅不会放弃这些概念并继续研究心理学，而且还可以证明这个生物不是一个人，甚至也不曾是一个人类存在。

〔41〕 参见 Joshua Greene & Jonathan Cohen, For Law, Neuroscience Changes Nothing and Everything, in Law & the Brain (Semir Zeki & Oliver Goodenough eds., 2006)。

　　班纳特和哈克研究了儿童学习心理概念的文本,将其作为取消式唯物主义主张大众心理学是一种理论的筹码。[42] 当一个儿童获得语言,他或她能够因为疼痛而尖叫,能够因为遭受痛苦而表达悲伤,例如,"我的脚趾痛"。班纳特和哈克得出的结论看起来非常受我们欢迎:那就是,在学习如何在表达性的或报告式的文本中使用心理术语,一个儿童在学习语言游戏。这些活动不是"理论性的"而是"行为的"。正在被学习的是心理术语如何被编织到行为中。通过这种方法,心理的"概念"并不像科学概念。正如他们所说,"一个人不需要理论,大众的或其他的方式,也能听到读到另一个人所表达的思想"[43]。我们认为这是对的。

三、神经简化主义的两个例子及其对法律的隐喻

　　我们现在来看神经简化主义可能对法律产生隐喻的两个例子。第一个例子延续我们对帕特里夏·丘奇兰德作品的讨论,检视她如何将她的路径运用到一个哲学的实质领域:伦理(以及与法律的关系)。[44] 第二个例子讨论约书亚·格林和乔纳森·科恩写的一篇有影响的文章。[45] 这两个例子都采用了相同的简化主义的起始点——"心智即脑",但是关于这对自由意志、刑罚和法律意味着什么,他们却得出完全不同的结论。这种不一致本身说明了围绕神经科学和法学之间关系的规范问题非常复杂(即使有一个共享的、高度简化的思想观念存在)。[46]

　　与她的上述观点保持一致,丘奇兰德提出鉴于神经科学的发展,伦理和法律需要从根本上进行反思。她的论文直白地说道:"生物科学的发展提出了艰难的但又重要的问题,涉及可能需要对特定法律实践(特别是刑法)的重新审视和完善。"[47]

　　在她最近的新书《信任脑》(*Braintrust*)[48]中,丘奇兰德更详细地讨论了

---

〔42〕　Bennett & Hacker,同本章注 39,第 369 页。

〔43〕　同上,第 370 页。

〔44〕　参见 Churchland,同本章注 29.

〔45〕　参见 Greene & Cohen,同本章注 41.

〔46〕　我们到第七章更详细地讨论神经科学、自由意志和刑事惩罚之间的关系。

〔47〕　参见 Churchland,同本章注 29,第 15 页。

〔48〕　Patricia S. Churchland, Braintrust: What Neuroscience Tells Us about Morality (2011).

资源和价值进化的问题。她问道："公平是什么?"[49]以她提出问题的方法，人们可能会以为这一探索可能是研究"公平"概念的意义或者内容。她解释了在她作为哲学家的大部分生涯中，她回避这样的问题，那就是"价值"问题。她的理由很简单：伦理理论只是"观点"问题，"跟进化或者大脑没有强有力的联系"。[50]虽然她并没有否定社会在回答"价值来源于何处"这一问题的重要性，但丘奇兰德相信故事的主要部分需要从"神经层面上对道德行为"进行重述。[51]换句话说，如果我们真的想要知道伦理，我们需要研究大脑。

早在几年前她写的一篇文章[52]中，丘奇兰德详细解释过她如何想到一个人应该认真研究法律、伦理与脑之间的关系。在开场白中，丘奇兰德重点强调"伦理标准、实践和政策存在于我们的神经生物学中的现象越来越明显"。[53]丘奇兰德范式中最有趣的事是它提出了我们如何决定哪些伦理标准是"正确的"这一问题。标准路径似乎是被拒绝的，因为丘奇兰德提出"关于伦理知识基础的传统假设已经被认为是站不住脚的"。[54]伦理并不是辩论，但是，如丘奇兰德说的，是根植于我们"自然性和生物性中"。[55]简而言之，伦理标准的来源是生物性的(特别是神经生理性的)。

丘奇兰德相信伦理学家已经在伦理标准问题上"找错地方"了。她坚持"伦理标准、实践和政策存在于我们的神经生物学的现象越来越明显"[56]。丘奇兰德如实地写道神经网络及其过程是"伦理标准和实践的基础"[57]。

按照简化主义的主题，丘奇兰德非常明确伦理和其他探索之间的界限应被删除。"脑做出决定"[58]，她争辩道。脑是"一架因果机器"[59]当人脑

---

〔49〕 Patricia S. Churchland, Braintrust: What Neuroscience Tells Us about Morality (2011).

〔50〕 同上，第 2 页。

〔51〕 同上，第 3 页。

〔52〕 Churchland，同本章注 29。

〔53〕 同上，第 3 页。

〔54〕 同上。

〔55〕 同上。我们注意到，人们可以将道德视为根植于我们的本性和生物学并且基本上仍然是辩论和哲学论证的问题。参见 Kitcher，同本章注 8。

〔56〕 Churchland，同本章注 29，第 3 页。

〔57〕 同上。

〔58〕 同上，第 4 页。

〔59〕 同上，第 5 页。

长时间处理决定时,它已经适应了环境。随着生物进化论和相关领域的证据不断加以肯定,"只有生理的脑和它的身体;没有非生理的灵魂、幽灵,或者轻飘飘的灵异的意识东西"。[60]

"原因"是解释人类行为的重要概念。它是自由意志辩论中的核心,没有原因在行为中的作用,任何关于人类行为的解释都不完全。[61] 丘奇兰德不遗余力地攻击,认为原因决定的"选择"和自由选择("自由意志"的范式)之间的二分法是完全错误的。那么自由选择和因果效应之间的关系又是什么? 对于丘奇兰德来说,这些都是脑的事情。她辩解道,问题是我们只是不理解什么是"自由选择"。

自由选择不是无因的。求助于休谟,丘奇兰德主张自由选择"是由某种特定的适当条件引发的,不同于那种导致自愿行为的条件"。[62] 我们关于"选择"的概念存在的问题是我们认为没有什么是"真正的"选择,除非是"通过纯粹的随机"。[63] 但是她又主张这是一种幻想。

但是如果选择是原因的结果,那么我们什么时候才能对我们的选择负责? 这里,丘奇兰德转而谈到法律,特别是民法和刑法。有趣的是,她认为责任的问题是"经验性"问题。再次,丘奇兰德引用休谟写道:"休谟可以被解释为做了个假设:负责任行为的原因和可原谅行为的原因之间存在显而

---

〔60〕　Patricia S. Churchland, Braintrust: What Neuroscience Tells Us about Morality (2011). 再次,拒绝"怪异的东西"并不需要丘奇兰德的简化图景。除了基切尔, 约翰·米哈伊尔的作品, 我们在第三章讨论的是另一个自然主义项目的例子, 其拒绝"怪异"的东西以及丘奇兰德的简化论。丘奇兰德反对先天道德规则和原则的观点, 本章注 48, 第 103－111 页。简而言之, 有许多方法可以成为道德的自然主义者。有关主要可能性的清晰概述, 请参阅 Brian Leiter, Nietzsche on Morality 3－6(2002)(区分方法论和实质性自然主义承诺)。

〔61〕　在那些拒绝简化和取消式图景的哲学家中, 对于是否以及如何最好地描述心理事件和行为之间的因果关系存在很大的分歧。杰出的非简化因果论述包括 Davidson, 同本章注 35；Fred Dretske, Explaining Behavior: Reasons in a World of Causes(1988)。相比之下, 关于最近的一种理论, 即在理性方面对行为的解释是合理的、合目的性的, 而不是因果的解释, 参见 P. M. S. Hacker, Human Nature: The Categorical Framework, 199－232 (2007)。这些哲学上的争论超出了我们的范围, 但是有一个归结于它们, 关于神经简化论的结论是相同的。最近关于相关哲学问题的讨论, 参见 Eric Marcus, Rational Causation (2012); Robert J. Matthews, The Measure of Mind: Propositional Attitudes and Their Attribution(2010)。

〔62〕　Churchland, 同本章注 29, 第 8 页.

〔63〕　同上。

易见的经验区别。"[64]有人可能说,这招只是指出这些区别是什么以及它们如何对行为责任的评估产生影响。丘奇兰德的论证精巧细致,值得仔细诠释。

丘奇兰德以亚里士多德开头,指出法律关于责任的"默认条件"是我们应对我们行为的结果负责。我们只有在"非常规状态下"[65]才能免除责任。"非常规状态"的范例是精神病,行为者不能理解他正在做的事情。[66]丘奇兰德非常欣赏法律的犯罪意图构成要件,特别是关于责任的层次,表达为某种行为是有目的的(故意的)、知道、疏忽大意或者过失。[67]丘奇兰德引用南顿案(M'Naghten)[68],指出为了成功为精神障碍辩护,法律要求被告证明"认知损害致使他不能认识到行为的犯罪本质"。[69]

我们如何判断责任?拒绝任何诸如"柏拉图式的正义概念和反原因意愿之间的抽象联系"的东西[70],丘奇兰德坚持责任根植于"社会对民事行为的基本需求"。[71]她进一步坚持"法律的实施是一种维持和保护公民社会的必要手段"[72],属于刑事司法体系的一部分。当然,这是对的,但是刑法中的关键问题是"责任"的标准,因为我们是惩罚人们负有责任的错误行为。这样,神经科学的发展对这一基础事业的贡献就显得很关键。丘奇兰德认识到这一挑战:"直到 20 世纪下半叶,系统探索自愿行为与非自愿行为之间的神经生物学区别并不是真的可能。然而,最近 50 年神经科学的发展已经开始为探索决策和脉冲控制的神经生物学基础提供了可能。"[73]

丘奇兰德聚焦于控制。她的问题很简单:什么时候脑处于控制中?[74]当缺乏控制达到一个极限,有问题的这个人可能"疯了"。精神障碍通过是

---

〔64〕 Churchland,同本章注,第 8 页。

〔65〕 同上,第 9 页。我们将在第五章详细讨论刑法学说,包括犯罪意图构成要件和精神错乱辩护。

〔66〕 同上。

〔67〕 参见 Model Penal Code §2.02.

〔68〕 Regina v. M'Naghten,9 Eng. Rep. 718(1843).

〔69〕 Churchland,同本章注 29,第 10 页。

〔70〕 同上。

〔71〕 同上。

〔72〕 同上。

〔73〕 同上。

〔74〕 同上,第 10—12 页。

否"有控制力"以及事实上一个人的行为是否是他自己实施的来判断。[75] 按照大脑的生理学,各种各样的大脑皮层结构在起作用:"前侧和内侧的结构似乎表现得特别突出。"[76]但是情况是,正如丘奇兰德看到的那样,远远还不清楚。她写道:"从表面看来,机能障碍研究、解剖学、神经药理学等等数据似乎并不能合并成一项有序的关于控制的神经基础的假说。"[77]然而,"为这一假说画一个框架图却是可能的"[78]。

丘奇兰德真的为这个假说画了份草图。简单地说,她计算了大脑的各个区域的各种"N 参数",当这些参数得到满足,那么就可以说大脑处在"控制中"。[79] 她这么说:

> 提供的假说是在描述的 N 维度参数空间内,有一种限量,当那些大脑的参数值在限量内,大脑是处于"控制中的",在这个意义上,我用这个术语,例如,人的行为显示那些特征暗含着人是处在控制中的。我怀疑相对于非控制空间,控制空间的控制限量是相当大的,暗示着不同大脑可能由于不同参数值而处在控制中。简单地说,处在控制状态可能有很多方法。[80]

一个"处在控制中"的大脑如何与选择,以及终极意义上,与责任相联系? 丘奇兰德坚持"自由观念的重要核心,无论怎样,将不存在于无因选择的概念中,而是存在于那些做出深思熟虑、有认识的、有目的的选择中;而此时的个体是处在控制中的"[81]。人类为了做决定,必须使大脑"处在控制中"。这是无可争议的。我们赞成丘奇兰德的"'处在控制中'可以被神经生物学所识别(等同于 N 参数)"的说法。[82] 目前看来,这还不错,但是真的不错吗? 我们认为不见得。

---

〔75〕 Churchland,同本章注 29,第 11 页。

〔76〕 同上,第 12 页。

〔77〕 同上,第 13 页。

〔78〕 同上。

〔79〕 同上,第 13—14 页。

〔80〕 同上,第 14 页。

〔81〕 同上,第 15 页。

〔82〕 同上。

丘奇兰德认识到这一问题。她主张认知神经科学的发展将"导致艰难但重要的问题,即那些关于可能的特殊法律实践的检讨和完善的问题,特别是刑法"[83]。解决这些问题应联合多方力量,因为"没有单一一个专业或者社会组织有足够的能力解决这些问题"[84]。再次,我们同意这个观点。丘奇兰德关于控制和责任的简化理论所缺失的是没有提到方程式的规范方面。下面让我们解释一下。

我们并不怀疑控制和失去控制的区别存在生物基础。就像不可能没有功能完善(健全的)脑而有信仰一样,一个人不可能没有健全的脑而能够"控制"他的行为。正如我们看到的那样,丘奇兰德涉及法律的立场至少面临三个难点,所有的难点只会得出这样的结论:丘奇兰德所赞成的简化主义没有触及伦理和法律(民事和刑事)面对的问题。

第一个对丘奇兰德的回应是:那又如何?假设丘奇兰德认为脑的特定部分使人类能够控制他们的行为是对的(当然她是),那这个事实是否告诉我们该如何设定规范的标准?例如,假设某人能"控制"他的行为,但是却没有关掉他后院的门,因此让他的罗特韦尔犬(一种德国犬)逃跑咬伤邻居的小孩。这涉及侵权法和责任概念的基础问题,这种情况"处在控制状态"真的告诉了我们什么吗?我们的答案是"什么都没有"。就像本章和其他章节[85]我们讨论的那样,有经验性和概念性两种问题。经验问题是"人必须拥有什么类型的脑才能形成意图",这个问题并不能回答一个人是否应该对故意的行为负责的问题。

第二个回应。想象一个拥有"控制力"的脑的人,他意图要夺走另一个人——一个其终身的敌人的生命。他理性地计算行为的风险,以最小的风险干掉了那个人,而且没有后悔。当然这个人应对他的行为负责。但是为什么?"受控"这个词有告诉我们任何关于责任的事情吗?相比意外过失行为杀人,这个人应该为他的行为承担更大的责任吗?再一次,丘奇兰德对这些问题未作回答。神经简化主义有"压平"这些规范区别的效果——这些区

---

[83] Churchland,同本章注 29。

[84] 同上,第 15 页。

[85] 参见导论和第一章。

别在任何有效充分的关于"责任"的解释中必须被考虑。

最后,让我们考虑一个疑难案件。识别所有社会不欢迎行为的人还是可能的,从恋童癖到酗酒。我们不怀疑,按平均情况看,这些人的脑与"正常"的脑是有区别的,这些区别可能在 fMRI 研究中清晰地显示出来。但是涉及法律问题,有癖好并不能赋予某人"自由通行证"。[86] 如果一个人有癖好,如过量饮酒,那么他应该(出于自身利益,如果没有别的原因)清楚知道自己不受这种癖好的支配,或者,即使是,它也不会伤害到其他人。关于这种情况,简化主义告诉我们什么? 再次,什么都没有。

这些例子指出了丘奇兰德中心思想的谎言,那就是:"越来越明显地证明伦理标准、实践和政策存在于神经生物学中。"[87]这完全是错的。当碰到标准背后的宗教规范难题时,几乎没法从我们的脑状态中推理出任何事情。增加的脑化学知识也不能回答关于责任的规范问题。

我们第二个例子聚焦于格林和科恩关于自愿行为和自由意志问题的治疗。[88] 根据格林和科恩所说的,对我们自己来说,自由意志的属性是对我们意志力的自我欺骗行为。神经科学的前景告诉我们免于自我控制力的幻觉。

参考了丹尼尔·韦格纳(Daniel Wegner)著作的要旨,格林和科恩谈到自由意志的问题:

> 我们感觉好像我们是无因的因素,因此被赋予摆脱宇宙命中注定的洪流的自由,因为我们没有意识到我们自己脑袋里命中注定的过程。我们的行动看起来是由我们的精神状态所导致的,而不是由我们脑的生理状态,因此我们想象我们具有超自然的特殊性,想象我们是生物事件的非生物因素。[89]

如果我们并不具有超自然的特殊性,那么又能怎么样呢? 为什么有关

---

〔86〕 我们从第五章的教义(doctrinal)角度和第七章的理论(theoretical)角度更详细地讨论这个问题。

〔87〕 Churchland,同本章注 29,第 3 页。

〔88〕 Greene & Cohen,同本章注 41。

〔89〕 同上,第 218—219 页。

系呢？如果我们不是行为独立存在的原因，"选择"是一种幻想，那么就没有诸如"责任"这样的事情。我们不再为我们的行为负责，正如苹果从树上掉下来一样自然而然跟我们一点关系都没有。苹果和我们只是物质实体，遵循宇宙物理法则。我们并不特殊。我们的心智并不能使物理实体焕发生机（例如，我们的身体）。像其他大众心理学概念一样，"心智"是一种幻觉。基于这些考虑，格林和科恩继续论证神经科学将通过说明没人能真正控制他或她的行为而应该承担惩罚，侵蚀了摇摇欲坠的刑罚审判基础。[90]

这种简化主义对我们日常关于精神生活的讨论进行批判，其核心概念是"原因"。在解释人类行为，所有的简化论者（包括取消式唯物主义）宣称人类行为可以严格按照物理术语进行解读。[91]当我们说一件事情引起另一件事情，我们通常指的是一个行为或者事件带来另一件事情。例如，当保龄球打到球瓶的时候，我们说球瓶因为被球打到所以倒了。球瓶倒的原因是因为它们被保龄球打到。一件事，即球瓶倒了，由另一件事引起——保龄球打到球瓶。关于球瓶倒的解释完全是物理的和因果的。那么是不是所有的事情都能这样解释？

让我们思考一下这个简单的事例：一个人在红灯亮时把车停了下来。两件事一起构成了"红灯停"这件事：红灯亮，驾驶员踩住刹车。是红灯"引起了"刹车吗？这当然与保龄球引起球瓶翻倒不一样。交通灯"使"我们把车停住，这是事实。但是停住车子的"原因"并不能仅仅由物理过程解释。就其本身而言，红灯并不能"使"我们停车（例如，并不是由于放射出来光波的力量）；然而，我们停了因为这个信号灯具有重要的社会习俗意义（例如，红灯是停的原因）。红灯作为一种信号是因为我们赋予它这种地位。离开这种地位，交通灯除了是一个发光的灯泡以外什么都不是（注意就物体本身而言，没有什么能树立起灯作为交通灯的地位）。

简化论者想要排除目的（意图）元素（例如，行动的理由）来解释行为。换句话说，简化论者想要所有的解释按照起因（cause）的解释，而不是规则或

---

〔90〕 Greene & Cohen，同本章注 41，第 213—221 页。我们在第七章中批评了他们论证的这一方面。

〔91〕 提出问题的技术方法是，行为（待解释的事物，the *explanandum*）可以用严格的物理主义术语（解释要素，the *explanans*）来解释。

者原因(reason)。当我们问这个问题"为什么你看到红灯停",答案是交通规则。虽然规则导致了你停下来(例如,规则是停下来的原因),但是这件事的原因不能解释已经发生的事情。

行动的原因,或者保龄球是原因,这两种原因并不一样。[92]我们在红灯时停车的原因并不能按照保龄球打到球瓶那样来解释。后一种事件只是一种物理事件,然而前一种却是行动的原因之一。和球瓶不同,我们选择是否看到红灯停。如果我们不停车,我们会有被制裁的风险。而保龄球瓶则没有这种选择:它们受保龄球外力的影响而被"强迫"倒下。我们既不是保龄球也不是球瓶,我们有选择。正是这种选择成为责任的背景,这种责任不能用取消主义的术语来解释。

最后,注意格林和科恩的结论与丘奇兰德差得多远。对于丘奇兰德来说,认识到"心智即脑"是描绘法律责任与免责(豁免)行为的规范性区别的基础。相反,对于格林和科恩来说,认识到"心智即脑"是排除任何法律责任内在概念的基础。两者都试图"压平"法律责任中的内在规范性,结果制造了奇形怪状且相反的图像。对于丘奇兰德来说,心智即脑,因此规范性必须存在于脑中。对于格林和科恩来说,心智即脑,因此如果规范存在的话,那么必须存在于脑中——但是因为他们并没有在大脑中发现它,所以他们得出结论是它不存在。这两种图像我们都反对。[93]但是他们这种相反结论很好地提醒了我们,在回答法律和公共政策核心中的复杂规范问题时,大脑获得的信息并不一定来自相关信息,对于那些欣然赞同简化论观点"心智即脑"的人来说更是如此。现在我们转到这一有问题的图像。

四、心智的概念以及神经科学在法学中的作用

神经科学告诉我们关于心智、心智与法律关系的问题将有赖于我们关

---

〔92〕 严格地说,理性不是有效的(例如,机械的)原因。关于因果关系在非简化论中的作用,参见本章注 61。关于对行为的因果关系和规范性解释的进一步讨论,参见 Jeff Coulter & Wes Sharrock, Brain, Mind and Human Behaviour in Contemporary Cognitive Science, 68—81(2007)。

〔93〕 但是,由于我们在第七章中探讨的原因,在这个分歧上,我们对丘奇兰德表示同情,因为我们也认为神经科学不会破坏刑事责任。像丘奇兰德一样,我们认为法律责任和借口之间的区别是一致的,可以站得住脚的;然而,与她不同,我们认为这种区别的基础位于大脑之外。

于心智的概念。简而言之,在神经科学告诉我们一些特别之处前,我们对神经科学要说明的到底是什么得有一些概念(否则,我们怎么能知道去寻找什么)。关于神经科学的经验主张以及神经科学与心智的关系将预设一些心智的概念(以及心智概念所选出的现象)。这一概念是否正确将影响主张的中肯性。希拉里·普特南(Hilary Putnam)在最近的书中清楚表达了这点:

> 认为"心智的本质"这一科学问题存在,预设了心智及其思想,或者"内容"(就像物体一样)的图景(因此调查思想的本质就像调查水或火的本质一样)。我想提出哲学揭示出这一预设是一种混淆。[94]

思考一项类比。假设一项关于说谎的经验主张预设了说谎包括没有欺骗、真实的告白。虽然这项主张可以用这个词"说谎",但是它并没有告诉我们实际的说谎,因为预设的概念是错误的。[95]这一主张包含概念性错误。为了阐明我们概念选出的实际现象,经验主张在运用这些概念时,必须采用正确的标准。[96]关于说谎,这是一个例子,涉及一堆我们在本书讨论的其他概念(例如,知识、记忆、信仰、知觉和意图)。当然这也涉及意识本身的概念。

两个概念主导了神经法学的讨论:笛卡尔的二元论和我们上面讨论的神经简化主义。前者典型地烘托了后者。但这是错误的二分法。我们在下面提出第三种可能性,我们认为它会更受欢迎。

第一个概念是笛卡尔在《沉思录》中提到的经典概念。[97]笛卡尔的观点有赖于实体二元论的学说(notion)。在这一概念中,心智被认为是某种非物

---

〔94〕 Hilary Putnam, Aristotle's Mind and the Contemporary Mind, in Philosophy in an Age of Science,同本章注 6,第 599 页。他补充说:"可以肯定的是,关于思想的经验事实,关于其他一切,科学可以合理地希望发现新的——甚至是一些非常令人惊讶的——经验事实。但是,这些事实(或其中一些事实)必须加起来称为'对心智本质的描述',这种观点是一种幻觉——一种当代科学某一部分的主流幻想。"

〔95〕 我们将在第四章中详细讨论说谎的概念。

〔96〕 在提及应用概念的"标准"时,我们承认标准可能是被废止的。我们并不预先假定这些概念必须具有:(1)明确或固定的边界;(2)本质;(3)必要和充分的条件。

〔97〕 René Descartes, Meditation Ⅵ, in Meditation on First Philosophy (John Cottingham trans., 1996).

质(例如,非物理)实体或者是人的某部分,心智与人体形成某种因果互动关系。[98] 构成心智的非物质实体是一种精神生活的资源和所在——人的思想、信仰、情绪,以及意识经验。[99] 早期神经科学家是公开的笛卡尔二元论者,他们给自己设定任务解释非物质实体(心智)如何与物理大脑和人体产生因果作用。[100]

这个概念后来被神经科学家所抛弃[101],同时神经法学家也否认这个概念。对心智产生的第二种概念是心智和脑相同。这是丘奇兰德、格林、科恩和其他神经法学家认可的概念。按照这个概念,心智是人的一种物质(例如,身体的)部分——脑——与身体的其他部分不同,但是与它们相互作用。脑是人的精神性能的载体(人脑思考、感觉,形成意图、认识),脑是人的意识经验的所在。这个概念有很大问题。它不能认识到我们很多精神概念属性的正确标准,它无条理地把心理属性归因于脑(而不是人)。请注意,这第二种概念,虽然拒绝实体二元论,但保持了同样的逻辑正式结构的完整性。心智是一种与身体相互作用的实体(一种内在的组织由另一种替代:笛卡尔的灵魂、精神由大脑替代)。[102] 神经简化主义出现了概念问题,因为"心智即脑"这样的概念仍然与正式的笛卡尔结构一起在发挥作用。

我们拒绝这两种概念,并提出第三种概念。心智根本不是一种实体或者物质,不管是非物理的(笛卡尔)还是物理的(脑)。心智是拥有一种理性的情感的力量、才能和能力安排,它们展现在思考、感觉和行动中。[103] 这个

---

〔98〕 关于这个概念的概述,参见 Howard Robinson, Dualism, in Stanford Encyclopedia of Philosophy (2011),http://plato.stanford.edu/entries/dualism/。

〔99〕 这个概念(conception)的经典哲学批判是 Gilbert Ryle, The Concept of Mind (1949).

〔100〕 班纳特和哈克详细讨论了笛卡尔对早期神经科学家的影响以及他们采用的笛卡尔关于心智的概念。参见 Bennett & Hacker,同本章注39,第23—67页.

〔101〕 葛詹尼加断言,"98%或99%"的当代认知神经科学家在解释精神(mental)现象时赞同将心智简化为脑。参见 Richard Monastersky, Religionon the Brain, Chron. Higher ed. A15(May 26,2006).

〔102〕 有关神经简化论预设的笛卡尔主义的进一步讨论,参见 Bennett & Hacker,同本章注39,第231—235页。

〔103〕 参见同上,第62—63页。"心智……不是任何形式的物质。"

概念根源于亚里士多德。[104] 按照这个概念,心智不是人的一种与人体相互作用的可以分离的部分。它只是人拥有的精神力量、能力和才能。同样,有能力看也不是眼睛的一部分,并非与物理眼睛的其他部分相互作用,有能力飞也不是飞机可以分离的一部分,汽车的马力也不是汽车可分离的部分,并非与引擎因果相互作用。[105] 按照这个概念,心智位于人体的位置这样的问题没有意义,就像问视力位于眼睛的位置一样没有意义。[106]

关于第二种概念,严格来讲,这个亚里士多德的概念也是唯物主义的(物理主义的):如果我们拿掉或者改变脑的物理结构,心智会消失或改变。按照这个概念,一个正常工作的脑是必须有意识的,但是意识不能等同于脑。将精神属性归因于人类的标准是由他们多元的行为所形成的;是人在思考、感觉,形成目的、认识(而不是他们脑的部分)。[107]

承认这第三种概念对法律来说意味着什么?像我们将在后面章节讨论的那样,这个概念并不意味着神经科学不能对法学有所贡献。因为特定的结构可能对发挥各种能力或者从事特定的行为是必要的,所以神经科学在识别和显示这些必要的条件时可以有巨大的贡献,同样在显示一个人缺乏行为能力是因为受伤或者缺陷时,这当中也能发挥巨大贡献。[108] 神经科学

---

〔104〕 参见同上,第 12 — 23 页;Putnam,同本章注 94;Hilary Putnam & Martha Nussbaum,Changing Aristotle's Mind, in Essays on Aristotle's "De Anima", 27 (M. C. Nussbaum & A. O. Rorty eds. ,1992)。

〔105〕 参见 Bennett & Hacker,同本章注 39,第 15 页。

〔106〕 同上,第 46 页。"心智如何与身体相互作用的问题不是亚里士多德可能提出的问题。在亚里士多德思想的框架内……这个问题就像'桌子的形状如何与桌子的木头相互作用'一样毫无意义。"

〔107〕 虽然神经法学讨论的内容通常引用或预先假定上面讨论的前两个概念(实体二元论和神经简化论),但第三个概念更符合许多有影响力的现代哲学家所共识的心智概念,尽管他们观点存在着其他显著的差异。在此列表中,我们将包括 Quine(参见本章注 35 和随附文本),以及 Wittgenstein,Davidson,Ryle,Sellars,Rorty,Putnam,Bennett,Searle,Fodor,Brandom,McDowell 等众多其他观点。最近关于维特根斯坦对心智和心理属性的讨论,请参阅 Wittgenstein and the Philosophy of Mind (Jonathan Ellis & Daniel Guevara eds. ,2012)。当代心智哲学中的另一个杰出思想是所谓的"心智扩展"论题,其中心智被认为不仅扩展到头部之外,而且扩展到身体之外(并且包括世界上的其他物体,例如,笔记本)。参见 Andy Clark & David J. Chalmers, The Extended Mind, 58 Analysis 7 (1998);Andy Clark, Supersizing the Mind:Embodiment, Action, and Cognitive Extension (2008)。基于我们在本书中讨论的目的,我们抛开这种可能性,但请注意,它也暗示神经简化论(即心智是在脑中)是错误的。最近关于伦理和公共政策背景下的"心智扩展"论文的讨论,参见 Neil Levy, Neuroethics:Challenges for the 21st Century (2007);Walter Glannon, Our Brains Are Not Us, 23 Bioethics 321 (2009)。

〔108〕 参见第五章。

可以提供各种精神活动的归纳证据。例如,如果特定的神经事件能从经验中显示其与说谎有充分的关联,那么神经科学在判断证人是否在说谎时就可以提供证据。[109]

然而,重要的是这第三种概念暗含着对神经科学如何对法学有贡献的重要局限性(神经科学对法学的贡献也是存在重大的局限性的)。我们列举了这些概念的局限性,评估这些神经科学对法律有贡献的主张。为了阐明我们的精神概念,这些主张在运用这些概念时必须预设正确的标准。例如,神经科学不能告诉我们人脑在哪里思考、确信、认识、打算或者决策。因为是人们(而不是脑)思考、确信、认识、打算和决策。而且,神经活动的出现并不足以说明这些概念对人的意义;神经活动不是思考、认识、打算或者决策的衡量标准。

我们在本章及上一章提出的概念问题,需要对当代神经科学巨大的经验揭示有更清晰的理解和认识。这些基础的概念问题是至关重要的,因为它们阐明并构成了每一个重要的问题,同时辩论了法律能或不能,该或不该,以何方式使用这些神经学发现。

---

[109]　参见第四章。

第三章　神经科学和法学理论：
法理学、伦理和经济

本章评估了关于神经科学发展如何启示法学理论问题的各种主张。我们特别关注了三个领域,在这些领域中,学者认为,脑的信息对涉及法律的高度抽象的理论问题贡献了重要的洞见。我们首先讨论了关于法学和法律推理本质的一般分析性法理问题,然后讨论了伦理和经济的决策。在讨论完这些理论问题之后,后面三章将转到许多涉及神经科学与法学的实践问题,包括测谎、刑法理论,以及刑事诉讼程序。

一、法理学

伴随具体的法律问题和理论路径,神经科学的倡导者将一般的法学基础理论[1]纳入研究对象中,因为这样更有利于研究神经科学日益凸显的作用。特别是奥利弗·古德诺夫,极度相信神经科学有能力重塑法学理论。在他的一篇获奖文章中[2],古德诺夫教授认为神经科学将驱除笛卡尔关于法律本质的预设,将我们的注意力转向人脑在法律推理中的作用。按我们的观点,古德诺夫的主张,以及为了论证他的主张所提供的论据,很好地阐

---

〔1〕 "一般法理学"是指关于法律本质的主张,诸如自然法(例如,阿奎那和芬尼斯),法律实证主义(例如,凯尔森和哈特)以及解释主义(例如德沃金)之类的经典方法。我们在下面讨论的示例旨在阐明自然法与实证主义之间的分歧。

〔2〕 Oliver R. Goodenough, Mapping Cortical Areas Associated with Legal Reasoning and Moral Intuition, 41 Jurimetrics J. 429(2001). 该文章获得了"法学科学研究提案的 Jurimetrics 研究奖",并被"律师和科学家委员会"选中。参见同上,第 429 n. ai 页。

明了神经法学家们过度宣传的带有倾向性的预设。[3]

古德诺夫以法律思想史为背景发展了他的理论。在 19 世纪，兰德尔崇拜一种法律"科学"——一种"自上而下"阐释法学理论的路径，其本质引起了"一种系统文本分析的形式"。[4] 这一强调重点让位于法律现实主义时代，当时焦点从理论转向社会学。现实主义关于法律社会科学研究的重点，随着神经科学关于"法律实际上如何在人类头脑里工作"这项调查的到来，现在正试图寻求跨越式发展。[5]

古德诺夫告诉我们，法律"是一种精神活动"——"我们使用我们的脑，在我们的脑袋里从事活动"[6]。因此，我们将通过"进入我们的脑袋"看"人类的脑如何工作"来知道更多关于法律的事情。[7] 心智的理论（被定义为"心智即脑"）必须被引进法律，以便代替主流观点——笛卡尔的"二元论，脑的生理方面与意识和情感的非生理精神世界之间的理论"。[8]

---

〔3〕　然而，我们相信古德诺夫有一项论证不受我们对其一般法理学主张批判的影响。我们在下面概述了这项论证。

〔4〕　Goodenough，同本章注 2，第 430 页。

〔5〕　同上，第 431 页。

〔6〕　同上。

〔7〕　同上。

〔8〕　同上，第 432 页。古德诺夫引用笛卡尔作为当前研究法学中心智模式(mind-set)的代表：

"我必须首先观察身心之间的巨大差异。身体本质上总是双重的。当我考虑"心智"(mind)——就是我自己，只要我只是一个有意识的存在——我无法区分自己内部的任何部分；我理解自己是一个单一而完整的东西。尽管整个心智(mind，心灵)似乎与整个身体联合起来，但当一个脚或一个手臂或身体的任何其他部分被切断时，我不知道任何减法已经从心智(mind，心灵)中产生。意志、感觉、理解等等的能力也不能被称为它的部分；因为它是一体的，是意志、感觉、理解所产生的同一个心智(mind)。

"这种方法是许多法律学术的基础。统一的智力指导日常行为和判断他人行为的能力。法律的工作是在健全的政策基础上为这种智力提供明确的、文本的规则。"

同上(引自 Richard M. Restack, The Modular Brain, 11(1994)中被引用的笛卡尔的话)。古德诺夫的论证利用了笛卡尔主义和神经简化主义(我们在第二章中讨论过)之间的错误二分法来支持他的主张。他的案例的说服力表现在拒绝笛卡尔主义之后。在神经法学文献中，无论这在修辞学上多么有用，对于古德诺夫拒绝笛卡尔主义的积极主张实际上没有任何重要意义。关于在法律学说中提出笛卡尔主义的论证(arguments)，参见 Susan Easton, The Case for the Right to Silence, 217(2d ed. 1998)，认为将自证其罪的特权限于证言，而不是将其扩展为物证，反映了对二元论的承诺；Dov Fox, The Right to Silence as Protecting Mental Control: Forensic Neuroscience and "the Spirit and History of the Fifth Amendment", 42 Akron L. Rev. 763(2009)。同样地，根据第五修正案设定证言和物证的区别取决于笛卡尔身心二元论；Karen Shapira-Ettinger, The Conundrum of Mental States: Substantive Rules and Evidence Combined, 28 Cardozo L. Rev. 2577, 2580－2583 (2007)，认为关于心智(mind，心灵)状态的刑法学说"是基于笛卡尔二元论的前提"。我们将在第五章和第六章中更详细地讨论这些观点。

当代神经科学,古德诺夫主张,"提供了更好地理解人类思想的工具"[9],以及"一些关于人类如何思考的理论构成了连贯的论证基础"[10]。为了真正理解人类思想方面取得的进步,古德诺夫认为,我们需要研究大脑的模块理论。迈克尔·葛詹尼加这样说道:

> 人类大脑的模块组织现在相当受欢迎。功能模块的确有一些生理实例支持,但是脑科学仍然无法具体描述模块涉及的实际神经网络本质。有一点很清楚,它们在意识的领域外广泛运行,并且向各种各样的执行系统传达它们的计算结果,这些执行系统生成行为或者认知状态。[11]

古德诺夫在解释不同类型的决策时,指出不同的脑区域。心智的模块理论的核心思想是"精神过程"产生于脑的不同部分。事实上,"脑中存在分隔区"[12],因此脑的不同皮层区域发挥不同的功能。如果我们拥抱心智的模块理论,我们将获得什么样的法理洞见[13]?古德诺夫相信,定位法律和伦理推理的功能将是深入思考法律和我们的法律观念的钥匙。[14]他引用多种权威资料支持他的主张:"我们关于正义的思考产生于某个大脑皮层区域,法律应用则位于另一个区域。"[15]因此,古德诺夫得出结论:"科学已经发展了各种工具,从而能够运用这些工具检验理论,如正义的思考与规则的推理是

---

〔9〕 Goodenough,同本章注 2,第 434 页。

〔10〕 同上,第 432 页。

〔11〕 同上,第 434 页。引自 Michael S. Gazzaniga, Nature's Mind: The Biological Roots of Thinking, Emotions, Sexuality, Language, and Intelligence, 124(1992)。

〔12〕 Goodenough,同本章注 2,第 435 页。

〔13〕 我们强调古德诺夫的论点是,神经科学比其他关于法律本质的理论提供了更多的解释。参见,同上,第 439 页。"使用新的神经科学,我们可以纠缠一些凯尔森明显的矛盾。"以及同上,第 429 页,声称"一系列脑扫描实验"可以"帮助我们理解自然法和实证法之间区别的神经学基础"。正如我们所详述的,我们认为神经科学没有告诉我们法律的本质,但它可能对人的本质有所说明,这将对法律产生影响。

〔14〕 同样,神经经济学倡导者认为,理解不同大脑区域如何"做出决策"将有助于我们理解经济推理和决策。我们在第四节讨论神经经济学。在下一节中,我们将讨论关于道德决策背景下大脑的"情感"和"理性"区域的类似论点。

〔15〕 Goodenough,同本章注 2,第 439—441 页。

独自生成的。"[16]那么它们是如何工作的？

在思考正义时，我们受不同语言的运算法则协助，"这种运算法则由基因蓝图、文化遗产和个体经验综合设计"[17]。相反，语言基础的思维系统，如法律，激发了"一种翻译（解释）模块"。[18]在法律行为中，如起草合同、立法和规范，翻译模块通过"语言基础格式，运用不清晰的系统（法律规范产生于其中）的含蓄结构逻辑"，处理法律资料。[19]古德诺夫建议用一系列的实验检测他的法律模块理论，在实验中，律师、非律师和法学生回答假设情形的问题并同时接受扫描，从而定位古德诺夫标识为正义基础答案的脑区域，以及规则基础答案的大脑区域。[20]

即使我们接受古德诺夫关于正义基础与规则基础决策的大脑皮层分隔的主张，那接下来假设我们能定位人脑产生这两种功能的确切区域，如古德诺夫所说的那样，那么我们从这样的发现能得出什么推论？我们并非否认一个人必须有大脑才能思考，就像一个人必须有大脑才能走路。重要的问题是"法律思考"是否是只能按脑功能来解释。按他思考这个问题的方式，古德诺夫需要回答这个问题。

回顾一下古德诺夫在兰德尔式法学和现实主义批判之间的反差。古德诺夫主张神经科学应该告诉我们比这两种理论更多得多的关于法律的信息。然而，他的神经学解释没有告诉我们任何关于形式主义与现实主义分隔的核心要素的信息：法律的本质。兰德尔的形式主义设定了法律的概念空间，指出推理应通过对既定的法律理论部门的必要条件进行反思而掌握

---

[16] Goodenough，同本章注2，第439页。古德诺夫辩称，法学上的回报是"基于正义的思考"将告诉我们自然法，而"基于规则的推理"将告诉我们实证法。同上。在融合这两个问题时，古德诺夫混淆了法学理论和判决理论。法律实证主义与参与基于正义推理的法官一致，而自然法则与基于规则的推理相一致。

[17] 同上，第439页。

[18] 同上，第435页。

[19] 同上，第436页。

[20] 同上，第439—442页。他提到了一项试点研究。同上，第442 n.64页。目前尚不清楚这是否能"测试"他的理论。最好的情况是，当被试者从事某项活动时，它可能会显示大脑的哪些部分比其他部分使用更多的氧气。它不会显示算法、遗传蓝图或文化遗产。

这些法律的概念空间。[21] 现实主义的批判否认法律逻辑结构的核心形式主义要点。本质上,现实主义批判是指人们做出一项法律决定与讨论中的规则是同等重要的。古德诺夫关于法律的解释——正义基础的思考产生于脑的一个区域,规则基础的思考产生于脑的另一个区域——对这场辩论没有任何贡献。[22] 根据任何一种"法律"概念,简单地定位法律思维产生在脑的什么区域,并不是一种对形式主义与现实主义或者自然主义法学派与实证主义法学派之间分歧的贡献。[23]

而且,在为伦理和法律思维是"内嵌的运算法则"的产物这一观念辩护时,古德诺夫主张这一"假设"能被实证地检测。然而,这是不可能的,因为这一假设是以尚在争论的问题为依据。首先,如果法律思维是根植于或者受制于一种电路的运算法则,那么用什么解释法律分歧?[24] 其次,这一运算法则的存在决不能被实验确认,因为它没有办法被科学实验检测。[25] 这些限制具有讽刺意味,因为古德诺夫关于神经科学的主张的整个要点是脑科学将提升我们对法律和法律推理的理解,但是他的提议既不能解决重要的法理问题,也不能提供可以被检验的实证主张。在试图用科学解决法理问题上,这个提议毫无用处。

尽管存在这些问题,古德诺夫还是提出了一个与法学理论相联系的问

---

〔21〕 在法律的"科学"方法背景下关于 Langdell 的讨论,参见 Dennis Patterson, Langdell's Legacy, 90 Nw. U. L. Rev. 196 (1995)。

〔22〕 参见 Brian Leiter, Legal Formalism and Legal Realism: What Is the Issue?, 16 Legal Theory, 111(2010). 除了我们从法理学的角度对古德诺夫进行批判之外,对古德诺夫提议的另一个挑战来自约翰·米哈伊尔的工作,他认为古德诺夫讨论的基于正义的决策也是基于规则的。参见 John Mikhail, Elements of Moral Cognition: Rawls' Linguistic Analogy and the Cognitive Science of Moral and Legal Judgments(2011). 我们在第三节讨论 Mikhail 的道德方法。

〔23〕 古德诺夫反称:"神经科学和行为生物学的其他分支的进步提供了新的工具,并有机会在法律思维的基础上重新审视经典问题。"Goodenough,同本章注 2,第 429 页。

〔24〕 这种困境困扰着形而上学现实主义的法律解释。参见 Dennis Patterson, Dworkin on the Semantics of Legal and Political Concepts, 26, Oxford J. Leg. Stud., 545—557(2006)。

〔25〕 虽然神经法学家极度热衷于科学,但是具有讽刺意味的是,他们的一些核心主张经不起实证检验。

在我们的大脑中,我们是"硬件控制的"(hard-wired)或以其他方式拥有"天生"的道德准则——这种想法是神经法学家论证的一个常见的特征。但是,正如 Richard Rorty 所说,这种主张是无法证明的。参见 Richard Rorty, Born to Be Good, N. Y. Times, 2006 - 8 - 27,检讨了 Marc D. Hauser, Moral Minds (2006)。

题。回顾美国法律现实主义的主张，至少在上诉决定的领域内[26]，法律是不确定的。"不确定"，我们指的是在上诉阶段争议双方不能由现行的法律解决争端，因此强迫法官在法律的替代解释之间做出选择，并且在改变疑难案件做出合法可辩护的解决方案中更有创造力。

现在，假设古德诺夫关于法律和脑的主张是对的。假设神经科学真的能够告诉我们当我们做出法律决定时脑的哪个区域在活动。[27] 如果这是真的，那么法学理论的含义是清楚的。如果一些上诉案件真的是不确定的（现实主义的主张），那么关于法官或者法官判案的信息就非常重要。[28] 换句话说，也许神经科学真的能告诉我们关于法官如何判断疑难案件，它提供的信息能比其他变量更好地被用来预测未来的判决。信息当然是有用的，而且它可能比那些人在上诉阶段做实际工作听到的"政治"或者"个人价值"等一般性的主张更加清楚明了。[29]

古德诺夫没有讨论这种神经科学的作用。[30] 但是我们认为如果（只是如果）神经科学为法学家在上诉判案的自由裁量中的决策提供洞见，那么就能做出真正的贡献。然而，正如我们指出的那样，我们拒绝各种华而不实的

---

[26]　许多学者将现实主义者描述为彻底的不确定主义者，即他们认为法律"一向"是不确定的。这是错误的。当涉及大多数法律问题时，现实主义者提供了与法律实证主义原则（例如，承认规则、主要和次要规则等）一致的法律解释。只有在上诉决策领域，现实主义者才相信法律是不确定的。有一个很好的讨论，参见 Brian Leiter, Legal Realism and Legal Positivism Reconsidered, in Naturalizing Jurisprudence 59,73—79(2007)。

[27]　我们要感谢 Kim Ferzan 提出这一点。

[28]　当然，这些信息必须比现在可用的信息更加详细，它是衡量大脑中血氧流量的标准。

[29]　因此，这一探究线将是一种类似于"态度模型"的神经科学方法，旨在根据法官所认为的政治"态度和价值观"来预测司法决策。参见 Jeffrey A. Segal & Harold J. Spaeth, The Supreme Court and the Attitudinal Model Revisited(2002)。Brian Leiter 注意到当前"预测性解释"法律决策模型的"认识上的无力条件"，列举了几种方法，通过这些方法，一种更强大的预测模型可能更适合法理学问题。参见 Brian Leiter, Postscript to PartII: Science and Methodology in Legal Theory, in Naturalizing Jurisprudence,同本章注 26,第 183—199 页,讨论态度模型及其与"自然"法学的相关性。神经科学是否可以提供更好的预测—解释的决策模型是一个开放的经验问题，但这一途径与法理学问题的关联性要高于 Goodenough 讨论的途径。这样的举动与神经经济学的发展相似，学者们正在寻求通过提供神经科学的解释来改进行为经济学的心理学解释。

[30]　在随后的文章中，古德诺夫讨论了他的神经科学法律方法的其他可能的法律应用；他建议研究陪审员的情绪反应和对知识产权的态度。参见 Oliver R. Goodenough & Kristin Prehn, A Neuroscientific Approach to Normative Judgment in Law and Justice, in Law & the Brain, 77 (Semir Zeki & Oliver Goodenough eds. ,2006)。

关于"硬线运算法则"的主张及其他关于法律推理的推定解释。

二、情感和伦理审判

法律和伦理的关系是极其复杂的。两者在众多领域交叉，并且这些交叉已经成为法学理论广泛讨论的话题。一个交叉领域涉及伦理判断如何以及在多大程度上确实应该影响到法律判断。在回答这些问题时，法律学者已经转向神经科学寻求伦理判断的真知，特别聚焦于约书亚·格林及其同事的大量研究。[31] 在后面的讨论中，我们首先描绘了神经科学研究和它们所主张的对伦理判断的含义；然后描绘了法律学者在这些研究中所依靠的方法；最后，我们解释可能从这些研究中得出的关于法律推理的一些限制。

神经科学研究是"情景研究"，在这项研究中被试者被出示许多小插图，然后被询问特定的行为是"恰当的"还是"不恰当的"。[32] 格林等人开始的研究——其中一项主要依据的是法律学者对这一工作的应用——向被试者出示 40 多个场景，包括伦理"两难"（以及"非伦理两难"）。[33] 然而，这些场景中有两个已经产生很多讨论，因为它们得出了不同的结果。场景包含所谓的"电车问题"[34]的变量。一个测试的场景（在研究的补充材料中称为"标准电车"）如下：

---

〔31〕 Joshua D. Greene et al., An fMRI Investigation of Emotional Engagement in Moral Judgment, 293 Sci. 2105 (2001); Joshua D. Greene et al., The Neural Bases of Cognitive Conflict and Control in Moral Judgment, 44, Neuron, 389 (2004); Joshua D. Greene et al., Pushing Moral Buttons: The Interaction between Personal Force and Intention in Moral Judgment, 111, Cognition 364 (2009). 2012 年 12 月 17 日，在 Westlaw 的"期刊和法律评论"数据库中搜索"Greene w/p fMRI"，得到 59 篇引用了一项或多项这类研究的法律学术文章。

〔32〕 关于此类研究的一般方法论讨论，请参阅 John M. Darley, Citizens' Assignments of Punishments for Moral Transgressions: A Case Study in the Psychology of Punishment, 8 Ohio St. J. Crim. L. 101 (2010)。在最近的文章中，Gabriel Abend 告诫不要依赖这类研究中的判断类型和有争议的"薄"的道德概念（例如，"适当与否"或"允许与否"）而盲目得出关于道德的结论。参见 Gabriel Abend, What the Science of Morality Doesn't Say about Morality, Phil. Social Sci. (published online, 2012 – 7 – 20); Gabriel Abend, Thick Concepts and the Moral Brain, 52 Euro. J. Sociology 143 (2011)。

〔33〕 Greene, et al., An fMRI Investigation, 同本章注 31。

〔34〕 参见 Philippa Foot, The Problem of Abortion and the Doctrine of Double Effect, in Virtues and Vices (2002) [原始发表于 5 Oxford Rev. (1967), 引入了电车难题]; Judith Jarvis Thomson, The Trolley Problem, 94, Yale L. J. 1395 (1985), 提出了这个难题的"旁观者"版本。

你在一辆快速驶向轨道交叉口的车上。向左的轨道上是五个铁路工人。向右的轨道上是一个铁路工人。如果你什么都不做,车子将驶向左边,引起五个工人的死亡。唯一避免这几个工人死亡的方法是改变仪表盘上的开关,这样车子将驶向右边,但会引起一个工人的死亡。

你觉得为了避免五个工人的死亡,改变开关是否恰当?[35]

大部分被试者说,是的,这是恰当的。[36]

第二个场景("步行桥")如下:

一辆飞驰的电车正在驶向五个工人,如果电车继续按照现有路线行驶将撞死这五人。你在轨道的天桥上,在电车和五个工人之间。有一个陌生人也在天桥上,站在你旁边,刚好非常胖。唯一拯救这五人的方法是把这个陌生人推下桥到下面的轨道上,那么他肥胖的身躯将使电车停下。如果你这么做,陌生人将死掉,但是这五个工人将被救。

你觉得为了救这五个工人,把陌生人推到轨道上,是否恰当?[37]

大部分被试者说,不,这不恰当。[38]

有人对这两个场景的不同反应进行了思考,制造了个难题,因为每个案例包含了一个决定:为了救五人是否要牺牲一人,这样暗示了结果应该是相似的。格林及其同事试图通过连接这三个独立的问题来解释这种差异:(1)该决定是否符合道义论或功利主义的道德考虑;(2)该决定是"个人的"还是"非个人的";(3)这个决定是否与脑中的"情感"区域相联系。

提供的解释从情感的角色开始。在天桥那个场景,大脑与情感关联的区域比标准的电车场景要"显著活跃得多"。[39] 相反,标准电车场景的决策,在脑关联"认知"进程的区域,活跃度增加了。[40] 然后,他们指出包含更多情

---

〔35〕 参见 Greene,et al.,An fMRI Investigation,同本章注 31,Supplemental Data,http://www.sciencemag.org/content/2932105.abstract。

〔36〕 参见 Greene,et al.,An fMRI Investigation,同本章注 31,第 2105 页。

〔37〕 Supplemental Data,同本章注 35。

〔38〕 Greene et al.,An fMRI Investigation,同本章注 31,第 2105 页。

〔39〕 同上,第 2107 页。这些区域包括额内侧回、后扣带回和角回。

〔40〕 同上。这些区域包括额中回和顶叶。

感反应的决定是那些"个性化"的标签（如人行天桥），而那些"非个性化"的标签（如标准电车）产生更少的情感和更多的认知进程。[41] 在将个性化—非个性化区别与情感—认知区别相关联后，下一步是将这两种区别与功利主义—道义区别建立联系。因为"非个性化"，较少"情感性"的决定一般与功利主义结果相一致；"个性化"，更多"情感化"的决定一般与道义结果相一致，他们假定不同的脑区域（情感和认知）可能控制不同类型的伦理推理（道义和功利主义）。[42] 后续的研究已经建立在这些初始的结果上，并且探索了各种涉及情感和伦理推理的相关问题。[43]

格林的初始研究和后续的论文有清晰的目标，并且很谨慎地得出规范性结论。[44] 然而，格林后来得出更大胆更广泛的规范性结论，这些结论是关于伦理判断的，基于他在情感和认知过程中得出的差别。[45] 他认为这种差异侵蚀了道义判断，捍卫了功利主义判断。他说道，道义判断，是由"情感"心理过程产生，而不是"认知"过程，功利主义判断是由认知过程产生的。[46] 认知过程更有可能涵盖"真正的伦理推理"，相反，"快速""自动"以及"报警

---

〔41〕 该研究将"个人"困境定性为那些涉及：(1)可合理预期导致严重身体伤害的行为；(2)某一特定人或某一特定人群的一个成员或多个成员的行为；(3)这种伤害不是将现有威胁转移到另一方的结果。Joshua Greene & Jonathan Haidt, How (and Where) Does Moral Judgment Work?,6 Trends in Cog. Sci. 517,519(2002).格林后来承认，这种区别并不能解释一些数据；参见 Joshua D. Greene, The Secret Joke of Kant's Soul, in Moral Psychology, Vol. 3：The Neuroscience of Morality：Emotion, Disease, and Development (Walter Sinnott-Armstrong ed. ,2007),但判断是否是"个人的"（或涉及身体接触）仍然是后续研究的关键变量；参见 Greene et al. ,Pushing Moral Buttons,同本章注 31。

〔42〕 参见 Greene et al. ,Neural Bases,同本章注 31,第 398 页。另见 Greene & Haidt,同本章注 41,第 523 页,"道德判断的普通概念指的是各种更细粒度和差异化的过程"。

〔43〕 参见 Greene et al. ,Neural Bases,同本章注 31；Greene et al. ,Pushing Moral Buttons,同本章注 31。在最近的一篇文章中，Selim Berker 指出，作为一个经验问题，当考虑到电车难题的其他变化时，所有三个区别（人—非人，情感—认知和道义—功利主义）都会分开。Selim Berker, The Normative Insignificance of Neuroscience,37 Phil. & Pub. Affairs,293,312(2009).

〔44〕 参见 Greene et al. ,An fMRI Investigation,同本章注 31,第 2107 页,"我们并未声称任何行为或判断在道德上是对或错"。Greene & Haidt,同本章注 41。Joshua D. Greene, From Neural "Is" to Moral"Ought"：What Are the Moral Implications of Neuroscientific Moral Psychology?,4 Nature Rev. Neuroscience 847(2003).

〔45〕 Greene,Secret Joke,同本章注 41。

〔46〕 同上,第 50－55 页。比较：Berker,同本章注 43,第 311 页。从非人的道德困境中区分人(是)一种不充分的寻求(道义—功利主义)区别的方式。声称这种特征性的道义判断只涉及身体伤害,这简直就是荒谬的。

式"的道义判断由情感反应产生。[47] 格林认为,这破坏了道义论作为"一种理性的和谐的伦理理论";一种"基于伦理推理而达成伦理结论的尝试";"一种规范性伦理思考";以及对"深刻的理性可发现的伦理真理的"反思。[48] 然而,道义论只是作为一种理性化的情感反应的尝试,是基于非伦理因素,并且可能已经因为非伦理因素进化了。相反,格林主张功利主义原则"在非正确时,为公共决策提供了最好的可及的标准"。[49]

法律学者沿着格林的道路,从格林的研究中描绘法律中的规范性含义。法律文献中很多参考格林的研究,引用它们来论述此种(不会招致反对的)命题:情感在伦理判断中扮演着某种角色。[50] 然而,从我们的角度看,最头疼的一件事是这些研究表明"情感化"的道义判断是错误的或者不可靠的。思考两个例子。在最近的一篇讨论国际刑法的文章中,安德鲁·伍兹(Andrew Woods)基于这些研究主张"伦理启发式失败如何产生,已经可以通过使用大脑的 fMRI 扫描而得以展示"[51]。根据伍兹研究,当被试者在人行天桥实验中"感到情感波澜",他们依靠的是伦理启发法(例如,"不要伤害"),如果他们没有这种情感波澜,则采用的是功利主义推理。[52] 伍兹坚持这与国际刑法有关,因为"强大的情感直觉可能指导人们做出决定,而其结果并不能使功利最大化"。[53] 类似地,泰伦斯·霍尔瓦特(Terrence Chorvat)和凯文·麦凯布(Kevin McCabe)认为,这些研究与陪审团在审判中的决策有关,因为当陪审团与决定保持一定距离时,陪审团倾向于做出更

---

〔47〕 Greene,Secret Joke,同本章注 41,第 65 页。

〔48〕 同上,第 70—72 页。

〔49〕 同上,第 77 页。格林还依靠这些论点来攻击刑事惩罚的惩罚性报应理论。我们在第七章讨论他的论点的这一方面。对格林的规范性结论的批判,参见 Richard Dean,Does Neuroscience Undermine Deontological Theory?,3 Neuroethics 43(2010)。

〔50〕 参见 Janice Nadler,Blaming as a Social Process:The Influence of Character and Moral Emotionon Blame,75 Law & Contemp. Probs. 1(2012);R. George Wright,Electoral Lies and the Broader Problems of Strict Scrutiny,64Fla. L. Rev. 759,783n. 155(2012);Thomas W. Merrill & Henry E. Smith,The Morality of Property,48Wm. & Mary L. Rev. 1849(2007)。

〔51〕 Andrew K. Woods,Moral Judgments & International Crimes:The Disutility of Desert,52Va. J. Int. L. 633,667(2012)。

〔52〕 同上,第 668 页。

〔53〕 同上,第 669 页。伍兹将这一点与国际背景下刑事惩罚理论的争论联系起来。

"理性"的决定和"社会最佳选择"。[54] 因此,法律对"去个性化的"陪审团决定感兴趣。[55] 他们建议证据规则应当按照这种意识的考量来设计。[56]

我们拒绝那些法律学者从格林研究中得出的规范性结论。在转向颠覆这些结论的主要概念问题之前,我们应该首先阐明在使用研究结果得出法律结论时应受三种限制。

第一,即使被试者在人行天桥实验中经历强烈的情感反应,而在标准电车实验中情感波动相对较小,这也不能支持决策的双进程模型(情感的和认知的)。情感反应可能只是伴随这些基于伦理和道义理由而做出的决定,而不是导致这些决定。真的,正如约翰·米哈伊尔(John Mikhail)指出的那样,事实上被试者看到的所有"个人"场景包含暴力犯罪和侵权。[57] 因此,这并不值得惊讶(真的,它应该被期待):被试者有情感反应;对不受许可的行为结果有反应。这并没有显示被试者没有进行真正的伦理推理(相反,是从事一项情感驱动的伦理失败体验)。简而言之,情感的展现既不能排除伦理推理,也不能具体说明特定的情感因果关系。[58]

第二,情感和法律之间的关系是极其复杂的。[59] 因此,即使道义判断

---

〔54〕 Terrence Chorvat & Kevin McCabe, Neuroeconomics and Rationality, 80 Chi-KentL. Rev. 1235,1252(2005).

〔55〕 同上。

〔56〕 Terrence Chorvat, Kevin McCabe & Vernon Smith, Lawand Neuroeconomics, 13 Sup. Ct. Econ. Rev. 35,61(2005).

〔57〕 John Mikhail,Emotion,Neuroscience and Law:A Comment on Darwin and Greene,3 Emotion Rev. 293 (2011),http://ssrn.com/abstract=1761295.

〔58〕 参见 Gilbert Harman, Kelby Mason & Walter Sinnott-Armstrong, Moral Reasoning, in The Moral Psychology Handbook 206—242 (John M. Doris ed. ,2010),概述与情绪反应相容的几种可能的道德推理类型;Jesse J. Prinz & Shaun Nichols,Moral Emotions,in The Moral Psychology Handbook,111—141,讨论情绪在道德认知中的作用。从特定大脑活动到特定心理功能或过程的推导面临许多经验性限制。参见 Russell A. Poldrack,Can Cognitive Processes Be Inferred from Neuroimaging Data?,10 Trends in Cog. Sci. 79(2006),讨论绘制这种"反向推导"的限制。在争论道德判断的双过程模型(情感—道义论和认知—功利主义)时,格林的研究指出了主体做出判断所花费的时间上的一些差异(例如,如果被试者必须参与更多推理或克服初始倾向,那么会需要更长的时间)。然而,根据最近的一项研究,时间差异不取决于道义论和功利主义判断之间的差异,而是取决于判断是否"直观"。参见 Guy Kahane et al. , The Neural Basis of Intuitive and Counterintuitive Moral Judgment, 10 Soc. Cognitive & Affective Neuroscience(2011)。

〔59〕 对于这种复杂性的一项有启发性的讨论,参见 Terry A Maroney, The Persistent Cultural Script of Judicial Dispassion,99 Cal. L. Rev. 629(2011)。

是由情感反应所引起的,它还是提出了这样的问题:法律应该试图使决定去个性化并排除这些类型的裁决。这在陪审团决策中最明显。霍尔瓦特和麦凯布认为这种判决是有问题的,因为他们可能导致不尽如人意的决策。美国最高法院已将陪审团视为其组成部分。例如,在刑事案件中,最高法院解释说,证据可以在审判中发挥合法作用,因为它涉及"法律的道德基础和陪审员的审判义务",检方可能需要这些证据来证明定罪"在道德上是合理的"。[60] 在民事案件中,法院也解释了惩罚性赔偿应当部分依据陪审员对被告行为的责任、过失和伦理暴行的认定。[61] 这不是说情感反应从不是问题,不管对特定的陪审团裁决还是一般的法律来说。[62] 我们的观点只是格林的研究太粗糙而不能读出关于情感在法律中的确切角色的任何清楚的政策结果。

第三,我们注意到神经科学研究及其被一些法律学者的运用之间存在错误的匹配。格林及其同事测试一个电车司机的场景和一个把某人推下人行天桥到轨道上的场景,重点是要阐明在标准电车场景中被试者是电车司机,不是旁观者。通常引用该研究的法律学者并没有提到这一事实(只是简单地把选择描写成是否按按钮或者转换开关,而究竟是司机还是路人、旁观者这点却模糊处理)。[63] 回顾一下,司机场景是一种非个性化的两难案例,而人行天桥场景是个性化的两难案例。法律决定的进一步"去个性化",正如研究指出的那样,到底确切地指的是什么? 这并不完全

---

〔60〕　参见 Old Chief v. United States,519 U. S. 172,187−188(1997)。

〔61〕　参见 Cooper Indus. , Inc. v. Leatherman Tool Group, Inc. ,532U. S. 424(2001)。另见 Todd E. Pettys,The Emotional Juror,76 Fordham L. Rev. 1609 (2007),讨论情绪在试验中可能提升或降低准确性的方式。

〔62〕　参见 Fed. R. Evid. 403.

〔63〕　参见 Woods,同本章注 51,第 667 页,将"标准电车"问题描述为"火车驶向一条有五个人正在聊天的轨道,而拯救他们的唯一方法就是将火车的路径切换到另一条只有一个人挡路的轨道";Chorvat & McCabe,同本章注 54,第 1250 页,将"标准电车"问题描述为"火车正在驶向一条轨道,如果他们什么都不做,火车会撞到赛道上的一辆汽车,五人将会被撞死,但是,如果他们按下按钮,火车将被转移到侧轨,只有一个人将被杀死"。一些歧义可能来自格林自己的描述,他也没有提到决定是否切换开关的人是驾驶员还是旁观者。虽然补充数据,同本章注 35,明确指出被试者被告知他们是驾驶员,相比之下,2001年的一篇文章将这个问题描述为"一辆失控的电车正朝着五个人的方向前进,如果它继续前进的话那五个人将会被撞死。拯救他们的唯一方法就是打开一个开关,将电车转到另一组轨道上,这样将杀死一个人而不是五个人",Greene et al. , An fMRI Investigation,同本章注 31。

清楚。例如，陪审团通过的决定当然是比驾驶一辆电车杀害一人或几人更加"非个性化"。这对决定送某人去监狱或者表决判处某人死刑来说，也是对的。我们可以想象法律行为者研究得出的结论跨越非个性化—个性化界限（例如，警察和公民互动），但是这种区别对于大部分法律决策来说并不恰当。

如果我们现在转向更严肃的概念问题，预设功利主义判断是正确的，而道义判断是错误的，这其实是循环论证。这两者作为普遍的问题以及在电车难题中特殊的判断问题，都是对的。作为一种普遍的问题，道义论者和功利主义者之间存在紧张的哲学争论；就法律问题有赖于在冲突的伦理判断中做出的选择而言，法律问题也有赖于这些哲学争论。格林的研究不能解决任何争议的规范性问题；真的，正如塞利姆·伯克（Selim Berker）争辩的那样，实证结论与那些辩论无关。[64] 任何试图从神经科学结论得出规范性总结都有赖于"诉诸实质性的规范直觉（通常是哪些特征是不是伦理相关）"，而且正是这种诉求，而不是神经科学驱动了规范性推理。[65] 伯克通过描绘他所说的"最好案例场景"说明神经科学在伦理判断中的规范性作用阐明了这点——假设"当我们在数学或逻辑推理中做出一种特定的、明显的、极其恶劣的错误时，脑的一部分就会亮起来，同样，当我们形成某种伦理直觉时部分脑也会亮起来"[66]。他问我们是否应该放弃这些基于直觉的伦理判断，并得出结论说这很可能将有赖于进一步的细节研究。如果两者之间没有联系，那么看起来就没有任何理由去放弃伦理直觉（例如，因为有这样的关联，我们不会突然得出结论，凶杀不是错的）。相反，如果伦理判断依靠在数学或者逻辑推理中出现的同样种类的过失或者错误，那么我们也应该

---

〔64〕 参见 Berker，同本章注 43。同样有问题的是假设功利主义和道义论原则耗尽了道德判断的基础。

〔65〕 同上，第 294 页。Francis Kamm 在 F. M. Kamm，Neuroscience and Moral Reasoning：A Note on Recent Research，37Phil. & Pub. Affairs 331(2009)中提出了类似的观点。例如，格林和依赖这些研究的法律学者认为，情感的存在使道德判断失去理性。这种实质性的假设不仅非常值得怀疑——通常有很好的理由去感受某种情绪，并且在某些情境中没有情感体验本身就是错误的（例如，对不公正的愤怒，对痛苦的同情，以及对所爱的人好运的喜悦）。此外，一些道德标准涉及情绪倾向，例如，在忽视一个人的职责和义务时感到内疚。

〔66〕 Berker，同本章注 43，第 329 页。

得出伦理判断是错误的结论。但是,如果这样,那么将会是普遍的过失或者错误破坏判断,而不是神经科学的结论。总的来说,法律是否应该孕育或者限制特定的道义或者功利主义判断,需要规范性论据,而不是求助于法律判断时活跃的脑区域。关于伦理判断及其之上的法律问题的哲学辩论,脑区域其实并不能提供解决这些辩论的正确标准。

关于电车问题的具体细节,假设关于场景的特定判断是正确或不正确的,其实也是回避了问题的实质。我们承认这种可能性:大部分人可能在一些场景中对正确的事情做出错误的判断,但是我们不同意人行天桥的结论是不正确的或者显示了"伦理启发"已经消失。[67] 相反,有一种受欢迎的原则解释可以调解这两个案例的判断。再回顾一下在标准电车场景中,被试者是电车司机,而不是旁观者。在这个场景中,被试者已经被卷入,或者可以继续向前开,撞死五个人,或者改变方向撞死一个人(大部分人改变了方向)。在另一个场景中,被试者是面对选择如何介入该场景的第三人,或者把这个肥壮的人推下天桥(大部分人没有推),或者让电车继续行驶。朱迪思·贾维斯·汤姆森(Judith Jarvis Thomson)认为这两种情形一是司机(可以改变电车方向),另一则是人行天桥和旁观者(两者都不被许可)之间存在原则性的伦理区别。[68] 根据汤姆森,"杀害 vs. 放任他死"原则使这种区别获得正当性。[69] 司机必须撞一个人而不是撞五个人;但是,可以推下那个肥壮的人或者改变轨道的旁观者,却必须让这五人死而不是一人死。那么,格林等人测试的这两个场景结果并不能解释任何法律必须考虑解决的问题,这么说至少还是可以被接受的。

如果汤姆森的论据是站得住脚的,这可能暗示了其他潜在的问题。最

---

〔67〕 人行桥是"道德启发式"失败的一个例子,得出这样的结论需要一些预设的、关于正确的结果应该是什么的非循环论证。我们知道没有这样的论据能够证明每种情况下的正确判断都是功利性的判断。一般来说,我们认为对直觉或与直觉相关的大脑区域的吸引力不是评估任何此类问题的规范性结论的方法。参见 Herman Cappelen, Philosophy without Intuitions 158—163 (2012),它解释了为什么关于电车问题的主要哲学论点不能诉诸直觉。

〔68〕 Judith Jarvis Thomson, Turning the Trolley, 36 Phil. & Pub. Affairs, 359(2008).然而,作为一个经验性问题,大多数被试者也在旁观者的情况下改变轨道。关于电车问题的几个实验和变化的结果,参见 Mikhail,同本章注 22,第 319—360 页。

〔69〕 Thomson,同本章注 68,第 367 页。

重要的是,在旁观者案例中的被试者确实认为改变火车轨道是允许的[70],他们可能会错误地做出这种行为。[71]但是需注意如果确实是这样(当然,是否这样超出我们的讨论范围[72]),那么被试者犯的错误是他们太功利了,而不是太道义了——确切地,一些法律学者从格林的研究中得出了相反的规范性结论。这再次提到了我们的基本点:法律应当如何对冲突中的伦理判断做出反应,这个问题取决于哲学论据,而不是关于脑的实证信息。这些论据中的推理是否有效或者正当,取决于命题的关系,而不是神经元放射活动。关于脑的证据有时可能与伦理问题相关,但是预设伦理关乎法律的问题可以从大脑里寻求答案,这是一种概念性的错误。

三、心智、伦理语法和知识

约翰·米哈伊尔已经发展出一种详细的广泛的理论来解释伦理和法律决策的认知基础。[73]米哈伊尔认为我们在伦理和法律中的许多决策能力是"与生俱来的"。米哈伊尔从乔姆斯基和罗尔斯的著作中找到灵感,提出伦

---

〔70〕 参见 Mikhail,同本章注 22,第 319—360 页。

〔71〕 汤姆森认为,在旁观者情况中改变电车轨道是不允许的,因为被试者选择让一个人付出代价被撞,而被试者本人可能并不愿意付出相应的代价。Thomson,同本章注 68,第 366 页。她的结论是,因此,为了将钱捐给慈善机构而从别人那里偷窃是不允许的。与被试者不同,旁观者可能会拒绝做好事(用自己或旁边胖子的身体挡住火车),这是可以的,但是如果司机可以撞死一个人,那就不得撞死五个人。Thomson 推测,旁观者采取的极端手段可以解释杠杆和人行桥案例之间的区别。

〔72〕 我们的观点不是要对这一特定问题表明立场,而是认可更普遍的方法论观点,即电车难题引起的规范问题是由(经验性的)哲学论证所解决的问题,而不是诉诸产生直觉和判断的大脑活动。正如我们在第二章讨论的一般神经简化论方法一样,神经简化主义的道德方法有时也依赖于错误的二分法来支持他们的案例。参见 Goodenough & Prehn,同本章注 30,第 83 页:

"这个断言进行了循环论证:如果仅是某种自然心理过程的结论,那么更多的东西会从何而来? 即使是康德学派的人论及职责、理性主义和普遍性,也只是将运动从一个心理过程转移到另一个心理过程。在所有形式中,这一论证都归因于道德标准,它与大脑可发现过程中的物理因果关系无关。但是问题仍然存在:如果不是物理过程,那又是什么? 从本质上讲,浪漫的方法依赖于一种经常未被承认的唯灵论(spiritualism)。"

正如神经简化论和笛卡尔主义对心智的错误的二分法一样,神经简化论和唯灵论在道德方面也是错误的二分法。关于非精神的、自然主义的、非神经简化论的道德描述,参见 Philip Kitcher, The Ethical Project(2011)。

〔73〕 参见 Mikhail,同本章注 22;John Mikhail, Moral Grammar and Intuitive Jurisprudence: A Formal Model of Unconscious Moral and Legal Knowledge, 50 Psychol. Learning & Motivation, 5(2009); John Mikhail, Universal Moral Grammar: Theory, Evidence and the Future, 11 Trends in Cog. Sci. 143 (2007)。

理知识是心照不宣的(不言而喻的),根植于脑中的伦理语法。[74] 米哈伊尔的作品不仅有其自身的优点,而且也是一个很好的例证,说明可疑的哲学预设可以破坏哪怕是最优雅的认知理论的各个方面。[75]

我们从米哈伊尔所指的伦理认知理论的核心问题入手。这些问题将米哈伊尔的探索纳入心智的本质,并且将其研究的重点放在心智和伦理认知关系上。他问道:

1.什么构成伦理知识?

2.伦理知识如何获得?

3.伦理知识如何投入使用?

4.伦理知识在大脑里如何被物理呈现(在物理上被认识到)?

5.伦理知识在物种中如何进化?[76]

在描写他所认为的我们与生俱来的伦理能力的主要特征时,米哈伊尔讲了许多关于心智和伦理语法的本质的重要观点。这些是:

1."心智和脑中存在伦理语法。"[77]

2."这种语法的获得方式意味着至少它的一些核心特征是与生俱来的,在这里'与生俱来的'从性情方面来说,被用来说明认知系统,而认知系统的本质是由心智的内在结构广泛事先决定的。"[78]

3."假设个体拥有具体规则、概念或者原则的隐性知识能最好地解释"

---

〔74〕　Mikhail,同本章注22,第17页。"道德判断属性的最佳解释是假设心智和脑包含道德语法。"

〔75〕　严格来说,米哈伊尔并不是一个神经法学家,他的理论并不是基于大脑的神经科学细节,他也没有提出神经科学改变法律的方法。

然而,他的主张从认知角度出发,与我们在本书中讨论的几个哲学问题重叠。他将他的作品与乔姆斯基的作品类比,并且正如我们所详述的那样,他对"道德知识"的描述在哲学上是有争议的,并且我们认为,我们对神经法学家的工作提出了一些相同的批评。

〔76〕　同上,第27页。

〔77〕　同本章注74。

〔78〕　Mikhail,Universal Moral Grammar,同本章注73,第144页。先天道德知识的观点即使在道德自然主义者中也是有争议的。我们在第二章讨论了帕特里夏·丘奇兰德的神经简化论,以及拒绝此观点的证据理由。Patricia S. Churchland,Braintrust:What Neuroscience Tells Us about Morality,103—111 (2011),注意到许多支持天赋的证据与其他假设一致,包括学习行为和简单地找到常见问题的合理解决方案;Kitcher,同本章注72,第10页,拒绝天赋假设,因为除其他原因外,它低估了伦理实践的社会环境。另见 Joshua D. Greene,Reply to Mikhail and Timmons,in Moral Psychology,Vol. 3:The Neuroscience of Morality:Emotion,Disease and Development (Walter Sinnott-Armstronged. ,2007),认为在一些电车实验中,只有大约一半的参与者符合米哈伊尔的理论预测并且大量的分歧与先天知识不一致。

伦理直觉。[79]

我们的讨论聚焦于米哈伊尔提出的与心智、伦理语法和伦理知识有关的两种哲学上值得商榷的观点。这两种观点是：第一，伦理推理是对规则、原理和"主流具体的运算法则"[80]的无意识运用；第二，伦理知识存在于脑中。[81]

第一种观点宣称心智处理伦理问题的方法包含一种"无意识的"守法和"释法"的混合物。[82]第二种观点宣称这种解释的过程的产物构成知识，并且这种知识位于人脑之中。我们轮流讨论这两种观点。

第一种观点（例如，我们可以通过以下方法解释伦理认知，假如意识遵守规则，无意识地解释特殊案件是否属于它们的范围）面临两个不同的问题。第一个问题是关于理解的概念，即要理解一项规则在特殊情况下的具体要求，我们需要解释它。第二个问题关系到这种想法，即"守法"是一个人"无意识"做的事情。正如我们在第一章中讨论的那样，这些主张建立在对解释和守法的有问题的认识之上。

米哈伊尔的主张，即我们通过解释将规则运用于场景之中，是基于广泛的人道主义和社会科学规范。[83]这个主张存在的问题属于概念性的。如果理解一项规则（或一项规则可能运用的文本的特殊部分）首先需要解释它，

---

〔79〕 Mikhail, Universal Moral Grammar, 同本章注 73, 第 144 页。

〔80〕 同上，第 145 页和第 148 页。对这些道德规则的了解是"隐性的"。在解决伦理问题时，"一种组织模式……被心智本身强行施加刺激"。计算过程是"无意识的"。

〔81〕 参见本章注 74。这种语法是"天生的"，因为它的"基本属性在很大程度上取决于心智的内在结构"。Mikhail, Universal Moral Grammar, 同本章注 73, 第 144 页。

〔82〕 在最近对帕特里夏·丘奇兰德的《信任脑》一书的回顾中，米哈伊尔阐明了"无意识"规则遵循心智计算理论的重要性，例如他说："特定计算……可以按照遵守规则模型来运行，但必须注意将任何这样的概念与有意识地知道或应用规则的主张分开。相反，认知科学中的主导趋势是假设这些心理规则是已知的并且无意识地运作……简而言之，无意识的计算，而不是有意识地应用规则，是在这个背景下更有意义的基于规则的评估建议。"John Mikhail, Review of Patricia S. Churchland, Braintrust: What Neuroscience Tells Us about Morality, 123 Ethics 354 (2013).

米哈伊尔理论的解释方面涉及事实情景和规则之间的契合。他这样说道："心智就是要解释这些新颖的事实样态，并为他们所描绘的行为赋予道德地位，但情景本身并没有以任何明显的方式揭示出来。"Mikhail, Universal Moral Grammar, 同本章注 73, 第 144 页。我们对解释和规则的讨论也适用于解释事实情景及其与规则的契合度的过程。如果理解事实情景需要一种解释行为，那么理解这种解释也需要解释，等等。

〔83〕 更详细的讨论，参见 generally Dennis Patterson, The Poverty of Interpretive Universalism: Toward the Reconstruction of Legal Theory, 72 Tex. L. Rev. 1(1993).

那么没有理由说解释本身不需要解释。解释性还原的过程可以是无限的。[84] 因此，这个"无限回归（循环）"术语已经被用来作为论据反对这种观点，即规则要被理解，必须首先被"解释"。[85] 然而，这个论据被压缩了，我们应该更详细地阐述它，运用维特根斯坦关于理解和解释的论据。[86]

维特根斯坦的基本观点是"理解"是主要的，"解释"是第二性或者"派生"的行为。[87] 解释是派生的，是指解释只能在理解已经到位时出现。理解，根据维特根斯坦的说法，是不具有反思性的（unreflective）；当我们遵守规则，我们通常并没有事后劝告我们自己，没有反思规则的要求。

维特根斯坦从一个悖论开始向我们讲述了他对理解的首要地位的认识。他这么写道：

> 这是我们的悖论（paradox）：没有什么行为过程能由规则决定，因为每个行为过程（course）可以做得与规则一致。答案是：如果每件事都能做得与规则保持一致，那么也同样能够做得与之都冲突。因此这

---

〔84〕　维特根斯坦以这种方式说明了这一点：

"但是，规则怎么能告诉我此时我必须做什么呢？无论我做什么，根据一些解释，都符合规则。——这不是我们应该说的，而是：任何解释连同它所解释的，仍然悬在空中，并且不能给它任何支持。解释本身并不能确定含义。"

Ludwig Wittgenstein, Philosophical Investigations § 198（G. E. M Anscombe trans., 1958）. 另见 Robert B. Brandom, Making It Explicit: Reasoning, Representing, and Discursive Commitment, 508－509 (1994)。"语言理解取决于解释……仅在特殊情况下——涉及不同语言或普通沟通已经破裂。"Jeff Coulter, Is Contextualising Necessarily Interpretive?, 21J. Pragmatics 689, 692(1994)。"理解不是一种活动：它类似于一种能力。理解是要获得某种知识，同时解释是一种活动，类似于形成假设，或者在不同的意义上，与可理解性的确定相比，具有更广泛的意义（解释性或其他）。"

〔85〕　彼得·哈克解释道：

"认为在理解一种话语时总会或甚至经常参与解释，是一个严重的错误。解释（interpret）一种话语就是去说明（explain）它，通常用同一种语言进行释义（paraphrase）或者将它翻译（translate）成另一种语言……晦涩难懂、含糊不清或复杂可能需要一种解释（interpretation），但认为所有理解（understanding）都是解释（interpreting）是完全不符合逻辑的。那时给出的解释（interpretation），即释义（paraphrase），本身就需要一种解释（interpretation）才能被理解（understood）；并且会产生恶性循环。这种误解（misconception）有多种根源。一个奇怪的想法是，我们听到或说出的仅仅是为了被理解而必须与意义相关或映射意义的声音。但是，我们不再听到或说出声音，除非我们看到或描绘出色彩斑斓的图像。我们听到并说出有意义的单词和句子……"

P. M. S. Hacker, Language, Rules and Pseudo-Rules, 8 Language & Commc'n 159, 168(1988)。

〔86〕　有关理解和解释的区别及其法律相关性的详细讨论，参见 Dennis Patterson, Law and Truth, 86－88(1996)。

〔87〕　Wittgenstein, 同本章注 84, §§139－242。

里既不存在一致，也不存在冲突。[88]

为什么维特根斯坦质疑解释的重要性，解释规则的意义或者规则的要求？他的要点是如果理解一种表达或者指示是一种解释（解释也只是又一种表达或者指示），那么解释本身也要求它自己的解释一直下去，无穷无尽。这项论证——无穷尽的循环论证——是为了质疑把理解当作解释这样一种观点。维特根斯坦敦促我们重新思考这种观点：在我们能理解一种表达之前，我们必须首先解释它。理解一项规则及规则的要求在实践参与中是基本的。相反，解释是当我们的理解发生困难时（例如，在既定的情况下对规则存在两种以上的理解），我们从事的一种行为。

维特根斯坦的洞见是遵守规则不单单是一种精神现象。简单地说，维特根斯坦重新定位行为中的规范性（例如，正确和不正确之间的区别），特别是社会行为。遵守规则的规范性——正确与不正确的背景——在他人的认同里找不到。然而，规则的长期遵守者的认同是理解的基础。认同是我们实践的规范性的必要特征，但是认同必须是一种对环境反应的规范性（例如，在环境中不恰当的行为）。简而言之，当我们说一定有"行为的认同"，我们真正想说的一定是规则长期运用中的和谐。[89] 这种在反应和运用中的和谐构成了所有的实践，包括法律实践。它是我们伦理和法律判断的基础。

---

〔88〕 Wittgenstein，同本章注 84，§ 201。

〔89〕 相关启发性的讨论，参见 Meredith Williams, Wittgenstein, Mind and Meaning: Towards a Social Conception of Mind, 176(1999)：

"从这个意义上说，社区协议是实践的组成部分，并且必须在行动中展示协议。此描述有两个重要功能需要突出显示。首先，社会实践提供了框架，在这一框架中个人可以获得理解或形成个人判断。维特根斯坦思想的核心，是其反复论证的主张，即没有任何孤立的事件或行为可以被正确地描述为命名(naming)或服从(obeying)或理解(understanding)。作为公式的规则，作为图表的标准，或作为实例的范例，就其本身而言，没有规范性或代表性状态。他们只有通过运用公式、图表或实例才具有这种状态。正是这种使用创造了结构化的语境，在这种语境中，符号标点可以继续，序列可以继续，秩序可以被遵循，范例也是典范。只有这样，我们才能把特定的行为看作是体现或实现了语法结构。简而言之，强制性阶段设置是社会实践。

"其次，共同体协议不构成特定判断的正当性。正确或适当的判断和行动必不可少的是一致性，而不是每个人迎合其他人的判断来达成和谐，从而证明他(或其他任何人)的判断和行为是正确的。"

正确和不正确地遵守规则的区别在于一个社区长期形成的对判断的认同。[90]正如我们在第一章中讨论的那样,无意识地遵守规则这种观点没有意义。遵守规则,对规则的要求做出判断,在正确和不正确行为之间做出区分,都要求主体之间对正确规范进行构建。米哈伊尔关于无意识遵守规则的观点没有吸引力,因为它不能超越他所看到的内在的心智构造。

和乔姆斯基关于生产性语言语法的规则一样[91],米哈伊尔的伦理规则被假定是先天固有的。这种主张没有意义。如何能说一个孩子在没有认识到伦理规范之前就已经"知道"怎么遵守伦理规范? 换句话说,在一个孩子学会语言音节之前,如何能说他拥有伦理知识? 这些问题的提出不能仅靠宣称我们"无意识地遵守"规则而回避。再次,问题是概念性的。[92]遵守规则包括规范性行为的全部。当我们遵守规则,我们可以做下面的事情:

1.参考规则使我们的行为拥有正当性;

2.在做决定的过程中咨询相关规则;

3.参考规则改正我们和其他人的行为;

4.当我们不能理解规则的要求时解释规则。

当我们不知道这些规则的存在时,我们很难看到这些规范性活动如何成为可能。当然,可能我们行为和规则相一致,但是并不是在遵守规则。

我们现在转向米哈伊尔第二个观点,也是更基础的观点——"心智或脑中存在伦理语法"[93],因此伦理知识位于脑中[94]。米哈伊尔预设解释的对

---

〔90〕　Meredith Williams, Wittgenstein, Mind and Meaning: Towards a Social Conception of Mind, 169。

〔91〕　生成语法(grammar)是一种语法学(syntax)理论。语法采用正式化规则系统的形式,机械地生成语言的所有语法句子。参见 generally Noam Chomsky, Aspects of the Theory of Syntax, 3 — 10 (1965).

〔92〕　在一位细心的读者看来,乔姆斯基——米哈伊尔教授的无意识遵守规则模式的灵感来源——已经放弃了这个想法。参见 John Searle, End of the Revolution, N. Y. Rev. Books, Feb. 28, 2002, 第 36 页[回顾了 Noam Chomsky, New Horizons in the Study of Language and Mind(2000)],乔姆斯基现在放弃了这个想法:普遍语法是无意识遵守规则的问题。但他也驳斥了真正的人类语言受规则支配的观点。我认为,这是不对的。

〔93〕　Mikhail,同本章注 22,第 17 页。

〔94〕　同上,第 24 页。

象（在这个案例中，"伦理知识"）位于某处。在米哈伊尔看来，伦理知识存在于脑中。

然而，正如我们在第一章中讨论的那样，知识不是一种位于脑中（或者其他地方的）东西。知道某事（"如何知道"或者"知道如何"）是一种能力。"知道"是一个成功的动词。[95]"知道"某事既不是处于特定的状态，也不是拥有一项特殊的意识或脑结构。[96]像其他能力，伦理规则的知识展示在行为中。知识归因的标准由正确的行为组成。"知识"包括，在其他事务中，能够发现错误，解释错误，以及改正错误。在做这些事的时候，一个人显示他知道规则——并不是他的心智或者脑中"含有"规则。[97]

当我们说"琼斯知道从华沙到克拉科列车的时刻表"时，我们并不是在说琼斯把时刻表硬塞进琼斯的意识或者脑中。即便是这样，仍然不能充分地说明他"知道"时刻表，因为知道时刻表意味着知道如何正确地阅读时刻表。要做到这一点，琼斯需要能运用时刻表，是运用本身成为"琼斯知道"时刻表的根据。

除了将能力与某事物（或者处于一种特殊状态）混淆外，还有第二个相关的问题。这个问题产生于这种预设，即伦理知识有自身的位置。米哈伊尔将"伦理语法"安置于脑中。但是"知道"并没有一种身体上的位置。[98]是的，我们需要大脑才能知道，但是这并不是指知识是某种位于脑中的东西，

---

〔95〕 参见 Alvin I. Goldman，Knowledge in a Social World，60（1999）。

〔96〕 Anthony Kenny，The Legacy of Wittgenstein，129（1984）. 容纳信息就是处于某种状态，而知道某物就是具备一定的能力。事实上，经典和现代认识论的一个原则是，某人可以拥有真实的信息（真正的信仰），但不具备知识。参见 Plato，Theaetetus（Robin H. Waterfield trans. ，1987）；Alvin I. Goldman，Epistemology and Cognition，42（1986）；Edmund Gettier，Is Justified True Belief Knowledge？，23 Analysis 121（1963）。

〔97〕 参见 P. M. S. Hacker，Chomsky's Problems，10 Language & Commc'n. 127，128－129（1990）。

〔98〕 约翰·塞尔最近将思维与消化相提并论。他假设正如消化在胃中发生一样，思维也是如此在脑中发生。参见 John Searle，Putting Consciousness Back in the Brain：Reply to Bennett and Hacker，Philosophical Foundations of Neuroscience，in Neuroscience and Philosophy：Brain，Mind and Language，97，108－109（2007）。但这个类比并不成立。如果我们打开某人的胃，可以看到消化过程的发生。但是，如果我们打开某人的脑，是找不到任何我们可以称之为"思考"的东西。当然，一个 fMRI 扫描仪会显示脑的某些区域是在一个人思考的时候被激活。虽然人类思考必须有脑，但思想没有"位于"脑中。Maxwell Bennett & P. M. S. Hacker，The Conceptual Presuppositions of Cognitive Neuroscience：A Reply to Critics，in Neuroscience and Philosophy：Brain，Mind and Language，143。

正如没有一种叫"行走"的东西位于两腿之中。[99]

这个主张还有第三个问题：伦理知识储存于脑中。这个问题产生于知识和真理之间的关系。[100] 拥有伦理知识意味着"知道"这件事是真的（例如，所知道的事情真的是这样）。因此，即使大脑包含伦理语法，并且用它去解释及澄清事实情况，规则、原则及做出的判断也只有当它们是对的时候，才能成为伦理知识（与伦理信仰相对而言）。[101] 米哈伊尔并没有对假定的伦理语法所产生的结果进行论证，确保其规范的充足性。[102]

他的著作关系到我们在之前章节中对格林及其同事的讨论，仍然存在最后一个问题。虽然米哈伊尔的著作在很多方面与格林的情感—理性框架是不同的，而且比后者要精巧得多，但是我们发现他们的问题是试图在脑中定位伦理知识（或者通过定位证明没有伦理知识）。古德诺夫关于法律推理的解释也同样存在这样的问题，我们讨论的第二章中的丘奇兰德、格林和科恩关于法律责任的解释也是。我们将看到最近关于神经经济学的著作也存在这样基础问题，现在我们转向讨论神经经济学。

---

〔99〕　参见 Hacker，同本章注 97，第 134 页。

神经生理学家可能会发现某些神经配置从因果关系上看是语言能力的必要条件。但他们永远不会在脑中找到任何知识。人们所知道的，即真理、事实或命题，抑或表达、展示或告诉他们自己所知道的事情的能力（即构建知识的能力），（逻辑上）都不能在脑中找到。对于真理、事实和命题，尽管它们可以记录在纸上或计算机光盘上，但不能记录在大脑上或大脑中。因为我们通过符号、语言记录事实，并将信息写在笔记本上或存储在计算机光盘上，但并不存在脑运用语言、理解或表达语言，也不存在把脑作为这些书面记录的储藏室，更不用说计算机光盘了。真理、事实或命题被存储、归档或保留在一个人的心智中，这种说法只是说它们是已知的而不是被遗忘的。

〔100〕　参见 Goldman，同本章注 96，第 42 页。"知道一个命题就是知道它是真的。但除非它是真的，否则你无法知道它是真的。"

〔101〕　事物在认识论上显得更加复杂。即使是真的，伦理语法产生的结果也可能因其他原因而无法成为知识。例如，它们可能是真实的但在认知上并不是正当的（参见同上），或者是真实的和正当的但受制于 Gettier 条件（参见 Gettier，同本章注 96）。

〔102〕　米哈伊尔认识到了这个问题，但将其置于讨论范围之外。Mikhail，同本章注 22，第 31－33 页。然而，如果该框架旨在阐明道德知识，那么这些概念问题是至关重要的。

四、神经经济学

与伦理决策类似，有神经科学文献聚焦于经济决策[103]，并且学者同样试图将神经经济学关于大脑的洞见运用于法律问题。[104] 神经经济学考察从事经济决策的人的神经活动，这与行为经济学类似，人们的行为在多大程度上偏离经典的经济理性行为模型，并试图去解释为什么（特别在心理层面上）。[105] 然而，神经经济学家不是用心理学解释、阐述经济行为，而是试图以脑活动来解释经济行为。[106] 然后，法律学者将这些解释用到法律问题上，就像行为经济学家采用心理学解释一样。[107] 按照一个法律学者的说法，"神经经济学的前景"是使"他人的意识活动可视化。它将让我们看到推理、害怕、原则的运作，让我们观察效用如何聚集或消散"。[108]

目前的神经经济学研究状况是，当人们做出简单的经济决定的时候，使用 fMRI 去扫描他们的大脑。一项杰出的系列研究，以及我们将讨论的例子，聚焦于"最后通牒游戏"(the ultimatum game)。[109] 下面讲的就是这种游戏怎么玩。两个参与者被告知有一笔特定金额的钱会在他们之间分配；第

---

[103] 参见 Alan G. Sanfey et al. , Neuroeconomics：Cross-Currents in Research on Decision-Making, 10 Trends in Cog. Sci. 108 (2006); Alan G. Sanfey et al. , The Neural Basis of Economic Decision-Making in the Ultimatum Game, 300 Sci. 1755(2003)。另见 Ariel Rubinstein, Comment on Neuroeconomics, 24 Econ. & Phil. 485(2008)。"神经经济学将成为未来十年经济学的热门话题，可能是最热门的话题之一。"

[104] 参见 Jedediah Purdy, The Promise(and Limits)of Neuroeconomics, 58 Ala. L. Rev. 1(2006); Morris B. Hoffman, The Neuroeconomic Path of the Law, in Law & the Brain(Semir Zeki & Oliver Goodenough eds. , 2006); Terrence Chorvat & Kevin Mc Cabe, The Brain and the Law, in Law & the Brain; Paul Zak, Neuroeconomics, in Law & the Brain; Terrence Chorvat & KevinMcCabe, Neuroeconomics and Rationality, 80 Chi. -KentL. Rev. 1235(2005)。

[105] 一般可参考 Christine Jolls, Cass R. Sunstein & Richard Thaler, A Behavioral Approach to Law and Economics, 50 Stan. L. Rev. 1471(1998)。

[106] Sanfey et al. , Neuroeconomics, 同本章注 103, 第 108 页; 另见 Chorvat & McCabe, Neuroeconomics, 同本章注 104, 第 1242 页。"进入他们的逻辑极端，例如，这些模型可能揭示了做出特定决定的原因是某些神经元和神经胶质细胞中膜通透性产生了变化。"

[107] Chorvat & McCabe, Neuroeconomics, 同本章注 104; Zak, 同本章注 104; Purdy, 同本章注 104。

[108] Purdy, 同本章注 104, 第 39—40 页。

[109] Sanfey et al. , Ultimatum, 同本章注 103, 第 1775 页。"最后通牒游戏"只是神经经济学决策文献中的一个例子。有关其他例子的概述，参见 Purdy, 同本章注 103。

一个人提议一种分配方法,然后第二个人选择接受还是拒绝。[110] 在一次决定胜负的游戏(比赛)中,如果第二个人接受,那么两人可以获得提议的份额;如果第二个人拒绝提议,他们两人将什么都没有。[111] 根据经济决策的经典理性行为模式,第一个人的理性行为是提议第二人拿大于 0 以上的最小份额,第一个人因此可以拿剩下的。这是第一个人应该做的"理性"行为,因为:(1)这能最大化第一个人的份额(根据模式,最大化是最终目标);(2)第二个人也会基于理性接受任何大于 0 的提议,因为任何数额都比 0 大,而 0 是第二个人剩下的唯一选择。[112] 不出意外的话,在很多其他领域,人们实际上常规地偏离理性行为模式。例如,在大部分的研究中,第二个人大约一半以上会觉得这种提议不公平而拒绝它。[113]

艾伦·桑菲(Alan Sanfey)及其同事的神经科学研究旨在告诉我们为什么有些人从事"不理性"的行为,拒绝他们认为不公平的提议。[114] 研究使用fMRI 扫描去检测这些面对"不公平提议"的参与者的脑;这些研究者注意到某些脑区域活动加强了。[115] 有三个区域活动特别强:"双侧内脑岛"(与消极情感状态有关)、"背外侧前额叶皮层"(与认知过程相联系,如目标坚持和执行力控制),以及"前扣带皮层"(与认知冲突探测有关,所谓认知冲突,例如在认知和情感动机之间)。[116] 而且,这三个区域活跃度更高的被试者更可能拒绝不公平的提议。相反,那些大脑显示在更"理性"的区域活跃度增强的被试者则更可能(倾向)接受提议。[117]

根据泰伦斯·霍尔瓦特和凯文·麦凯布的研究,其结果支持一种特殊经济决策概念(更普遍地说,是人类的决策),作为不同脑活动相互竞争的结果:情感的和理性的。[118] 关于伦理决策,格林及其同事也得出了同样的区

---

[110] Sanfey et al. ,Ultimatum,同本章注 103,第 1775 页。

[111] 同上。

[112] 同上。

[113] 同上。

[114] 同上。

[115] 同上,第 1756 页。

[116] 同上,第 1756—1757 页。

[117] 同上,第 1757—1758 页。

[118] Chorvat & McCabe,Neuroeconomics,同本章注 104。神经经济学文献提供了一个有趣的例子,说明了一个学科的词汇如何转换成另一个学科的词汇,例如,谈论大脑位置之间的"竞争"。

分。霍尔瓦特和麦凯布解释道，"关键问题"是"大脑如何决定它将表达哪些问题"以及"使用什么样的神经机制解决问题"。[119] 关于最后通牒游戏，不同的脑区域（感性的和理性的）"看起来包含不同的思想过程"。[120] 而且，他们认为，因为接受和反对提议的被试者的"前扣带皮层"（ACC，"很清楚与认知冲突解决有关"[121]）都是"非常活跃的"，[122]因此 ACC"看起来处于这些不同区域之间"。[123] 这些关于神经经济学对什么引起了被试者的反应做出的解释，我们现在总结如下：被试者面对一项不公平的提议，被试者的脑面临着该做什么决定的问题，因此被试者的脑决定了该使用什么样的进程去应对这个问题。这两种脑进程——感性的和理性的——开始分析这个提议。如果进程得出自相矛盾的结论，那么脑的第三个部分就会在它们之间做出裁决，决定是接受还是拒绝提议。研究者将未来研究的问题定义为："在什么环境下这些脑中的不同系统互相合作或者竞争？当竞争的时候，它如何以及在哪里裁决？"[124]

这些研究对法律有什么价值？思考两个例子。霍尔瓦特和麦凯布认为研究可以帮助构建法律规范，确保公民更加遵守规范，同样有更强的社会压力使人们遵守法律准则。[125] 根据此论证的思路，大致推理出，越遵守规则，越不可能引起感性反应，而感性反应导致人们在最后通牒游戏中拒绝提议。这些同样的感性反应也可能对遵守法律准则产生社会压力；偏离可能产生同样类型的感性反应，如同在最后通牒游戏中不公平提议那样。有一个例子是关于解决谈判和"侵权改革"的。[126] 麦凯布和劳拉·英格利斯（Laura Inglis）认为神经经济学的研究鼓励并支持各方当事人接受"理性的"解决方案[127]，而不是让情绪导致各方拒绝他们认为"不公平"的提议，并且非理性地

〔119〕 Chorvat & McCabe, Neuroeconomics, 同本章注 104, 第 1248 页。

〔120〕 同上, 第 1253 页。

〔121〕 同上, 第 1249 页。

〔122〕 同上, 第 1253 页。

〔123〕 同上。

〔124〕 Sanfey et al. , Neuroeconomics, 同本章注 103, 第 114 页。

〔125〕 Chorvat & McCabe, The Brain, 同本章注 104, 第 127 页。

〔126〕 Kevin McCabe & Laura Inglis, Using Neuroeconomics Experiments to Study Tort Reform, Mercatus Policy Series (2007), http://mercatus.org/sites/default/files/20080104_Tort_Final.pdf.

〔127〕 在传统的法律和经济学分析中，一项"理性"的解决方案对原告来说超出了审判时的预期结果（加上成本），而对被告来说则低于预期数额（加上成本）。

"把钱留在桌子上"（就像有人在最后通牒游戏中拒绝1美元的提议，空手而归）。[128] 第二个提议的例子涉及财产权。保罗·扎克（Paul Zak）建议神经科学可能提供关于财产的非理性行为的"神经线索"，例如为什么"人们花比预期损失得多的钱去保护财产"。[129] 总的来说，神经经济学讨论的基础问题，即重要的政策关切，是大脑的"感性"区域导致人们做出偏离理性行为模式所计算出来的决策。

关于伦理决定，我们拒绝从这些法律研究中得出任何规范性结论。研究旨在显示的特性存在许多概念性问题。一些问题同上面关于伦理决定的讨论相类似。

第一，不公平的提议使被试者产生消极的感性反应这一事实并不意味着感性，或者涉及感性的脑区域，导致被试者拒绝提议。在最后通牒游戏研究中，数据显示当被试者在决定接受或者拒绝提议时被试者的脑正在做什么。思考下面的类推比较。假设一个人只要生气脸就会变红。现在，假设在最后通牒游戏中他碰到不公平的提议，他的脸变红了并且他拒绝了提议。我们当然不会说他的脸变红是拒绝提议的一种证据；相类似地，那么为什么得出结论，即一个被试者拒绝提议只是因为在脑扫描中他的脑岛皮层区域有活动？[130] 感性反应只是伴随决定拒绝提议而不是判断不公平。换句话说，感性只是结果，而不是原因。[131]

第二，即使是感性反应导致被试者拒绝提议，感性可能是基于先前关于提议本身的判断。[132] 人们可能对他们觉察或者判断的正义和非正义、公平和非公平的事情做出感性的反应，并且这些反应受人的背景信仰和关于什么构成公平和非公平行为、人们应该如何相互对待或者被对待等知识的影

---

〔128〕　同本章注8。

〔129〕　Zak，同本章注104。另见 Goodenough & Prehn，同本章注30，第98－100页，暗示神经科学研究可能阐明对知识产权的规范态度。

〔130〕　同样，如果当有人撒谎时心率增加，我们不会（出于正当理由）说他的心脏导致他撒谎。

〔131〕　参见 Poldrack，同本章注58，讨论绘制"反向推论"的局限性。

〔132〕　情绪有对象和原因。这些可能但不一定是相同的。例如，巨大的噪声可能是一个人害怕的原因，但害怕的对象可能是房子里有一个窃贼。参见 M. R. Bennett & P. M. S. Hacker，Philosophical Foundations of Neuroscience，206（2003），让一个人嫉妒的东西与一个人嫉妒的东西不同；你愤怒的长篇大论可能会让我感到羞耻，但我感到羞耻的是我自己的不端行为；战争的命运可能让人感到充满希望，但人们所希望的是最后的胜利。

响。如果这样,那么即使被试者因为他们的感性反应拒绝不公平提议,反应本身可能是由关于不公平提议的判断所导致的。[133] 拥有一个正常工作的脑(包括一个正常工作的脑岛皮层)可能使一个人拥有感性反应,但是反应可能只是一个因果关系链的连接,连接伦理判断和行为。

第三,关于伦理判断中的 fMRI 研究,假定"感性"判断是不正确的,其实是用未经证实的假设来辩论。预设法律应该限制这样的判断并且培育"认知"大脑进程中的"理性的"判断,也是同样的道理。[134] 构成法学理论和政策基础的复杂的规范性问题不能诉诸脑进程中的"竞争"以及需要做更"理性"的决定,从而被回避掉。

神经科学结果的一些特性有更深的概念问题。两种竞争性脑进程以及第三区域"裁决"冲突的描绘是班纳特和哈克所说的部分性谬误的例子。[135]将特征(属性)归因于一个人的一部分就会产生谬论,因为只有将特征归因于一个人整体时才是对的。[136] 说一个脑或者一个脑区域"决定""推理"或者"裁决"是胡言乱语。我们知道一个人做出决定、思考理由、裁决纠纷是什么意思,并且我们知道人需要脑去做这些事情。但是我们不知道 ACC 做决定、推理或者裁决是什么意思,因为这样的主张没有有力的支撑。[137] 除非能证明脑的一个区域"裁决"冲突——而且与我们通常所指的"裁决"不同,因此许可不同的推理——否则大脑里的"竞争"在哪里被"裁决"这样的实证调查注定是要失败的。[138] 主张在成为对错之前,必须是说得通的。目前神经经济学关于决策的解释误导性地将心理特征归因于大脑(例如,决定、推理、

---

〔133〕 Bennett & Hacker, Philosophical Foundations of Neuroscience, 第 216 页。如果一个人对一项被认为是不公正的事感到愤怒,那么"他感到脸红"这个表现本身并没有告诉他愤怒的对象是邪恶的事。相反,一个人对 A 的行为感到愤怒,因为它是不公正的,而不是因为一个人听到它时生气脸红。而且人们知道这是不公正的,因为它对某人的权利采取粗暴干涉行为,而不是因为一个人生气脸红。

〔134〕 这个循环论证的特征并不是神经经济学所独有的。在规范论证中依赖狭隘的"理性"概念是受经济学启发的法律学术的共同特征。参见 Michael S. Pardo, Rationality, 64 Ala. L. Rev. 142 (2012).

〔135〕 同上,第 133－134 页。

〔136〕 同上。

〔137〕 将大脑区域标识为参与了此行为会导致概念上的混淆。例如,我们知道一个人需要脑来裁决争议。ACC 是否也需要自己的"脑"来裁决(这个"脑"又会有自己的 ACC 来做出裁决……循环往复)?

〔138〕 比较一个实验(前面提到过),以确定德沃金式的原则是否比大象更"重",或者一个法官断言她将"在她的脑中"判决案件。除非在各种主张中,"重量""在脑中""裁决"或者"竞争"被赋予意义,否则我们不能凭经验调查所表达的内容(试图表达的内容)是真还是假。

裁决），只有在归因于个体的时候才有道理。这种混乱导致了错误的结论。

除了将人类行为归因于脑的某些部分，神经经济学解释更进一步地将人类的群体行为归因于脑的某些区域。思考一下下面桑菲（Sanfey）及其同事的叙述：

> 脑和现代企业有惊人的相似之处。两者都可以被视为复杂的系统，将输入转化为输出。两者都包含多种极度相似的单元相互作用（神经元彼此相似，就像人一样），然而，这些单元还是专长于发挥各自特殊的功能。如此，在企业里，各单元经常采用部门的形式发挥诸如研究、市场营销等功能。类似地，大脑也有系统专长于不同的功能。就像在企业里面，这些功能可能或多或少在脑中在空间上受隔离，取决于特定功能和它们相互作用的过程要求。

> 而且，大脑和企业同样存在官僚结构。两者都有赖于"行政"系统对相关任务的重要性做出判断并且决定如何动员专业的能力去实施那些任务。[139]

我们认为将人类特征归因于脑或者它的某些部件是错误的，基于同样的理由，将人类群体的特征归因于脑及其部件也是错误的。企业以及其他人类组织，通过个体有意识的行为进行活动。将大脑类比于现代企业与其说是阐明问题，不如说是引起混乱——尽管表面相似，但没有一种脑的部件带有同类的意识力去活动，这种意识力只是能解释人类在现代企业中的行为。将人类行为归因于脑的行为只会带来概念性混乱，而不是对法学理论做出实证性说明。

---

〔139〕　Sanfey et al. , Neuroeconomics,同本章注 103,第 109 页。

第四章　基于脑部的测谎

也许大众文化和关于法律与神经科学的文献中最受关注的话题就是基于神经科学的测谎了。[1] 收获如此多关注的原因,一是该技术[2]的拥护者发表了大胆的言论,二是大众长久以来希望发现万无一失的测谎方法。[3] 这种可以精确无误且令人信服地区分真话谎言的能力有望为几乎所有刑事和民事诉讼案件中核心的复杂问题(比如哪些证人可信)提供一种解决方式。要求用神经数据来测谎意味着避开虚假的日常行为等证词和揭露证人的脑与真话或谎言有关联变得不再复杂。这些证据的可用价值与这种关联

---

〔1〕 新闻媒体方面,参见 Jeffrey Rosen, The Brain on the Stand, N. Y. Times (Magazine), Mar. 11, 2007;Robert Lee Hotz, The Brain, Your Honor, Will Take the Witness Stand, Wall St. J. , Jan. 16, 2009, atA7;Lone Frank, The Quest to Build the Perfect Lie Detector, Salon. com, Jul. 23, 2011, available at http: //www. salon. com /07 /23 /lie_detector_ excerpt /。法学文献方面,参见 Daniel D. Langleben & Jane Campbell Moriarty, Using Brain Imaging for Lie Detection:Where Science, Law and Policy Collide, Psychol. , 19 Pub. Poly & L. 222 (2013);Francis X. Shen & Owen D. Jones, Brain Scans as Legal Evidence:Truth, Proof, Lies and Lessons, 62 Mercer L. Rev. 861(2011);Fred Schauer, Can Bad Science Be Good Evidence? Neuroscience, Lie Detection and Beyond, 95 CornellL. Rev. 1191 (2010);Joëlle Anne Moreno, The Future of Neuroimaged Lie Detection and the Law, 42 Akron L. Rev. 717(2009);Henry T. Greely & Judy Illes, Neuroscience-Based Lie Detection:The Urgent Need for Regulation, 33 Am. J. L. & Med. 377(2007);Michael S. Pardo, Neuroscience Evidence, Legal Culture and Criminal Procedure, 33 Am. J. Crim. L. 301(2006)。

〔2〕 例如,在最近的一个案例中,专家证人的报告提出承认 fMRI 测谎的结果表明"这样的发现在确定证人证言的真实性时是 100%准确的"。United States v. Semrau, 693 F. 3d 510, 519(6th Cir. 2012). 我们将在下面详细讨论这个案例。

〔3〕 有关美国测谎历史的精彩讨论,参见 Ken Alder, The Lie Detectors:The History of an American Obsession(2007)。

的强度有关,而这种强度会变得非常高。[4] 事实上,作者们深入研究并断言神经科学可以揭示说实话和撒谎时行为之间的关联,以及谎言和犯罪认知是否在被试者的大脑中。[5]

而且,对于这种科技的强烈呼声毫无疑问促使法律和科学文献中对其用途的关注、警告越来越多。当证据的证明力低,或证据被法律决策者误解时,或从数据得出的推论不被理解时,这种证据具有容易引起偏见的可能。除了这些认知方面的关注,人们还关心滥用、侵权的可能性以及其他实践中的差异。[6]

在本章中,我们探讨基于脑部的测谎技术的现状。我们首先概览两种测谎方式并介绍支撑它们的科学以及近年来用到它们的法庭案例。接着,我们会分析在诉讼案件中基于该科技的推测和声明。这类证据在法律背景下的用途将引发关于经验、概念、实践的三类问题。与贯穿全书的主题一致,我们会着重讨论关于概念的问题,明确区分经验与概念难题的方法论重要观点,以及遵循这种思维的深入见解。同时,我们也会列出基于脑部的测谎技术会引发的重大的经验和实践方面的争议。

要明确,我们讨论概念问题的目的不是质疑这个科学项目,也不是完全不考虑该科技提供可信法律证据的可能性。远不止如此。因此,我们完全不赞同对于我们先前工作的一些评论,比如断言神经法律学的研究"甚至不能被当真,即使帕尔多和帕特森是正确的"[7],比如我们可以"完

---

〔4〕　被告在森绕案件中依据的已发表的研究显示准确率为 86%—97%。根据美国国家科学院 2003 年的一份报告,相比之下,传统的测谎在某些情况下的准确率为 85%—87%。National Research Council, The Polygraph and Lie Detection(2003).

〔5〕　参见 Lawrence A. Farwell & Sharon S. Smith, Using Brain MERMER Testing to Detect Knowledge Despite Efforts to Conceal, 46 J. Forensic Sci. 135(2001)。"罪犯的脑总在那儿,记录着事件,在某些方面像一台摄像机。"Paul Root Wolpe, Kenneth Foster & Daniel D. Langleben, Emerging Neurotechnologies for Lie Detection:Promises and Perils, 5 Am. J. Bioethics 39 (2005)。"使用现代神经科学技术,第三方原则上……可以直接进入一个人的思想、情感、意图或知识的位置",并"征得我们同意但未征得他或她的同意窥视一个人的思想过程"。Andre A. Moenssens, Brain Fingerprinting—Can It Be Used to Detect the Innocence of a Person Charged with a Crime?, 70 UMKC L. Rev. 891,903(2002)。"大脑波纹检测,在最好的情况下,只能检测主体大脑中是否存在某些知识。"

〔6〕　这些问题在本章注 2 引用的文章中讨论过。另见 Wolpeetal. ,同本章注 5;Richard. G. Boire, Searching the Brain:The Fourth Amendment Implications of Brain-Based Deception Devices, 5 Am. J. Bioethics 62 (2005)。

〔7〕　Sarah K. Robins & Carl F. Craver, No NonsenseNeuro-law, 4 Neuroethics,195(2011).

全避开那些在神经测谎技术讨论中通常广泛谈及的法理、道德和法律障碍"。[8] 基于我们的论点,我们认为,神经法律学是很需要被认真对待的。而且我们所做的分析并不排除需要论证复杂的方法论、道德和法律问题。我们要对相关概念清晰明确,才能通过实验完善理论总结和实践应用。我们的分析与这些神经法律学的项目相连续,并将为其做出贡献,而不是想彻底拒绝它们。

目前对基于脑的测谎技术的建议主要分为两种类型。第一种类型依赖于 fMRI 脑部扫描的结果,以确定说谎或意图欺骗的被试者是否表现出与说实话或非欺骗行为的被试者不同的神经数据。[9] 第二种类型依赖于脑电图扫描的结果来确定被试者是否表现出与先前对特定事实、图像、对象或其他信息项的认知和知识相关的脑电波。[10] 我们首先纵览 fMRI 测谎技术,检验该技术的研究以及当事人试图提出该技术的法律案例。然后我们也会同样纵览脑电图测谎技术和检验它的研究以及当事人试图采用它的法律案例。之后我们会分析基于脑部的测谎中遇到的关于经验、概念、实践的难题。

---

〔8〕 Thomas Nadelhoffer, Neural Lie Detection, Criterial Change, and Ordinary Language, 4 Neuroethics 205 (2011).

〔9〕 重要的是要注意说谎(lying)和欺骗(deception)是不同的现象:一个人可以说谎而不欺骗,一个人可以欺骗而不说谎。将真诚(sincerity)与诚实(veracity)区分开来也很重要:测谎技术(测谎仪和 fMRI 功能磁共振成像)旨在衡量一个人是否宣称该人所相信的事是真,而不是该人所宣称的实际上是真是假。后者需要对说话者除了诚意以外的证言质量进行判断,因此需要进一步的推导。关于证词的认知,真诚只是其中的一个组成部分,是近代哲学中一个丰富的主题。有关文献的概述,请参阅 Jonathan Adler, Epistemological Problems of Testimony, in Stanford Encyclopedia of Philosophy (2012), http://plato. stanford. edu/ entries /testimony-episprob /。关于该文献如何与法律证据相联系的讨论,参见 Michael S. Pardo, Testimony, 82 Tulane L. Rev. 119 (2007)。

〔10〕 因此,这种类型的测试不能衡量某人在回答问题时说了谎还是说了实话,而是衡量该人是否具有相关信息的先验或"犯罪"知识。这种类型的测试可以像"谎言探测器"一样工作,据称能够揭示某人关于其是否知道犯罪细节的公开声明是真诚的还是虚假的。例如,刑事被告试图为此目的的使用这些检测,参见 Slaughter v. State, 105 P. 3d 832(Okla. Crim. App. 2005); Harrington v. State, 659 N. W. 2d 509 (Iowa 2003)。

一、fMRI 测谎

概括地说,fMRI 测谎是这么运作的[11]:让研究对象(或嫌犯、被告人、证人等)躺在磁共振扫描仪中,研究对象会被问一系列问题[12],这些问题的答案很简单,并且只有两种可能(是—否、正—误、头—尾)。研究对象通常按按钮来回答问题。在这过程中,磁共振仪器会通过测算研究对象大脑不同区域的血流量测定研究对象的大脑活动。测定基于大量重要的科学原理。最重要的是,基于血氧浓度的测定可以得出关于脑活动的结论。[13] 脑的某些区域的信号与活动受到以下影响:首先,当血液中的血红蛋白把氧气输送到脑区域(或其他器官)时,它会成为"顺磁体",干扰一个磁场,比如磁共振扫描仪中的磁场;其次,当脑的某个区域活动增强时,"血流增加过多,超过了供应氧气消耗增加所需的量"。[14] 当脑的某个区域血流量增加时,血红蛋白会携带更多氧气,信号也会增强。因此信号增强被认为可以反映相应的脑区域更加"活跃",或者与研究对象在扫描仪中实时发生的脑部行为有关,比如回答关于某个事件的问题。由磁测量得出的统计数据会被统计技术加工破译成为脑部"图像",这不是图片,而是统计数据投射到脑部模板的视觉表现。[15]

通过过程的简单概括,我们已经可以看到,fMRI 测谎背后的基本概念开始萌芽。如果研究对象说谎时一个区域的 fMRI 信号增强,那研究对象说真话时另一个完全不同的区域信号增强呢?而且,如果研究对象无法控制脑的各区域的血流,那么这项技术可能要优于依赖传统的测谎仪(例如:心率、呼吸、皮电反应)。那么,我们会由此获得一种万无一失的测谎技术,以及关于证

---

〔11〕 相关综述,参见 A Judge's Guide to Neuroscience:A Concise Introduction(Michael S. Gazzaniga & Jed S. Rakoffeds.,2010);Greely & Illes,同本章注 1;Owen D. Jonesetal.,Brain Imaging for Legal Thinkers:A Guide for the Perplexed,5 Stan. Tech. L. Rev.(2009);Teneille Brown & Emily Murphy,Through a Scanner Darkly:Functional Neuroimaging as Evidence of a Criminal Defendant's Past Mental States,62 Stan. L. Rev. 1119(2012)。

〔12〕 这些问题通常可以在计算机屏幕上直观呈现,也可以通过耳机呈现。

〔13〕 相关讨论,参见同本章注 11 引用的资料。另见 William G. Gibson,Les Farnell & Max R. Bennett,A Computational Model Relating Changesin Cerebral Blood Volume to Synaptic Activity in Neurons,70 Neurocomputing 1674(2007)。

〔14〕 Marcus Raichle,What Is an fMRI?,in A Judge's Guide to Neuroscience,同本章注 11。

〔15〕 参见 Adina L. Roskies,Neuroimaging and Inferential Distance,1 Neuroethics 19(2008)。

人可信度的争议中出现的一些最普遍的也最棘手的问题的答案吗？

这些问题推动了 fMRI 测谎的崛起。在我们开始理解并回答它们之前，我们必须看一下现在的科学进展。与 fMRI 测谎研究相关的出版书目就有几十种。[16] 回顾 2010 年的文献，一位心理学教授安东尼·瓦格纳（Anthony Wagner）就在书中总结："目前相关研究的出版书目中没有一本明

---

[16]　虽然并非详尽无遗，但以下二十几篇文章（按发表逆时间顺序列出）提供了科学文献的代表性样本，并包括神经法学文献中最常讨论的研究：Ayahito Ito et al.，The Dorsolateral Prefrontal Cortex in Deception When Remembering Neutral and Emotional Events，69 Neuroscience Res. 121（2011）；Giorgio Ganisetal.，Lying in the Scanner：Covert Countermeasures Disrupt Deception Detection by Functional Magnetic Resonance Imaging，55 Neuroimage 312－319（2011）；Catherine J. Kaylor-Hughes et al.，The Functional Anatomical Distinction between Truth Telling and Deception Is Preserved among People with Schizophrenia，21 Crim. Behavior & Mental Health 8（2011）；Tatia M. C. Lee et al.，Lying about the Valence of Affective Pictures：An fMRI Study，5 PLoS ONE（2010）；Kamila E. Sipetal.，The Production and Detection of Deceptioninan Interactive Game，48 Neuropsychologia 3619（2010）；George T. Monteleone et al.，Detection of Deception Using fMRI：Better than Chance，but Well Below Perfection，4 Social Neuroscience 528－538（2009）；S. Bhatt et al.，Lying about Facial Recognition：An fMRI Study，69 Brain & Cognition 382（2009）；Joshua D. Greene & Joseph M. Paxton，Patterns of Neural Activity Associated with Honest and Dishonest Moral Decisions，106 Proc. Nat. Acad. Sci. 12506－12511（2009）；Matthias Gamer et al.，fMRI-Activation Patterns in the Detection of Concealed Information Rely on Memory-Related Effects，SCAN（2009）；F. Andrew Kozel et al.，Functional MRI Detection of Deception after Committing a Mock Sabotage Crime，54 J. Forensic Sci. 220（2009）；F. Andrew Kozeletal.，Replication of Functional MRI Detection of Deception，2 Open Forensic Sci. J. 6（2009）；Rachel S. Fullam et al.，Psychopathic Traits and Deception：Functional Magnetic Resonance Imaging，194 Brit. J. Psychiatry 229－235（2009）；Sean A. Spenceetal.，Speaking of Secretsand Lies：The Contribution of Ventrolateral Prefrontal Cortex to Vocal Deception，40 Neuro Image 1411（2008）；Giorgio Ganis & Julian Paul Keenan，The Cognitive Neuroscience of Deception，4 Social Neuroscience 465－472（2008）（回顾现有文献）；Nobuhito Abe et al.，Deceiving Others：Distinct Neural Responses of the Prefrontal Cortex and Amygdala in Simple Fabrication and Deception with Social Interactions，19 J. Cog. Neuroscience 287（2007）；Feroze B. Mohamed et al.，Brain Mapping of Deception and Truth Telling about an Ecologically Valid Situation：Functional MR Imaging and Polygraph Investigation—Initial Experience，238 Radiology 679（2006）；F. Andrew Kozel et al.，Detecting Deception Using Functional Magnetic Resonance Imaging，Biol. Psychiatry 58（2005）；Jennifer Maria Nunez et al.，Intentional False Responding Shares Neural Substrates with Response Conflict and Cognitive Control，267 Neuro Image 605－613（2005）；F. Andrew Kozel et al.，A Pilot Study of Functional Magnetic Resonance Imaging Brain Correlates of Deception in Healthy Young Men，16 J. Neuropsychiatry Clin. Neurosci. 295－305（2004）；Sean A. Spence et al.，A Cognitive Neurobiological Account of Deception：Evidence from Functional Neuroimaging，359 Phil. Trans. R. Soc. Lond. 1755－1762（2004）；Giorgio Ganis et al.，Neural Correlates of Different Types of Deception：An fMRI Investigation，13 Cerebral Cortex 830－836（2003）；Tatia M. C. Lee et al.，Lie Detection by Functional Magnetic Resonance Imaging，15 Human Brain Mapping 157－164（2002）；Daniel D. Langleben et al.，Brain Activity during Simulated Deception：An Event-Related Functional Magnetic Resonance Study，15 Neuroimage 727－732（2002）；Sean A. Spence et al.，Behavioural and Functional Anatomical Correlates of Deception in Humans，12 Neuro Report 2849（2001）.

确回答了基于 fMRI 的神经学方法能否独立测谎。"[17]

第一批研究探索了说真话和撒谎(或欺骗[18])之间的差异是否可以借由交叉比较几组研究对象的数据来区分。[19] 也就是说,这些研究并没有考察某个实验对象撒谎或说真话是在偶然条件下还是在普遍情况下。相反,他们的研究是,将对象的 fMRI 数据综合起来,推断出说真话和撒谎是否具有普遍性。在这些研究中,他们要求研究对象对各种各样的问题给出真或假的答案[20],包括生物信息[21]、日常活动[22]、数字[23]、牌局[24]、错误的过往事件[25]以及钱藏在哪里。[26]

尽管法律中没有直接的实践应用,这些研究还是服务了一个有用的理论目标——调查用神经系统学解释说谎或欺骗行为是否可信,以及它基于数据能否被构建并进一步发展。[27] 研究发现,脑的一些区域与说谎的关联性强于说实话[28],

---

〔17〕　Anthony Wagner,Can Neuroscience Identify Lies?,in A Judge's Guide to Neuroscience,同本章注 11。然而,正如肖尔指出的那样,瓦格纳的陈述是否正确取决于"'相关'和'明确'的评价变量",并且神经科学证据用于司法目的最终取决于法律标准,而非科学标准。参见 Fred Schauer, Lie Detection, Neuroscience and the Law of Evidence,http://ssrn.com/abstract=2165391(最后一次访问 2013 年 4 月 17 日)。

〔18〕　参见本章注 9。

〔19〕　关于文献中这一浪潮的元分析,参见 Shawn E. Christ, The Contributions of Prefrontal Cortex and Executive Control to Deception: Evidence from Activation Likelihood Meta-Analyses, 19 Cerebral Cortex 1557－1566(2009)。

〔20〕　实验通常要么向被试者询问一系列问题,要么让他们事先实践协议,以确定答案对错,并确保被试者理解他们被要求玩的游戏。

〔21〕　参见 Lee et al.,Lie Detection,同本章注 16。

〔22〕　Spence et al.,Behavioural and Functional Anatomical Correlates,同本章注 16。

〔23〕　Lee et al.,Lie Detection,同本章注 16。

〔24〕　Langleben et al.,Brain Activity,同本章注 16。

〔25〕　Ganis et al.,Neural Correlates,同本章注 16。

〔26〕　Kozel et al.,Pilot Study,同本章注 16。

〔27〕　参见 Christ,同本章注 19。

〔28〕　参见 Ganis et al.,Neural Correlates,同本章注 16,第 830 页。"fMRI 功能磁共振成像显示,反复排练过的谎言能够嵌入连贯的故事中,而自发的谎言无法嵌入故事中,前者更能激活右前额叶皮质,然而相反的模式发生在前扣带和后视觉皮层中。"Kozel et al.,PilotStudy,同本章注 16,第 611 页。"我们已经证明,fMRI 可用于检测合作个体内的欺骗行为。"Langleben et al.,Brain Activity,同本章注 16,第 727 页。"前扣带皮层(ACC)、前额回(SFG)和左前运动神经皮层、运动神经皮层和前顶叶皮层的活动增加与欺骗性反应特别相关。"Lee et al.,Lie Detection,同本章注 16,第 161 页。"我们的成像数据揭示了大脑活动的四个主要区域:前额叶和额叶、顶叶、颞叶和皮质下。"Spence et al.,Behavioural and Functional Anatomical Correlates,同本章注 16,第 169 页。"尝试欺骗与行政大脑区域(特别是前额叶和前扣带皮层)的激活有关。"

特别是前额叶皮层和前扣带皮层[29],(据研究描述)"欺骗"和"说谎"对其产生重要影响。然而,在这些研究中很多不同的脑的位置被证明涉及欺骗,并且不同研究有多样的结果。[30]虽然一些区域出现的次数较多,但没有任何一个区域出现在所有研究中。[31]同时,一些研究对象"说谎"时这些区域中没有任何一个被激活,也有一些研究对象"说真话"时这些区域中许多都被激活。[32]而且,最常见的与欺骗相关的区域也被认为与很多其他认知和情绪活动有关联。[33]

第二批研究探索了研究对象的 fMRI 数据能否被用于判断该研究对象在一个特定情况下是否说谎。这些判断通过总体精度、错误否定(在研究对象说谎时声称其"说真话")和错误肯定(在研究对象说真话时声称其"说谎")得出。在相关文献中,错误否定这种方法常被描述为该技术的"敏感性",错误肯定这种方法常被描述为该技术的"特异性"。这些研究中有些报告了测谎方面令人印象深刻的结果。比如在一项研究中,研究对象被要求从一间房间中"偷"一个手表或一枚戒指,然后在扫描仪中回答问题时假装自己没有偷任何物件。[34] 90%的情况下,研究者们可以判断什么物件被偷了。在之后的一次研究中,一部分研究对象被要求参与一次虚假犯罪,其他则没有。借用 fMRI 测试,研究者们找出了所有 9 个虚假犯罪的参与者(100%的敏感性)和 15 个无罪参与者中的 5 个(33%的特异性)。[35]可是不管这些结果,我们仍有理由质疑这些研究的客观和构造效度。而且,fMRI 测谎可能并不是像一些支持者声称的那样没有抵抗"对策"(研究对象试图干扰测试)。根据最近一项研究,使用一些简单对策(比如不易察觉地活动手指或脚趾)时,fMRI 测谎的精度降至 33%(无对策时精度为 100%)。[36]

---

〔29〕 前额叶皮层和前扣带皮层被认为是各种认知功能的原因。有关这些大脑区域的基本概述,参见 Michael S. Gazzaniga, Richard B. Ivry & George R. Mangun, Cognitive Neuroscience: The Biology of the Mind (3d ed. 2008).

〔30〕 参见 Monteleone et al., Detection of Deception, 同本章注 16。

〔31〕 同上。

〔32〕 同上。

〔33〕 同上。另见 Gamer et al., fMRI-Activation Patterns, 同本章注 16。

〔34〕 参见 Kozel et al., Detecting Deception, 同本章注 16。

〔35〕 参见 Kozel et al., Functional MRI Detection, 同本章注 16。

〔36〕 Ganis et al., Lying in the Scanner, 同本章注 16。

无视这些局限性，fMRI 在现实的市场中仍开始萌芽。2010 年，在两件法律案件中当事人试图承认 fMRI 测谎的结果。[37] 这两件案件，一件是民事案件，另一件是刑事案件，其中当事人都试图采纳由同一家公司即赛佛斯（Cephos）公司和同一位专家证人即赛佛斯的 CEO 史蒂文·拉肯（Steven Laken）提供的证据。在两件案件中，法庭均不认可该证据。

在威尔逊起诉核心员工服务公司（Corestaff Services L. P.）的案件中，原告凯内特·威尔逊（Cynette Wilson）控告一家临时工介绍所——核心员工服务公司在她投诉性骚扰之后涉嫌打击报复她，不给她安排临时工作。[38] 原告的关键证据是一个证人——核心员工服务公司的一个员工罗纳德·阿姆斯特朗，他愿意证明另一个核心员工服务公司的员工（被告之一埃德温·麦地那）命令他不得给威尔逊安排临时工，因为她投诉性骚扰。[39] 威尔逊也想采用关于证人阿姆斯特朗的 fMRI 测谎结果的专家证词。她特别希望赛佛斯的 CEO 史蒂文·拉肯来作证。fMRI 结果显示阿姆斯特朗"作证'埃德温·麦地那告诉他不得给凯内特·威尔逊安排临时工作，因为她投诉性骚扰'时非常诚实"，有着"极高的可能性"。[40]

法庭不承认专家证明，使用了 Frye 测试[41]来判定科学专家证词的可采纳性。在测试中（由纽约州法院使用），双方要满足两个条件方可使用相关科学专家证词。第一，该证词所涉及的原理、程序或理论必须"被相关科学领域普遍接受"；第二，该证词围绕的话题必须是"正常陪审员不知道的"。[42] 法庭基于第二个条件不承认该证词，并称该证词涉及"附加问题——证人的可信度"，而"可信度是由陪审团判断的，并且明显在陪审员所知范围内"。[43] 法庭还表明"即使粗略回顾科学著述也可说明原告不可确定科学界接受使

---

〔37〕　Wilson v. Corestaff Services L. P. , 900 N. Y. S. 2d 639（May 14, 2010）; United States v. Semrau, 2010 WL 6845092（W. D. Tenn, June 1, 2010）.

〔38〕　900 N. Y. S. 2d 639（May 14, 2010）.

〔39〕　同上，第 640 页。

〔40〕　同上。

〔41〕　参见 Frye v. United States, 293 F. 1013（D. C. Cir. 1923）。其阐明"一般接受性"测试在排除测谎技术早期形式中的作用。

〔42〕　Wilson, 900 N. Y. S. 2d at 641.

〔43〕　同上，第 642 页。

用 fMRI 测试来测谎是可靠的"。[44]

在联邦政府起诉森绕(Semrau)这件联邦法院的刑事案件中,法庭详细讨论了科学著述、测试程序,并用多元 Daubert 测试来判定证据在联邦法庭中的可采纳性,最终没有承认两个相似的 fMRI 证据。[45] 被告罗恩·艾伦·森绕(Lorne Allan Semrau)是一个有执照的心理学家,他被控告涉嫌多起医疗欺诈和洗钱。[46] 森绕拥有两家公司,为田纳西和密西西比的居家病患提供护理和心理健康服务。根据刑事起诉书,指控除了森绕涉嫌的阴谋,还有在 1999—2005 年之间提交虚假欺诈索赔骗取医疗保障、医疗补助等医疗福利项目的钱款,总计约 300 万美元。[47] 成立的指控中森绕的欺诈行为有两种做法:(1)让出资人购买更高价的服务,超过本该给主治心理医生的报酬;(2)要求主治心理医生每半年给患者做"AIMS"(异常不自主运动量表)测试,并让出资人分开为这些测试付款,而这些测试并非可分开报销的测试并且应当作为常规服务的一部分。为了确定森绕犯了医疗欺诈罪,政府需要证明他:(1)"蓄意制造阴谋";(2)"实施或意图实施该阴谋";(3)"有意图地欺诈"。[48]

森绕想要使用他本人的 fMRI 结果作为证据来证明他说的是实话:他并非有意欺诈,账单中的错误是混乱和不明确的收费标准导致的结果,他遵照的收费方式来自信诺集团和 CAHABA。[49] 森绕请求史蒂文·拉肯来说明根据起诉书中指控的罪名对他所做的 fMRI 测谎调查。一个测试是关于他特别的收费方式,另一个测试是关于 AIMS 测试的收费方式。在这两个测试中,森绕回答了三种问题:无倾向的问题、有限制的问题和"具体事件的问题(SIQs)"。无倾向的问题(例如:"你喜欢游泳吗?""你超过 18 岁了吗?"

---

〔44〕 最近应用 Frye 测试的刑事案件也排除了 fMRI 测谎,理由是该技术在科学界并未被普遍接受。Maryland v. Smith,Case No. 106589C (Maryland Cir. Ct. 2012).

〔45〕 United States v. Semrau,2010WL6845092(W. D. Tenn,June1,2010). 参见 Daubert v. Merrell Dow Pharm. ,Inc. ,509 U. S. 579(1993)。阐明根据联邦证据规则第 702 条对科学专家证词的可接受性进行多因素检验。

〔46〕 Semrau,2010 WL 6845092,slip op. at 1.

〔47〕 同上,第 2 页。

〔48〕 同上;18 U. S. C. §§1347 and 2;18 U. S. C. §§1956,1957 and 2。

〔49〕 Semrau,2010 WL 6845092,slip op. at 4—8.

"你喜欢看电视吗?")用来给森绕建造基线。有限制的问题(例如:"你说过流言蜚语吗?""你逃过税吗?")用来在扫描过程中填补空缺;它们不作为分析的内容。SIQs是关于欺诈的指控和AIMS收费的指控。[50]

在扫描仪中,森绕回答无倾向和有限制的问题时说真话,回答SIQs时根据看到的指示"说谎"或"说真话"。[51]根据拉肯拟定的证词,森绕回答关于收费方式的问题时"没有骗人"。[52]可是关于AIMS测试,拉肯认为森绕在第一次测试中骗人,但最终拉肯认为森绕在下一次测试中没有骗人,并试图解释第一次测试是疲劳的结果。[53]在交叉检查中,拉肯表示他无法通过每个(或任何)单个问题来判断森绕是否有所隐瞒;然而,借由测试的全部细节,他的观点仅表明他整体是否坦率。[54]

法庭称,根据《联邦证据法》第702条,拉肯的证词不被采纳。[55]在分析拉肯的证词时,法庭发现拉肯是一个合格的专家,并根据四个因素分析拉肯的拟定证词:"论题和内容是否(1)通过检测;(2)能经受住同业审查;(3)存在已知的(且可接受的)误差和控制标准;(4)该证词所涉及的原理和方法被相关科学界普遍接受。"[56]考虑到前两个因素,法庭宣称fMRI测谎经受住了很多研究的检验,包括在同业审查的科学期刊上刊登的一些拉肯联合署名的内容。[57]

不过,法庭提出了关于第三个因素的一些问题:误差和控制标准。[58]虽然法庭表明实验室研究会产生误差,但是法庭提出了在类似森绕的案件中

---

〔50〕　参见,Semrau,2010 WL 6845092,关于SIQs的清单。

〔51〕　同上,第6页。"在每次fMRI扫描中,森绕博士为了回应每个SIQ,必须根据视觉指示'说谎'或'讲真话'。他被告知如实回应中立和控制问题。森绕博士在接受扫描前先练习回答计算机上的问题。拉肯博士观察了森绕博士的实践,直到拉肯博士认为森绕博士表现出很好地服从指令,对问题做出适当的回答,并理解他在接受扫描时将要做什么为止。"

〔52〕　同上。

〔53〕　参见同上。"根据拉肯博士的说法,'测试表明,一个声称说实话的人的正面测试结果只有6%的时间是准确的'……拉肯博士也认为第二次扫描可能受到了森绕博士疲劳的影响。根据他在第二次测试中的发现,拉肯博士建议森绕博士在AIMS测试主题上进行另一项fMRI测试,但这次问题较短,并在当天晚些时候进行,以减少疲劳的影响。"

〔54〕　同上,第7—8页。

〔55〕　同上,第14页。

〔56〕　同上,第10—14页。

〔57〕　同上。

〔58〕　同上。

依赖这些数据的一些局限。第一，在实验室环境下控制的误差可能无法应用到现实的诉讼环境中，现实中误差是未知的。第二，现实中的检测没有行业标准，而拉肯按照自己的规定重新测试森绕时似乎产生了偏差。[59] 第三，森绕的案情细节与出版著述中的研究对象有诸多不同：他 63 岁，比大多数实验对象（18 岁至 50 岁）年龄大；他被测试的事件过去了六到八年（大部分研究对象被测试的事件都在近期）；森绕给出否定结果的可能性远高于测试对象；测试对象被要求"说谎"，而森绕在测试规定下可以自由地说谎。[60] 第四，研究本身基于少数单一的研究对象；提供的结果自相矛盾；很多研究结果无法被复制；不同对策的影响仍旧未知。[61] 关于第四个因素——普遍接受度，法庭认为 fMRI 并不为神经学家普遍接受，并列举了多篇断言该技术目前还不能在现实中应用的出版作品。[62]

除了《联邦证据法》第 702 条可以判定证词不可采纳，法庭还表示《联邦证据法》第 403 条也佐证了证词不可采纳。此处，法庭认定森绕单方面进行了 fMRI 测试，他没有事先通知政府并允许政府参与设计测试问题，而且拉肯偏离了他自己的测试规定。法院还声称证词可能不公正、存在偏见，因为拉肯只能给出整体结论而不是特定问题的答案。[63]

虽然最终法庭判定证词不可采纳，但也为未来的可能性留下空间。

未来，基于 fMRI 的测谎如果经过了更多测试、发展和同业审查，提高了技术操作中控制误差的标准，在现实中的使用也获得了科学界的认可，那么这种研究方法可以被采纳，即使误差在现实中无法被量化。[64]

---

〔59〕 Semrau，2010 WL 6845092，第 13 页。"假设拉肯博士证明的标准可以让 Daubert 满意，在森绕博士被第一次发现在 AIMS 测试扫描中'作弊'之后，拉肯博士重新在 AIMS 测试 SIQs 中对森绕博士进行了扫描，而这看起来拉肯博士已经违反了他自己的协议。拉肯博士引用的研究中没有一项涉及被试者在第一次考试中被发现具有欺骗性后进行第二次考试。"

〔60〕 同上。

〔61〕 同上。

〔62〕 同上。但是，参见 Schauer，本章注 17，认为神经科学家不应该决定证据是否在司法上被采用，因为这个问题是法律问题，而不是科学问题。

〔63〕 Semrau，slip op. at 16。"法院无法确定森绕博士真实或欺骗性地回答了哪些 SIQ 问题，因此无法知道森绕博士的证词如何帮助陪审团决定他的证词是否可信。"

〔64〕 同上，第 12 n. 18 部分。

森绕最终因三起医疗欺诈被定罪。[65] 他提出上诉,并质疑 fMRI 的测谎证据未被采纳。受理上诉的联邦法庭维持原判。联邦法庭给出解释,指出《联邦证据法》第 702 条和第 403 条分别给出了不采纳该证据的独立且充分的理由:

> 仔细回顾科学和事实证据之后,我们认为该地区法院根据《联邦证据法》第 702 条不采纳 fMRI 证据时并未滥用其自由裁量权,因为该科技要在现实中使用还没经过足够的检测,而且森绕医生所做的测试与调查研究中所做的测试并不一致。我们也支持根据《联邦证据法》第 403 条该证词不可采纳,因为控方事先对该测试并不知情,根据《宪法》应谨慎用测谎来加强证人的可信度,而且测试结果并不能表明森绕医生的任何一句话是否属实。[66]

二、脑电图测谎(EEG)

第二种类型的脑测谎包括当向被试者呈现各种类型的刺激物时,通过 EEG 测量被试者的大脑波纹。[67] 在首先进行基准大脑波纹测量之后,被试者会看到各种刺激物,例如,物体的图像或者关于日期、姓名或者其他信息的描述。这种类型的"测谎"的基本原理是如果被试者认得或者不认得刺激物,被试者的神经活动将是不同的。[68] 这一原理的基础和技术是"P300"大脑波纹,这是一种"特殊的神经元放射样式,标志着个体认识一个独特的或者有意义的物品"。[69] 因此,与上面讨论的 fMRI 技术不同,EEG 技术并不

---

〔65〕　参见 United States v. Semrau,693 F. 3d 510(6th Cir. 2012). 他在其他指控中也被无罪释放。

〔66〕　同上,第 516 页。

〔67〕　See Farwell & Smith,同本章注 5;Moenssens,同本章注 5;Lawrence A. Farwell & Emanuel Donchin, The Truth Will Out: Interrogative Polygraphy ("Lie Detection") with Event-Related Brain Potentials, 28 Psychophysiology 531, 531 − 532 (1991); J. Peter Rosenfeld et al. , A Modified, Event-Related Potential-Based Guilty Knowledge Test,42 Int'l J. Neuroscience 157,157−158(1988). 一篇有用的综述,参见 John B. Meixner,Comment,Liar, Liar, Jury's the Trier? The Future of Neuroscience-Based Credibility Assessmentin the Court,106 Nw. U. L. Rev. 1451(2012).

〔68〕　作为对刺激的反应而产生的大脑活动被称为"事件相关电位"("event-related potential")。参见 Steven J. Luck,An Introduction to the Event-Related Potential Technique(2005).

〔69〕　Meixner,本章注 67,第 1458 页。"P300"波的发现(如此命名是因为它大约在有意义的物体出现之后发生 300 毫秒)在 Samuel Sutton et al. , Evoked-Potential Correlates of Stimulus Uncertainty, 150 Sci. 1187 (1965)中进行了报道。

是测量被试者对待特定问题时是在说谎还是在说实话，它旨在测量被试者对刺激物先前是否具有相关的知识。换句话说，该技术旨在显示一个嫌疑犯是否具有"犯罪知识"或者"隐瞒知识"，并且它的功能像"测谎仪"一样，提供关于嫌疑犯是否认得那些他主张不认得或者他不认得而主张认得的信息。[70]

这一技术能在现实案例中采用，例如，向刑事被告人提供犯罪行凶者会知道的信息（但是一个无辜的人不知道），并且测量被告人是否展示出与认知相关的大脑波纹。参加测试的被试者会被展示目标物体（"探测物"），如一件用于谋杀的武器，以及其他类似的但不相关的物品，如在谋杀案中没有使用过的其他武器（"无关物"）。[71] 当问到谋杀的问题时，EEG 会测量被试者是否会对探测物显示出增强的大脑反应信号（"P300"波），而对无关物则不会，这样一种增强信号表明在先的知识，没有则表明没有在先的知识。[72]

和许多 fMRI 测谎研究一样，基于脑电图的测谎研究报告的结果喜忧参半，但总体上令人印象深刻。研究报告在测验"在先知识"时正确性的范围从 50%到 100%。[73] 例如，在一项研究中，模拟参与恐怖袭击的被试者被提供关于模拟袭击的信息（例如，城市名、日期、袭击的方法）；其他被试者没有参与这项袭击计划。[74] 当研究者具备相关细节的在先知识时，他们能够100%识别参与的被试者，对非参与者没有错判一例。当研究者不具备相关细节的在先知识时，在 12 人中他们能够识别出 10 人，30 种相关细节中他们能识别出 20 种。然而，另一项研究发现，在模拟犯罪环境中只有 50%的探测率；[75]在测验"犯罪"参与者的其他研究中已经发现有 80%—95%的探测率。[76] 然而和 fMRI 一样，这些结论是基于高度人工化的、需要极强控制性

---

〔70〕 相比之下，上面讨论的 fMRI 测谎是"控制问题"测试的一个例子，该测试试图确定特定答案或陈述是"欺骗性的"还是"诚实的"，因此是错误的或真实的。

〔71〕 参见 John B. Meixner & J. Peter Rosenfeld, A Mock Terrorism Application of the P300-Based Concealed Information Test, 48 Psychophysiology 149(2011).

〔72〕 同上。

〔73〕 Meixner，同本章注 67，第 1484—1487 页总结了这些研究的错误率。

〔74〕 Meixner & Rosenfeld，同本章注 71。

〔75〕 Ralf Mertens & John J. B. Allen, The Role of Psychophysiology in Forensic Assessments: Deception Detection, ERPs, and Virtual Reality Mock Crime Scenarios, 45 Psychophysiology, 286(2008).

〔76〕 Meixner，同本章注 67，第 1485 页，总结了几个研究的错误率。

的测验环境;因此,当运用于更复杂"真实世界"的环境时,技术的有效性和可靠性还无从知晓。[77]

现在有一家公司在运营 EEG 测谎技术服务,即"大脑波纹检测"。[78] 这项技术由劳伦斯·法威尔(Lawrence Farwell)博士发明,它不仅依赖于 P300 波纹测量,而且还依赖于脑检测 MERMER(首字母缩写)下的第二种脑反应。[79] MERMER 反应并没有如 P300 反应这样受到同行评价的审查。[80] 法威尔的 EEG 结果被两个刑事被告人采用,并在州法院被当作定罪后程序的一部分。在 Harrington v. State 案件中,法庭没有采信 EEG 证据,而是基于其他背景信息驳回了诉讼。[81] 在第二个案件(Slaughter v. State)中,法庭基于证据拒绝给予定罪后救济,因为法威尔博士技术的有效性和可靠性不能被单独证实。[82] 除此之外,没有其他法律判例被报道采用了 EEG 测谎。

三、分析:实证的、概念的和实践的问题

大脑测谎技术的使用,一方面有赖于技术有效性、可靠性与其应用之间的推理关系;另一方面,有赖于提供这些应用所证明的特殊法律问题。在此文本中,法律问题是当某人宣称一个命题与一件法律争议相关,或者宣称知晓或者否认相关命题的在先知识时,是否真正真诚正确地说话。许多重要

----

〔77〕 各种可能的对策的有效性也在很大程度上是未知的。参见 Ganis et al., Lying in the Scanner,同本章注 16。

〔78〕 参见 http://www.governmentworks.com/bws/。参见 Farwell & Smith,同本章注 5。有关 Farwell 技术的讨论,参见 Moenssens,同本章注 5;Meixner,同本章注 67。

〔79〕 Farwell & Smith,同本章注 5。

〔80〕 参见 Meixner,同本章注 67。

〔81〕 Harrington v. State,659 N. W. 2d 509,516 (Iowa 2003)."由于科学测试证据不是解决此诉求所必需的,所以我们不予进一步考虑。"法院对证据进行了如下解释:

"这一测试证据是通过专注于认知心理生理学的劳伦斯·法威尔博士的证词引入的。法威尔博士测量某些脑活动模式(P300 波),以确定被测人员是否能够识别所提供的信息。该分析基本上'提供了有关该人存储在他大脑中的信息'。据法威尔博士所说,他对哈灵顿的测试表明哈灵顿的大脑并没有包含有关威尔谋杀案的信息。另一方面,法威尔博士作证说,测试确实证实哈灵顿大脑包含的信息与他不在场的证据一致。"

同上,第 516 n.6 部分。

〔82〕 Slaughter v. State,105 P. 3d 832,834—836(Okla. Crim. App. 2005).除了法威尔博士的宣誓书,我们还没有真正的证据证明大脑波纹检测已经过广泛测试。

的概念的、实证的和实践的问题构成了神经科学证据在这些法律问题中运用的基础。

确保概念性和实证性问题的区别是很重要的。正如我们下面阐明的那样，如果没有办法做到这点会导致混乱，反过来会产生重要的理论和实践不良后果。作为一种理论问题，概念混乱会破坏一些从神经科学实验生成的数据中所得出的结论。作为一种实践问题，它们限制了在司法证明中可能因技术运用得出的相关推理。

在讨论神经科学与测谎之间的关系时，莎拉·罗宾斯（Sarah Robins）和卡尔·克雷弗（Carl Craver）宣称"这是一种实证问题，而不是从'说谎'和'欺骗'术语的一般运用中可以得出的问题"[83]。虽然我们赞成脑活动和说谎或者欺骗之间的关系是一种实证问题，但是某人是否在说谎或者欺骗包含实证性和概念性两个方面。概念性方面在这个文本中扮演规范角色。某人在特定时刻（一种实证事实）[84]说谎这一结论，部分取决于那个人正在做什么（也是个实证事实），部分取决于"说谎"和"欺骗"这两个术语的运用、意义和运用这些概念的标准。这一概念性方面并非由脑的实证数据产生，而是由为"说谎"或"欺骗"提供标准的复杂行为构成。将心智（或意识）简化为脑在这一文本中难以说通，因为脑活动没有（真的不能）扮演这一规范角色。换句话说，行为标准为构成说谎或者欺骗的要件提供标准，扮演规范角色，这种角色不是由脑活动扮演的。为了避免因忽略而产生的混乱，我们将注意力集中到这一概念方面。[85]

成功的理论和实践进步有赖于对涉及的相关概念的清晰理解和清晰表

---

〔83〕 参见本章注 7。

〔84〕 我们同意罗宾斯和克雷弗的观点，即判断一个人说谎是"对最佳解释的推断"。

〔85〕 例如，我们在下面讨论的一个概念性问题涉及谎言和欺骗意图之间的关系。后者对于前者既不必要也不充分，并且当观点和论证预先假定了其他情况时会产生混淆。这并不是说"谎言"的概念具有明显的界限或必要和充分的条件。在某些情况下，关于某些事是否构成谎言，可能存在灰色地带和广泛的分歧。例如，如果有人说他认为是虚假的东西，但事实证明（因为他也有错误的信念），他所说的事实上是真的，那么他是说谎了还是他试图说谎但失败了？参见 Amy E. White, The Lie off MRI: An Examination of the Ethics of a Market in Lie Detection Using Functional Magnetic Resonance Imaging, HEC Forum (2012)。"对说谎最常见的理解是它需要欺骗的意图；然而，即使这一点也存在争议。例如，托马斯·阿奎那声称任何虚假信息的传播都是谎言，无论骗子是否知道信息是假的（Summa Theologica, Q 110）。"

达,而不仅仅是决定获得哪些实证事实,哪些预设了相关的概念及其意义。[86]对神经科学研究的清晰理解以及其可能的法律应用,要求对其预设的心理学概念进行清晰的表达,以及研究者试图提供实证证据的心理技能也能清楚表达。[87]研究预设了一些行为和心理技能,最突出的是"说谎""欺骗""认识",以及"思考""相信""记忆""打算""觉察""认出"和"推理"。预设这些概念,为了谈论一些基础的行为和心理技能,由其得出的研究和推理不准超越这些概念的边界。[88]换句话说,这些概念为这些有意义的实证主张划定了边界,这些主张可能在本文中会提到。当然,在法律背景下这一证据的证明价值远远不止于依赖概念性问题;它还有赖于多样的实证主张(我们将在下面讨论)是否是真实的或虚假的。但是除了这些实证问题之外,当主张超越概念范围,更深的推理问题就会产生。这些概念混乱产生了严肃的理论和实践问题。

(一)实证问题

在转向概念性问题之前,我们列举各种实证性问题,这些问题也影响法律证据的证明价值。对问题范围的清晰认识将有助于使讨论更加尖锐,分清到底哪些问题是真的实证性问题,哪些问题是概念性问题。我们不认为

---

〔86〕 参见 M. R. Bennett & P. M. S. Hacker,Philosophical Foundations of Neuroscience,402—407 (2003). 作者解释道:

"神经科学研究……紧靠大脑研究成就的心理学和清晰度,预示着普通心理描述类别的清晰度——即感觉和感知,认知和回忆,思考和想象,情感和意志的类别。"

同上,第 115 页。另见 Dennis M. Patterson,Review of Philosophical Foundations of Neuroscience,Notre Dame Philosophical Reviews (2003),http://ndpr. nd. edu /review. cfm? id=1335;P. F. Strawson,Analysis and Metaphysics,17—28 (1992)。

〔87〕 换句话说,关注点不仅仅是对词语和概念的正确使用,而是对概念中挑选出的复杂现象(与其他未被概念选择的相邻现象截然相反)。以下是我们想到的"适度"概念分析类型的两个类比。为获赏金去追捕逃犯的人,其目标是逃犯,而不是"通缉"海报上逃犯的照片,但如果不了解海报上的细节,他就不太可能找到他的目标。参见 Frank Jackson,From Metaphysics to Ethics:A Defence of Conceptual Analysis,30 (1998)。同样地,眼镜的佩戴者更关心他们通过眼镜看到的世界而不是镜片本身,尽管如此他们仍然关心镜片中的缺陷。虽然人们更关心世界而不是镜片,但忽视镜片中的缺陷也是荒谬的。参见 Bennett & Hacker,同本章注 86,第 401 页。同样,忽略对我们心理概念的关注以及我们用来表达它们的语言,也是荒谬的,因为我们对能力本身感兴趣。另见 Timothy Williamson,Past the Linguistic Turn?,in The Future for Philosophy,125—126 (Brian Leiter ed. ,2004)。

〔88〕 法律问题涉及这些潜在的能力,因此法律环境中神经科学证据的价值取决于它是否能够让我们了解这些能力。

哪一种最终比哪一种重要；如果这一证据扮演了它的支持者认为它应该扮演的重要的角色，那么两者其实都很重要。

本书中基础的实证问题是神经科学技术（或者，更确切地说，这一技术解释的专家证言）提供的特殊答案在特殊的案件中有多大可能性是正确的。这个问题取决于许多基础性的实证问题。当被试者在说谎、欺骗，或者有在先知识时，测试要宣布几次"说谎""欺骗"或者"在先知识"？当被试者没有在说谎、欺骗或者没有具备在先知识时，它又要宣布几次这些答案？当被试者在说真话、没有欺骗，或者没有在先知识时，测试要宣布几次"真的""没有欺骗"或者"没有在先知识"？当被试者在说谎、欺骗，或者有在先知识时，它又要宣布几次这些答案？[89] 这些比例将取决于测试的有效性（是否它能测量它想测量的东西）和可靠性。有效性和可靠性将取决于许多额外基础性实证问题。[90] 这些问题的任何一个都将影响证据在法律背景下对特殊人的答案所做出的推理的证明力。为了更清楚地说明，我们确实认为这些问题的任何一个在原则上都对神经测谎的可接受性来说是至关重要的。[91] 真的，随着技术进步，每一个问题可能都会被克服。我们现在指出它们，是因为每一个都将影响证据在个体案件中的证明力，而将这些问题同概念性问题相区分，将是我们在下面章节的重点。这些实证性问题包括：

1. 扫描和分析神经数据的具体程序。[92] 将原始数据转化成脑"图像"的过程要求许多复杂的推理，这些推理步骤可能会影响个案的证据价值。例如，这可能取决于采用的统计学程序和门槛去构建 fMRI 的脑图像。

2. 被试者的样本量大小。[93] 神经科学关于测谎的研究仅限于少量的被试者群体。这限制了从普通人群中得出更广泛的推理的可能。

---

〔89〕 在这个和前一句中提出的问题，关于测谎的文献中被区分为测试的"特异性"（即，其将"谎言"标记为"确是谎言"的准确性）和"敏感性"（即，其将"诚实陈述"标记为"不是谎言"的准确性）。

〔90〕 两个一般性问题包括谎言的基础比率和谎言被分到的"参照组"的边界。这两个问题都会影响个案中证据的证明力。关于谎言的基础比率，参见 P. De Paulo et al., Lying in Everyday Life, 70 J. Personality & Soc. Psychol. 979 (1996). 关于"参照组"问题，参见 Ronald J. Allen & Michael S. Pardo, The Problematic Value of Mathematical Models of Evidence, 36 J. Legal Stud. 107 (2007).

〔91〕 肖尔概述了可以克服这些经验问题的多种方式，并且他有说服力地认为其他一些类似的问题在社会科学的其他领域也适用（并且在某些情况下已经被克服）。参见 Schauer, 同本章注 17。

〔92〕 关于这些问题的精彩讨论，参见 Brown & Murphy, 同本章注 11；Jones et al., 同本章注 11。

〔93〕 关于此及其相关局限性的精彩讨论，参见 Greely & Illes, 同本章注 1。

3.被试者的多样性。参加实验的被试者通常包含健康的男性和(更小范围的)女性。因此不清楚从这相对比较同质的群体中如何能得出不同年龄和健康状况个体的推论:谁在进行药物治疗,谁反社会,或者谁受到其他没有在一般测试中展示的变量影响。[94]

4.时间。参与实验的被试者一般在事件发生前后不久受检测,或者在得到询问信息时受检测。然而,诉讼当中的测验,可能包含发生在几个月、几年或者几十年前的事件。

5.说谎或欺骗的类型。由于被试者不同,不同的说谎或者欺骗的类型可能和不同类型的大脑活动相关。[95]

6.利害关系。被试者和诉讼个体之间一个重要的区别往往是这些被测试者之间利害关系存在巨大差异。[96]

7.与说谎、欺骗或者知识(记忆)相关的脑活动也与其他类型的行为和精神活动相关。[97]

8.对策。证据的价值将取决于个体能够"打击"或者对抗技术的可能性。[98]

这些实证性问题都发生在概念性预设的框架内。这些预设的其他问题导致了其他潜在的推理问题。现在我们转到这些概念问题。

(二)概念问题

1.位置和部分性谬误

在脑测谎的情况下,适用于人类活动(作为整体)的属性有时无条理地被归因于脑或者脑区域。当谎言、欺骗或者知识被认为在脑中或者由脑的

---

〔94〕　参见 White,同本章注 85,"已经对健康的成年被试者进行了研究,并且缺乏证据支持这些方法对其他人群有效的结论"。但是目前的研究正在开始解决这个问题。参见,Kaylor-Hughes 等人,同本章注 16(精神分裂症);Fullam 等人,同本章注 16(精神病性状)。

〔95〕　参见 Ganis et al.,Neural Correlates,同本章注 16。

〔96〕　然而,正如 Schauer,同本章注 17,注意到的,这是心理学研究中普遍存在的一种抱怨,有研究通过证明实验室条件与"现实世界"之间的相关性来回应它。参见同上,第 n.16 部分(研究列表)。因此可以在测谎的背景中找到类似的东西。

〔97〕　参见 Gamer et al.,fMRI-Activation Patterns,同本章注 16;Wagner,同本章注 17。

〔98〕　参见 Ganis et al.,Lying in the Scanner,同本章注 16.

区域执行,那么这种情况就会发生,它是班纳特和哈克所说的"部分性谬误"的一个特殊例子。[99] 这个谬误对测谎产生重要的理论和实践影响。

首先,考虑 fMRI 测试以发现谎话或者欺骗。一些脑活动是必要的,以便说谎或者欺骗(或者真诚地表达和没有欺骗地做事)。虽然一些明确的脑活动可能是说谎或者欺骗所必需的,并且神经科学能提供很好的归纳性证据,但是,用神经活动去识别谎话或者欺骗是一种概念性错误。当脑区域被描述为决定什么时候说谎、是否说谎并从事这一进程时,这种识别就产生了。例如,在总结神经科学关于欺骗的研究中,一个法律学者宣称"迄今为止,所有的调查都达成了某种共识:(1)一种处理混杂压力(通常是前扣带回)的'执行'功能被用来处理是否撒谎以及何时撒谎;(2)这通常是在某种形式的抑制机制下,起抑制真实的作用的回应"。[100] 科学家的两篇文章宣称fMRI 直接检测"产生谎言的器官——大脑"并且允许人们"偷窥个体的思维过程"。[101]

然而,处于争议中的脑活动,不仅是谎话或者欺骗。说谎或者欺骗的标准包括行为,而不是神经状态。[102] 在其他事情中,说谎要求做出错误的表达(或者讲话的人相信是错误的表达)。[103] 大概地说,欺骗包含相信某事如此,但表达或者暗示相反的情况,并且它包含关于信仰的判断以及听众知识。[104]神经科学的证据至多可能提供这种行为和大脑状态之间有着良好的实证联

---

〔99〕 参见 Bennett & Hacker,同本章注 86,第 73 页,"神经科学家将只适用于动物整体的特征归因于动物的组成部分,这样的错误,我们称之为'部分性谬误'"。我们在第二章讨论"部分性谬误"及导致它的一些概念性问题。

〔100〕 参见 Charles N. W. Keckler,Cross-Examining the Brain:A Legal Analysis of Neural Imaging for Credibility Impeachment,57 Hastings. L. J. 509,535(2006)。

〔101〕 参见 Ganisetal.,Neural Correlates,同本章注 16,第 830 页,声称神经科学可以"直接检查产生谎言的器官——大脑";Wolpe et al.,同本章注 5,第 39—40 页,注意到神经影像学可能让科学家"深入了解个人的思维过程"。

〔102〕 我们将在下面更详细地探讨这些标准。

〔103〕 它还涉及一种语境,在该语境中不撒谎的规则被违背了。

〔104〕 参见 Robins & Craver,同本章注 7,"大脑不说谎"。奇怪的是,这些关于谎言的概念点有时在许多同样的研究中得到承认,这些研究也识别出了谎言的大脑状态。参见 Spence et al.,Behavioural and Functional Anatomical Correlates,同本章注 16,第 1757 页,"欺骗另一个人类主体可能涉及多个认知过程,包括关于受害者思想的理论(他们持续的信念)"。Lee et al.,Lie Detection,同本章注 16,第 163页,"说谎的本质是承认并试图操纵他人的心理状态"。Kozel et al.,Pilot Study,同本章注 16,第 605 页,"说谎是一个复杂的过程,需要压制真相,连贯虚假的沟通,以及行为的改变,以使接受者相信某人行为"。

系。这将是归纳性证据。神经科学,换句话说,可能提供关于谎话或者欺骗的测量标准。[105] 如果得出结论谎言产生于脑,是脑的特定区域选择说谎,神经科学能够揭示谎言在脑中"被制造",或者它能"偷窥"某人的脑,看见构成谎话或者欺骗的思维,这种总结是概念性错误。

为什么这个有关系? 如果这类行为和说谎或者欺骗相联系,脑状态也被认为和行为相互关联,这类行为和脑状态之间存在矛盾的话,那么行为证据将推翻归纳性(神经科学)证据。被认为是基础牢固的联系将被证明是错误的,而基础的假设应被反思并重新检视。为了说明这一点,假设相反的问题是对的。如果特殊的脑状态的确提供了说谎或者欺骗的标准,那么通过假设拥有特定的神经活动应是从事欺骗行为的充分条件——即使一个人并不想要(打算)欺骗或者一个人宣称一件真实的提议。[106] 我们能说这个人真的在说谎吗? 当然不能。什么构成"欺骗"或者"谎言"是概念性问题而不是实证性问题[107],运用这些概念的标准是行为而不是神经活动。

现在,考虑一下 EEG 测谎。在这里,概念性错误是去假设或者预设在先知识是被"封装""存储",或者"编码"在脑中,并且技术能够揭示它的存在。例如,在讨论 EEG 测谎时,法威尔和史密斯宣称"刑事罪犯的脑总是在那儿,记录事件,某种形式上像一台录像机",EEG 技术将揭示相关信息是否在被试者的脑"记录"里存在。[108] 而且,正如我们上面说到的那样,很多法律学者同样宣称神经科学可以被用来"准确地识别在一个人脑中的知识是否存在";EEG 测谎"是基于这一原则:人类的脑中住着信息",EEG 测谎能够"探测特定的知识是否在被试者的脑中存在"。

---

〔105〕　参见 Robins & Craver,同本章注 7,"大脑不说谎"。

〔106〕　我们承认,构成谎言的标准可能会改变,参考的是脑状态,而不是行为,但未来的概念将不再涉及与当前概念相同的现象。法律只是在它们提供前者的归纳性证据的程度上关注当前概念和脑状态所选择的行为现象。

〔107〕　为了进一步说明这一点,想象一下试图构建一个实验,以证明谎言是否真的是脑状态,而不是某人对另一个人说了假话的情况。

〔108〕　Farwell & Smith,同本章注 5,第 135 页;Moenssens,同本章注 5,EEG"充其量只能检测被试者的脑中是否存在某些知识"。

这一特性描述依据一种混乱的知识概念。知道某事或者所知道的事——例如，关于犯罪的细节——都不会位于脑中。作为概念性问题，脑的神经状态并不符合知识归因的标准。例如，假设一个被告具有某种脑活动，这种脑活动旨在被当作某个特殊犯罪事实的知识。但是，进一步假设，这个被告真的不能从事某些行为，这些行为被解释为具备某种知识。一个人基于什么能主张并证明被告真的具备该种事实的知识？我们认为没有什么能证明，而且关于谎言和欺骗，由于相互矛盾，被告不能满足任何知道的标准，将推翻那些基于神经科学证据的主张。[109]

知识"存储于"或者"住在"大脑里这一概念依靠两个有问题的预设。第一个预设是一个人是否记得某事可以用脑特定的神经状态来识别。第二个预设是某人保有某种能力（例如，记得某事）暗示了这种能力存储于某个特定的位置。指出这两个有问题的预设能进一步揭示这些关于脑测谎的主张都犯了什么样的概念性错误。

记忆是某人对先前获得的知识的保有。[110] 像知识一样，一般说来，记忆是一种能力、力量或者技能，它可以用很多方法证明。一个人可能说他所记得的事，思考但不说他所记得的事，按他所记得的事行事，等等。记忆可能是真实的（例如，记得 X）、经验的（例如，记得看见 X），或者对象性的（例如，记得 X 的图景）。[111] 而且，记忆可能是宣布性的，即以提议的方式表达并且可能是真的或假的；或者它也可能是非宣布性的（例如，记得如何 X）。这些不同的记忆，都不能作为一个人是否记得自己处于任何特定神经状态的标准。而且，记忆是知识的保有，像知识一样，它的归属标准包括各种不同的方法，能力、力量或者技能通过行为得以证明。为了清楚地说明我们不是在说特殊的脑状态和突触联系对于一个人能够从事这种行为不是必要的，我们理解这些条件是神经科学研究的重要途径。但是，从脑结构对记忆来说可能是必要的这一事实跳跃到得出记忆完全与这样的神经状态相同的结

---

〔109〕 这种行为提供了知识的"标准"证据，神经科学提供了知识的"归纳性"证据。如果它们之间存在差异，那么问题在于归纳性关系；换句话说，大脑活动与知识无关。

〔110〕 有关记忆概念轮廓的进一步讨论，参见 M. R. Bennett & P. M. S. Hacker, History of Cognitive Neuroscience, 99－112 (2008).

〔111〕 Bennett & Hacker, History of Cognitive Neuroscience, 第 100 页。

论,是错误的。[112]

　　真的,记忆的科学研究和试图通过神经科学探测在先知识,预设了这些概念。例如,在一项关于 fMRI 是否能够被用来探测事实的在先知识的研究中,研究者向被试者出示了不同的人脸,然后对被试者进行了扫描。[113] 在一个实验中,被试者被问到他们之前是否看到过这些面孔或者他们是否第一次看到这些面孔;在第二个实验中,被试者被要求将这些面孔分为男性或女性(检测是否人脸的在先知识能被研究者间接探测到)。研究者发现被试者记忆的经历和特定的神经科学数据之间存在相互联系,而不是此人实际记得的内容。[114] 研究者正确地预设了记忆的标准是正确的行为,而不是特定的神经数据。被试者本以为他们之前看过某张面孔,但其实没有,那就错了,尽管有他们的神经数据;被试者之前已经看过某张面孔,但是没有承认,同样也没有记住,尽管也有他们的神经数据。[115]

　　一种类似的预设构成了一般记忆的心理研究的基础。探索知识如何以及是否"被编译进"大脑里,已经有大量的研究[116],但是编码的证据是记忆通过我们所描述的方式进行自身的证明。正如心理学家丽拉·达瓦奇(Lila Davachi)解释道:

　　　　在记忆研究中,编码是一种有趣的概念,因为它的存在只能按其他后面发生的事件来定义。换句话说,对一个刺激物或事件的成功提取或恢复是刺激物或事件被编码的初步印象证据。这样,一旦提取记忆被编码的事实就是对的,这意味着,在目前,唯一去衡量编码的方法,不

　　　[112]　参见 Walter Glannon,Our Brains Are Not Us,23 Bioethics 321,325 (2009),"提这样的问题,如'脑中哪里是某人过去的记忆?'是具有误导性的"。

　　　[113]　Jesse Rissman, Henry T. Greely & Anthony D. Wagner, Detecting Individual Memories through the Neural Decoding of Memory States and Past Experience,107 PNAS9849(2012).

　　　[114]　同上,第 4 页。"与主观记忆状态的解码相反,当主观认知保持不变时,与人脸相关的真实实验历史不容易归类。对于参与者声称认识的面孔,分类器在确定哪些是老的哪些是新的时,仅取得了有限的成功;对于参与者声称是新的面孔,分类器无法确定哪些是以前见过。最后,在暗示识别期间,过去经验的神经特征无法可靠地被解码。"

　　　[115]　同上。类似的概念预设适用于最近关于记忆和测谎的其他工作。Martin J. Chadwick et al., Decoding Individual Episodic Memory Traces in the Human Hippocampus,20 Current Biology 544(2010); Gamer et al.,fMRI-Activation Patterns,同本章注 16。

　　　[116]　关于这篇文献的批判性讨论,参见 Bennett & Hacker,同本章注 86,第 154-171 页。

管它是在认知层面还是在细胞层面，都是通过评估有机体在未来的某个点能够提取什么。[117]

转向第二个有问题的预设，在记忆里保有知识并不必然暗示着知识存储于或者住在脑中（或者其他地方）。一个人可能拥有能力、力量或者才能，而能力、力量或者才能并没有存储于任何地方；事实上，存储能力、力量或者才能到底意味着什么并不清楚——这是我们的观点。

脑中记录、存储、住着一个人感知（像一台录像机一样）的事件，并且在记忆中"播放"这个记录，这种观点不是一个受欢迎的解释。[118] 首先，它本身预设了记忆（因此不能解释它），因为为了利用这样的神经记录，人们必须记住如何访问记录并解释其内容。[119] 其次，即使这样的神经"记录"存在于脑中，通常它们也不能被访问（人们不能看见自己的脑）。清楚点说，我们乐意承认知识和记忆从因果上有赖于神经状态，同样，拥有并且保有知识将导致神经发生变化。但是并不能从这些事实推出神经中"存储"或者"住着"知识。测谎基于这样一种有问题的概念，并不能提供实证性的信息，证明关于这一影响的特殊主张是正确的。

人们，而不是他们的脑，在说谎、欺骗、认识和记忆。这是一个部分性谬论的例子，神经科学证据的证明力取决于它如何被构思出来的。如果谎言、知识和意图被错误地认为与特定的脑状态完全相同，那么脑状态的证明可能（再次，错误地）表现为提供关于对应的精神状态的结论性的或者强有力

〔117〕 Lila Davachi, Encoding: The Proof Is Still Required, in Science of Memory: Concepts 138 (H. L. Roediger, Y. Dudai & S. M. Fitzpatrick eds., 2007).

〔118〕 参见 Martin A. Conway, Ten Things the Law and Others Should Know about Human Memory, in Memory and Law, 368 (Lynn Nadel & Walter Sinnott-Armstrong eds., 2012), 解释记忆是一个建设性的过程，记忆与记录媒体的产品不一样。Daniel J. Simons & Christopher F. Chabris, What People Believe about How Memory Works: A Representative Survey of the U. S. Population, 6 PLoS ONE 5(2011), 注意到大多数受访者认为记忆就像记录一样，而且这种信念"与记忆是建设性过程的公认理念相矛盾"。

〔119〕 参见 Bennett & Hacker, 同本章注110，第107页。同样，只有当人们记住记录是关于什么的记录时，人们才会用视频录制来记住过去的事件。

的证明。[120] 真的,那些受这一谬论控制的观点甚至可能建议我们直接将法律结果运用于那些有特殊神经状态的人身上。[121] 然而,一旦认识到这样的证据可能与特定的行为存在一些归纳性联系,但不是为建立争议中的类别提供充足条件,那么相反的错误推理将被避免。[122]

2."直接"和"间接"证据

文献中第二种错误的预设是脑测谎比传统的测谎仪先进,因为脑测谎"直接"测量说谎、欺骗或知识,而传统的测谎仪只是"间接"地通过测量生物学变化来测量这些特征。而且,脑测谎也被认为更先进,因为神经信息并不受被试者操纵,而传统测谎仪的生物学测量则会。例如,保罗·如特·沃尔普(Paul Root Wolpe)等人写道,"第一次使用现代神经科学技术,第三方原则上可以绕过外围的神经系统……直接到达一个人的思想、情感、意图或者知识"[123]。

假设脑测谎为说谎、欺骗或者知识提供直接的进入途径,这是一种概念性错误。[124] 神经科学测谎技术普遍假设说谎、欺骗或者知识包括稳定的可探测的神经学联系。[125] 相比传统的测谎仪,神经科学研究正寻找介于说谎、欺骗行为或者知识和某种其他在被试者身体里发生的东西之间的联系。用

---

[120] 印度使用大脑扫描测谎证据进行定罪,表明了错误的概念性假设有多么严重的实践性后果。参见 Anand Giridharadas, India's Novel Use of Brain Scans in Courts Is Debated, N. Y. Times, Sept. 14,2008。

"但仅在 6 月,在马哈拉施特拉邦的普纳市的一起谋杀案中,法官明确引用了脑扫描结果作为一项证据证明嫌疑人的脑中存在只有凶手才能拥有的犯罪的'经验知识',从而判处她终身监禁。"有关此案例的详细讨论,请参阅 Dominique J. Church, Note, Neuroscience in the Courtroom: An International Concern, 53 Wm. & Mary L. Rev. 1825(2012).

[121] 目前的法律问题取决于行为(并且仅在他们提供行为证据的程度上间接地取决于脑状态)。

[122] 然而,在某些情况下,证据可能是具有证明性的,但它不会是结论性的。参见 Pardo,同本章注 1,第 315—317 页;Schauer,同本章注 17。欺骗可能类似于疼痛,即虽然某些行为提供了疼痛的标准证据,但皮质活动与疼痛之间强烈的归纳性关系表明皮质活动可能提供疼痛的证据。关于疼痛的神经科学,请参阅 Amanda C. Pustilnik, Pain as Fact and Heuristic: How Pain Neuroimaging Illuminates Moral Dimensions of Law, 97 Cornell L. Rev. 801(2012); Adam Kolber, The Experiential Future of Law, 60 Emory L. J. 585(2011).

[123] Wolpe et al.,同本章注 5,第 39 页。许多研究依赖于直接—间接的区分,以说明为什么基于脑部的测谎要优于传统的测谎仪。参见 Langleben et al., Brain Activity,同本章注 16; Ganis et al., Neural Correlates,同本章注 16; Kozel et al., Pilot Study,同本章注 16; Farwell & Smith,同本章注 5.

[124] 实际上,通过正确行为展示知识更为"直接"。

[125] 同本章注 16。如果没有,那么实验就没有意义了。

传统的测谎仪，表现为心率增强、呼吸加快以及冒汗；[126]而神经科学，则表现为脑的特定区域血流增加或者脑电活动增强。[127] 采用这两者，技术都包含基于身体测量的间接测谎。直接—间接的区别不能简单地区分二者。而且，虽然每种技术有不同类型的规避策略，但是脑测谎并不能仅仅因为被试者不能自主地控制血流或者脑电活动，而认为它不存在规避策略的可能。对于传统测谎仪，被试者可能用各种方法掌控这些测量结果——例如，通过细微的身体移动、药物，或者通过将他们的注意转移到各种其他物体或者话题上。[128]

3. 精神状态和取消式唯物主义

第三个概念问题主要是在理论上很有趣。在第二章中，我们讨论了"取消式唯物主义"的激进立场，其旨在"消解"大众心理为无用的解释。根据这个立场，精神状态，如信仰、意图、意愿，是虚假的、惰性的或者附带的。在测谎方面，例如，取消式唯物主义可能寻求用脑状态去替代说谎的精神特质。[129] 我们在第二章讨论取消式唯物主义的一般问题，在这里我们简单地指出，激进的简化主义或者取消式理论在测谎问题上是没有意义的。[130] 这样理论永远不能取得进展，因为关于说谎、欺骗和在先知识的研究都预设了取消式唯物主义试图排除的精神特质。精神特质在理解、解释人类行为如说谎、欺骗或者知识方面是必要的。[131] 研究预设了被试者拥有信仰（有时表达它们，有时压制它们），意图（例如，去欺骗），以及认识先前知道的事实，然后他们基于此选择去行动或者不行动。而且，研究预设了被试者也拥有这

---

[126]　参见 National Research Council, The Polygraph and Lie Detection, 12－21 (2003).

[127]　同本章注 16 所引用的资源。

[128]　参见 Ganis et al. , Lying in the Scanner, 同本章注 16。

[129]　参见, Paul Churchland, Eliminative Materialism and the Propositional Attitudes, 78 J. Phil. 67 (1981). 关于这个立场的一般讨论，参见 William Ramsey, Eliminative Materialism, in Stanford Encyclopedia of Philosophy (2003), http://plato. stan-ford. edu /entries /materialism-eliminative /。

[130]　在讨论刑事惩罚理论时，我们也回到第七章的问题。

[131]　Donald Davidson 在几篇文章中提出了这一点。将人类行为解释为有意的行为，需要使用这些预先设定的心理概念对其进行描述。参见, Donald Davidson, Three Varieties of Knowledge, in Subjective, Intersubjective, Objective, 217(2001), "它是有意行为概念的一部分，它是由信仰和欲望所引起和解释的；它是某种易于产生的信仰或欲望概念的一部分，是所解释的某种行为"。法律解释了心理状态方面的行为。参见 Stephen J. Morse, Determinism and the Death of Folk Psychology: Two Challenges to Responsibility from Neuroscience, 9 Minn. J. L Sci. & Tech. 1(2008).

些精神状态,并且将这些精神状态归因于他们的观众。[132] 为了欺骗另一个人,被试者必须假设另一个人已经知道或者相信的事以及从给定的答案中做出可能的推理。虽然这点主要是理论性的,而不是实践性的意义,但是它提供了另一种提示:从实践角度,法律问题涉及各种不同类型的行为,基础的神经学数据只与它提供这一行为证明证据有关。如果某人有此神经状态,但没有行为,则她并没有说谎或者欺骗。

4.说谎和欺骗不是完全相同的

第四个概念性问题涉及说谎和欺骗之间的区别。fMRI 研究经常被吹捧成它为测谎提供了一种支持手段。然而,这种研究的主要议题看起来是欺骗,或者更具体地说,让被试者识别欺骗的意图。[133] 但是,说谎和欺骗,有概念性的不同。一个人可以说谎,但没有欺骗或者打算欺骗;一个人也可以欺骗或者打算欺骗,但没有说谎。研究旨在通过揭露欺骗性谎言聚焦于两者[134],但是这作为一种在法律环境下发现谎言的技术潜在性地存在问题,因为它没有包容性。

欺骗性行为包括试图使人们相信某些假的事情。[135] 因此试图欺骗的说谎包括一种复杂的能力,超越了简单地宣称相信某事是假的。这种行为一般包括:(1)认识到真实的情况(或者相信某事是真的);(2)选择不要表明真实的情况(或者信仰);(3)假设听者已经相信或可能相信;(4)说某事是假的。假设 fMRI 技术能正确探测到欺骗的意图,那么我们思考一下,按照美国联邦法,做伪证和做出错误的声明这两者的定义。在誓言下做证时,如果

---

〔132〕　参见,Spence et al.,Behavioural and Functional Anatomical Correlates,同本章注 16,第 1757页“欺骗另一个人类主体可能涉及多个认知过程,包括关于受害者思想的理论(他们持续的信念)”;Lee et al.,Lie Detection,同本章注 16,第 163 页,“说谎的本质是承认并试图操纵他人的心理状态”。

〔133〕　虽然他们是否真的在测量,这是一个不同的问题,但是我们还是转到下一个。

〔134〕　参见同本章注 16 引用的资料。例如,在森绕案中(如上所述),拉肯博士作证说“谎言是故意的欺骗行为”。Hearing Tr. at 159. 另见 Sip et al.,同本章注 16,认为说谎需要“欺骗的故意要件”。

〔135〕　“欺骗”和“说谎”都是复杂的概念。参见 Marantz Henig,Looking for the Lie,N. Y. Times(Magazine),Feb. 5,2006,根据一项统计,英语有 112 个单词用于欺骗,每个都有不同的含义:合谋、伪造、装病、自欺欺人、诽谤、搪塞、夸大、否定。另见 White,同本章注 85(引用 Henig 并讨论说谎的复杂性)。

一个证人"意图"宣称"他不相信的"事情是真的，那么他做了伪证。[136] 同样，在美国的管辖范围内，如果一个潜在的证人"知道并且意图"向政府机构就某事做"错误的陈述"，那么他触犯了联邦的法律。[137] 注意某人可能犯了这两种罪行的任何一种，而没有打算去欺骗。例如，假设一个证人被一个刑事被告人威胁为这个被告提供不在场的证明。证人可能故意错误地证明不在场，但是她可能这样做，希望陪审团看穿她的谎言，不相信它，并且宣告被告人有罪。[138] 这样，如果神经科学在测量欺骗，而不是谎言，我们不应该假定这两种测量是一致的。

5. fMRI 实验中的参与者在说谎吗？

fMRI 测谎研究提出的最重要概念性问题是研究是否在测量谎言。正如上面说到的，fMRI 研究可能不具有足够的包容性，如果他们正在测量"欺骗的意图"，而不是说谎，因为一些谎言没有包含任何欺骗的意图。然而，更重要的是，这些研究可能具有过度包容性，因为它们将实际上不是说谎行为的主体的"说谎"行为视为说谎。如果是的话，那么这就破坏了从实验对象的神经数据中推断实际证人是否参与了说谎行为的尝试。

问题是，不是所有人相信假的事就是谎言。例如，当一个演讲者戏剧中讲笑话或者在背诵一段台词，一个虚假的断言就不是谎言。正如唐·法利斯（Don Fallis）在一篇富有洞见的文章中说到的，在一个派对中声称"我是丹麦王子"是个谎言，但在舞台上则不是，产生这两者的区别是对话规则在起作用。[139] 法利斯通过许多例子探索了说谎的概念轮廓，并且提出了下面的图解定义。

---

〔136〕 参见 18 U. S. C. § 1621(1)，在法庭、官员或个人面前宣誓，美国法律授予誓言具有执行力，证人将证明、宣布、宣誓或保证所说的话是真实的，或他提交的任何书面证词、声明、宣誓或保证是真实的，蓄意违背这些誓言是指他说了或提交了他"不认为是真实的事情"。"蓄意"在这个上下文中指的是证人故意做假的证词。参见 United States v. Dunnigan, 507 U. S. 87, 94(1993)。

〔137〕 参见 18 U. S. C. § 1001，(1)无论是谁，在美国政府的行政、立法或司法部门管辖范围内的任何事务中，无论是有意还是故意……(2)做出任何重大虚假、虚构或欺诈性声明或陈述……将根据这一条款罚款，判处不超过 5 年的监禁，或者如果该罪行涉及国际或国内恐怖主义(如第 2331 条所定义的)，则判处不超过 8 年的监禁。

〔138〕 有关说谎但不想欺骗的一项启发性的讨论，参见 Don Fallis, What Is Lying?, 106 J. Phil. 29 (2009).

〔139〕 Don Fallis, What Is Lying?, 第 33—37 页。

你对 X 说谎如果并且只有当：

(1)你向 X 说 P；

(2)你相信你说话是遵循下面的对话规则：不要说你相信是错的言论；

(3)你相信 P 是错的。[140]

这个定义"捕捉到了说谎的必要条件"。[141]

fMRI 研究并不适合测谎。研究中的被试者被指示在特定的时刻发表虚假的言论，有时目的是欺骗听众；然而，他们的虚假陈述不是说谎的行为。[142] 甚至当被试者从事或者计划模拟"犯罪"，他们也不在下述的准则起作用的情形中：不要发表你认为是错误的言论。事实上，他们是被要求这么做。[143] 因此，被测量的行为，即使它们包含欺骗，看起来跟某人玩游戏、说笑话或者玩角色扮演等这些行为更类似。如果是这样，那么这些被试者的神经活动和说谎行为之间的关系并不明确。在法律背景下，这种规范——不要发表你认为是虚假的陈述——是存在的，因为伪证和虚假陈述犯罪表明了这一点。这一概念问题的实践重要性是明显的：某人是否真的在说谎是基于她的神经活动与那些没有说谎（但被误以为说谎）的人相似这样的事实，如果得出这样的结论，无疑是种灾难。某人是否真的在说谎，从法律上得出结论，基础扎实的研究必须检视实际的说谎行为或者至少提供强有力的理由说明从非说谎行为得出

---

〔140〕　Don Fallis, What Is lying? 第 34 页。精明的读者会注意到，法利斯的定义并不包括该陈述实际上是错误的情况。虽然我们出于以下分析的目的接受这个定义，但我们不在乎是否应该增加额外的虚假要求。参见本章注 85。对于支持这一额外要求的读者，符合定义但结果是真实（发言者不知情）的陈述应被定性为"未遂"或"失败"的谎言。这个问题与上面提到的真诚—诚实的区别有关，参见本章注 9。正如一个真诚的人可能会误认为她所宣称的事情是真实的，那么一个不诚实的人也可能会误解他断言的事情的真实价值。

〔141〕　同上，第 35 页。

〔142〕　这与 Schauer(同本章注 17)和 Jones & Shen(同本章注 1)指出的相关问题不同，许多实验涉及"指示谎言"。指示谎言仍然是谎言——例如，雇主指示员工在法庭上宣誓作证时说谎——当陈述是在反对虚假陈述的规范生效的情况下做出的。如果在研究中没有这种规范，则回答不是指示谎言。

〔143〕　参见，例如，Kozel et al. , Functional MRI Detection,同本章注 16,两组都被要求报告说他们拿起了一个信封，但没有破坏任何视频证据。

的结论会对说谎判断带来多少启示。[144]

6. 神经科学已经改变或者将要改变标准？

本章中讨论的概念问题已经探索了说谎、欺骗和认识（知识）的标准问题。我们通过思考最近托马斯·纳德霍夫（Thomas Nadelhoffer）提出的两种可能的挑战来总结本章。[145] 他的挑战是依据：基于神经科学知识改变概念标准的可能性；很多人关于目前概念的看法。虽然我们不认为这些问题挑战了或者破坏（颠覆）了我们的论证，但是讨论它们将有助于更深入地扩展和厘清我们的分析。

第一个问题涉及（关系到）改变说谎、欺骗或者知识标准的可能性。纳德霍夫提醒道："昨天的不可能也许会变成明天的陈词滥调。"[146]他注意到在医学、物理学和化学等领域，科学发展也已经在概念运用标准方面给它们带来概念的变革。有一点，分子层面曾经不是"水"标准的特征，但是现在它是了。他也提到了流感的例子，指出以前的流感标准，例如，"喉咙痛、发烧、颤抖、咳嗽，等等"，现在则"被降级为仅仅是一些症状"[147]。因此，也可能成功地将条件归因于某人，甚至当其并没有类似症状。用神经科学测谎进行类比最直接：现在构成说谎标准的行为可能被降级为"仅仅是症状"，神经状态可能成为新的标准（如分子式与水）。

---

〔144〕 在现存的文献中，研究实际谎言的最佳尝试似乎是 Greene & Paxton，同本章注 16。另见 Schauer，同本章注 17（注意 Greene 和 Paxton 研究中的被试者"有真正的动机来说出真实的谎言"）；与 Jones & Shen 一致，同本章注 1。参与者被告知该研究正在检查超自然活动以预测未来。被试者被要求预测硬币翻转——他们需要记住自己的预测，然后在随机硬币投掷后询问他们的预测是否准确。被试者如果猜对了将获得少量金钱，如果猜错了则损失部分金钱。实际上，Greene 和 Paxton 正在研究"诚实"和"不诚实"的反应并寻找每种反应的神经相关性。那些具有高预测率的人被标记为"不诚实"，而那些约 50% 的人被标记为"诚实"。尽管作者发现神经活动与"不诚实"参与者之间存在相关性，但他们注意到对测谎做出结论受到一些限制。Greene & Paxton，同本章注 16，第 12510 页。"我们的任务设计不允许我们识别个人谎言……我们的研究结果强调了区分说谎与相关认知过程所面临的挑战。"此外，"超自然能力的封面故事"可能已经引起了一个额外的问题：一些"不诚实"的被试者可能实际上已经认识到他们正在准确地预测，因此不是向研究人员说谎。参见 R. Wiseman et al., Belief in the Paranormal and Suggestion in the Séance Room, 94 British J. Psychol. 285 (2003)。

〔145〕 Thomas Nadelhoffer, Neural Lie Detection, Criterial Change and Ordinary Language, 4 Neuroethics 205(2011).

〔146〕 同上，第 206 页。

〔147〕 同上，第 209 页。

　　我们并没有把问题当成扩展或者改变概念的普遍现象。因此我们不拥抱纳德霍夫所谓的"标准传统主义"立场。[148] 他认为我们必须解释"语言如何可能根据科学发展改变,即使统治我们有意义地谈论世界的标准是固定的"[149]。这不是我们的立场。我们承认语言是流动的,概念可以因科学发展(以及很多其他的事物)发生改变;我们也不反对科学家、律师、哲学家或者任何其他人杜撰新术语、扩张或者限制现存术语、概念的使用。[150] 我们反对的是从预设的当前概念(例如,说谎、欺骗或者知识的概念)出发进行推理,并且违背那些概念的运用标准。如果我们愿意,我们可以称某种脑状态为"说谎"(或者"谎言");关键问题是为什么会这样,当我们这么做时,接下来会发生什么?

　　然而,以法律文本看,这种类比就有问题。法律关注它们自身的行为标准,而不是仅仅某些"症状"。思考一下温迪·维特尼斯(Wendy Witness)假设的例子,有人看到犯罪发生,被警察询问,并被要求庭审质证。如按纳德霍夫设想的那样进行改变,那么她向警察或者在证人席上说她知道的某事是假的,是否她说的话不是"谎言",它仅仅是"症状",这种"症状"可能是、可能不是谎言,取决于她脑里有什么。另一方面,她可能向警察或者在证人席上说了谎(因为她的脑),无关她是否说了什么是假的("仅仅是症状")。我们认为这个例子为类比提供了一种归谬法。再思考一下,伪证罪和虚假陈述。[151] 温迪在第一现场犯了这些罪,即使她没有与欺骗相关的脑状态;她没有在第二现场犯这些罪,即使她有与欺骗相关的脑状态。不管我们"说谎"和"欺骗"的概念是否因神经科学改变,表达这些概念的术语目前所指的行为和心理现象——法律所关注的——仍将伴随我们并且不会改变。

　　这个例子提供了一种有价值的启示,我们正在探索的概念问题并不仅仅是关于单词以及我们如何使用它们,不仅仅在本章中而是贯穿全书。它们也是关于基础的现象、关于概念的澄清如何有助于更好地理解现象、关于

---

〔148〕　Thomas Nadelhoffer,Neural Lie Detection,Criterial Change and Ordinary Language,第 210 页。

〔149〕　同上,第 211 页。

〔150〕　关于科学概念变化的几个例子,参见 Mark Wilson, Wandering Significance:An Essay on Conceptual Behavior (2006).

〔151〕　参见同本章注 136 和 137 及附随文本。

概念混乱如何扭曲我们的理解。首先,改变概念标准是可以的,如果这种改变能够服务于有用的目的。再次,我们可以说某种脑状态是"谎言"或者"在说谎";关键问题是为什么我们这么做,以及如果我们这么做,后果是什么。然而,重要的是,用法的改变不能改变表达我们当前概念的术语所指的现象。关于心理学术语如"抑郁"和"精神分裂症",心理学家格雷戈里·米勒表达了类似的想法:

> 如果我们重新将该术语指称其他事物,术语"抑郁"的特定用法所指称的现象也不会改变,如与抑郁相关的生物化学指标。如果经协商一致,"抑郁"这个术语现在指称的是一种沮丧的心理学状态,过十年后指称的是一种大脑化学状态,我们仍没有改变沮丧的现象,同样我们也不会按大脑化学来解释它。[152]

以及:

> 不管精神分裂症 100 年后指称什么(有人肯定希望它能进化成更精确的意思),它长期指称的(心理学)现象将不会改变,将仍然存在,并且仍将有潜力去分裂千千万万条生命。[153]

类似地,"说谎"的概念可能如纳德霍夫所说的那样改变,但是这不会改变这种事实:一些人有意在证人席上以及向政府机构说他们相信是假的事情,当他们这么做或者不做时,法律仍将有重要的(利益攸关的)决定权。

纳德霍夫提出第二个问题。他认为当前的标准有赖于(大多数)日常说话者的用法,但是"如果你在街上问别人",很多人会同意知识存储在大脑里。而且,随着越来越多的神经科学信息的发布,很多街上的人也可能日渐同意这种观点,谎言和欺骗也同样在"大脑里"。如果这样,基于什么我们能够主张大众是错误的?

当前"说谎""欺骗"或者"知识"所指称的基础现象不会改变,即使大多

---

〔152〕 Gregory A. Miller, Mistreating Psychology in the Decades of the Brain, 5 Persp. Psych. Sci. 716, 718(2010).

〔153〕 同上。

数人认为这些术语指称脑现象。基础现象是法律关注什么以及法学理论聚焦于什么。如果大多数人认为"说谎"等术语指称脑现象，那么或者大多数人是错误的（如果依据目前的概念）[154]，或者概念已经改变。如果是后者，那么这只是把我们带回到本章节第一个问题及我们的反馈。如果是前者，那么这可能不足以令人对相关概念的复杂性感到惊讶。[155] 很多人即使理解复杂概念，有时也可能在使用时得出错误的推理。例如，即使很多人认为"琳达是一个图书管理员，也是民主党人"比"琳达是个图书管理员"更有可能，那么这并不必然引起"有可能"意义标准的改变。[156] 很多当初做出错误推理的人，再次考虑后，将承认错误。"谎言""欺骗"，以及"知识"可能是类似的。而且，运用概念和词语的标准对一些人来说不会总是很透明，即使他们能够在大多数情况下成功地运用概念和词语。请思考类比一下法律的概念和"法律"这个词语（在法律文本中使用的）。虽然"大街上的人"理解这个概念并且知道如何使用这个词语，但是不仅对于大街上的人们，而且对于律师、法学教授以及哲学家来说，标准仍然是模糊的，充满争议。[157] 这些人具有受过训练的法律技能，能够更机智地运用"法律"以及法律概念，掌握很多法律辩论的方法论（技巧），在法律实践中阐明特定的推理如何看起来违背了先前在其他地方接受的标准。[158] 我们关于谎言、欺骗以及知识的概念看起来像这些方面的法律。它们没有包括简单、透明的标准，也没有看起来像"自然物"，使我们能够听从相关科学家的建议去发现它们真正的本质。然而，它们都包含了行为安排，不仅在提供概念运用标准时扮演一种标准的、规范的角色，而且扮演了一种实证的、证据的角色，说明那个概念是否可以运用于某个特定的情况。考虑到这种复杂性，产生错误的推理也就无须惊讶。

---

〔154〕 比较 Simons & Chabris，同本章注 118，记录了很多人对记忆存在错误的看法。

〔155〕 同上。正如我们在第七章中所讨论的那样，许多人也可能搞错自由意志、决定论和刑事处罚的正当性之间的关系。

〔156〕 参见 Amos Tversky & Daniel Kahneman，Extensional Versus Intuitive Reasoning：The Conjunction Fallacy in Probability Judgment，in Heuristics and Biases：The Psychology of Intuitive Judgment，19（Thomas Gilovich et al. eds.，2002）。

〔157〕 参见 Jules L. Coleman & Ori Simchen，"Law"，9 Legal Theory 1（2003）.

〔158〕 蒂莫西·威廉姆森（Timothy Williamson）对法律和哲学培训进行了类比，并认为两者都有助于改善对相关概念应用的判断。Timothy Williamson，The Philosophy of Philosophy，187—195（2007）.

(三)实践问题

除了实证和概念问题影响脑测谎的证明价值外,这种证据在法庭的使用将取决于许多额外的实践问题。

为了被法庭采纳,证据首先必须是相关的。为了证明相关,它必须对案件的确定性或多或少产生影响。证人的可信度始终是相关的,因此只要证据与证人的可信度有一些合理的关系,证据就是相关的。此外,必须证明其所依据的证据和技术具有足够的有效性和可靠性,以保证在适用专家证词规则时被采纳。在联邦法院,这种方法要求该技术采用可靠的原则和方法,可靠地应用于案件。法院采用 Daubert 影响因子作为应用此规则的指导原则,考虑到各种因素,如控制和标准、错误率、同行评审和发布,以及在相关社区的普遍接受度。考虑到上面讨论的经验和概念上的局限性,我们认为森绕案的观点是对当前 fMRI 文献测试的合理运用。但是可以想象得到,研究可能会发展到法院可以合理地找到要满足的测试的那一天。[159]

随着研究发展,可能出现可靠的个性化结果。在这点上,根据联邦证据采纳规则,结果可能被采纳。然而,为了这么做,它必须仍留在概念问题的界限内,这些概念问题我们已在之前的章节里勾勒出来了。技术必须切实测量说谎的行为,研究必须清楚阐明神经科学数据及其相关的复杂行为之间的实证关系。在这个案例中,证据可能是基于充足的数据与可靠的原则和方法。[160] 而且,证据可能满足最高法院 Daubert 确认的额外的指南因素:技术和基础原则可能是错误的,必须进行同行评议并公开,并且有一定的可识别的错误率。[161] 如果赋予审判法官广泛的自由裁量权去决定是否采纳该

---

〔159〕 这将取决于我们在上面指出的实证问题,以及研究是否有理由认为它提供了实际谎言的证据。

〔160〕 参见 Fed. R. Evid. 702(1)—(2).

〔161〕 Daubert v. Merrell Dow Pharmaceuticals, Inc. , 509 U. S. 579,593—594(1993). 最后的变量——已知的误差率——对于许多类型的专家证词(例如笔迹、语音、咬痕、弹道学和指纹识别)来说是一个严重的问题。参见 National Research Council, Strengthening Forensic Science in the United States:A Path Forward (2009).

领域的证据；[162]那么法院采纳证据的意愿可能存在最初的分歧。但是（觉察到的）在一些早期案件中可靠运用证据采纳规则可能导致其他法院越来越愿意行使自由裁量权采纳证据。[163]

当证据拥有充足的证明力保证按此标准被采纳时，则一些其他实际问题可能会进一步提出排除的理由。我们简要地讨论其中的三种情况，由此得出结论，没有必要提供令人信服的排除案例。

第一个问题涉及陪审团（和法官）的误解。即使神经科学测谎证据足以满足 Daubert 的相关性和可靠性，但如果其证明力实质上被高估了，因为法律事实发现者很可能赋予其过多权重，那么它可能会被排除在外。评估这一证据的底线应该是陪审员有足够的资格评估复杂科学证据，包括评估DNA 证据。[164] 假设专家的神经科学证据是强有力的，并且表达清楚细致，那么就没有先验的理由基于错误解释去排除这样的证据。然而，神经科学具体研究可能会提供额外的理由使陪审团失去法官的信任。在这里，情况似乎并非如此。虽然一些研究指出，非专业人士可能会过分看重神经科学证据（特别是当出示脑图像时）[165]，但在法律背景下关注神经科学的其他研

---

〔162〕　在 General Electric Co. v. Joiner，522 U. S. 136（1997）一案中，法院指出，应审查地区法院关于专家证词可采性的决定是否滥用自由裁量权。然后在 Kuhmo Tire Co. , Ltd. v. Carmichael，526 U. S. 137（1999）一案中，法院澄清了 Daubert 适用于所有专家证词，并且滥用自由裁量权标准适用于关于可采性的结论和关于哪些因素对评估此类证据的可靠性至关重要的决定。

〔163〕　因此，Frye v. United States，293 F. 1013（D. C. Cir. 1923）一案确立了"普遍接受"标准，承认这项标准的州可能需要更长时间才能承认这些证据。即使证据符合专家证词的可采性规则，其他证据规则（如规范传闻证据的规则）也可能为某些情况下排除证据提供依据。参见 Jeffrey Bellin，The Significance（if any）for the Federal Criminal Justice System of Advances in Lie Detection Technology，80 Temp. L. Rev. 711（2007），认为传闻证据规则将成为采纳符合专家可靠性标准的测谎证据的主要障碍。

〔164〕　关于陪审团的实证文献概述，参见 Neil Vidmar ＆ Valerie P. Hans，American Juries：The Verdict（2007）。

〔165〕　参见 David P. McCabe ＆ Alan D. Castel，Seeing Is Believing：The Effect of Brain Images on Judgments of Scientific Reasoning，107 Cognition 343（2008）；Deena Skolnick Weisberg et al. ，The Seductive Allure of Neuroscience Explanations，20 J. Cog. Neuroscience 470（2008）；David P. McCabe et al. ，The Influence of fMRI Lie Detection Evidence on Juror Decision-Making，29 Behav. Sci. ＆ Law 566（2011）；Jessica R. Gurley ＆ David K. Marcus，The Effects of Neuroimaging and Brain Injury on Insanity Defenses，26 Behav. Sci. ＆ Law 85（2008）。可以从他们那里得到关于陪审团能力的结论，这些研究对这些结论表示谨慎，关于这些研究的讨论，参见 Schauer，同本章注 17；Walter Sinnott-Armstrong et al. ，Brain Scans as Legal Evidence，5 Episteme 359（2008）。

究并不支持一般的陪审团无能力问题。[166] 那些寻求排除证据的人应该有责任在特定的案例中提供强有力的理由。

即使陪审员没有误解证据，第二个问题是神经科学的测谎证据会"篡夺"陪审团决定证据可信度的功能。这就是在核心成员服务公司中排除证据的背景。克拉伦斯·托马斯(Clarence Thomas)大法官在美国联邦最高法院审理案件时主张一项排除测谎证据的规则时也表达了该观点。[167] 法院在核心成员服务公司案件中，依靠大法官托马斯的观点和其他测谎案例，支持了它篡夺陪审团职能的基本原理。然而，对神经科学证据概念性问题的正确理解，阐明了为什么这是一项错误的主张。

排除的主张运用于任何形式的测谎证据的专家证言。托马斯大法官解释道，在保留"刑事判决中可信度决定的核心功能"方面，政府有正当的利益；该功能的"基础前提"是"陪审团是测谎仪"。[168] 测谎专家，而不是陪审团，是可信度的主要裁决者，因为陪审团听从专家的观点：

> 与其他专家证人不同，他们在陪审员的知识范围内就事实问题作证，例如对犯罪现场发现的指纹、弹道或 DNA 的分析，测谎专家则只能向陪审团提供另一种意见，即关于证人是否在说实话。[169]

> 结果，陪审员可能盲目地听从专家并且"放弃他们去评估可信度和犯罪的职责"。[170]

---

[166] 参见 N. J. Schweitzer et al. , Neuroimages as Evidenceina Mens Rea Defense:No Impact, 17 Psych. , Pub. Policy & Law 357(2011); N. J. Schweitzer et al. , Neuroimage Evidence and the Insanity Defense, 29 Behav. Sci. & Law 592(2011). 另见 Martha J. Farah & Cayce J. Hook, The Seductive Allure of "Seductive Allure", 8 Perspectives Psychol. Sci. 88(2013)，我们发现对大脑成像非常有影响力的说法几乎没有实证支持。

[167] United States v. Scheffer, 523 U. S. 303(1998). 该案件维持了一项规则，排除了军事法庭采用测谎证据。司法管辖区对测谎证据采取了不同的方法，并且趋向于明确排除[参见，State v. Blanck, 955 So. 2d 90,131(La. 2007)]，或在有限情况下采信(例如，当合同双方约定或以弹劾为目的)，State v. Domicz, 907 A. 2d 395(N. J. 2006); United States v. Piccinonna, 885 F. 2d 1529,1536(11th Cir. 1989). 新墨西哥州通常允许使用测谎证据。参见 N. M. R. Evid. § 11－707. 一般可参见 David L. Faigman et al. , Modern Scientific Evidence:The Law and Science of Expert Testimony § 40(2011).

[168] United States v. Scheffer, 523 U. S. 303,312－313(1998)，引用自 United States v. Barnard, 490 U. S. 907,912 (9th Cir. 1973).

[169] United States v. Scheffer, 523 U. S. 313(1998).

[170] 同上，第 314 页。

　　但是,尽管托马斯大法官的看法与我们的观点不同,尊重专家意见的问题仍然是所有专家证言的问题。[171]　虽然陪审员有可能高估神经科学证据,但是这可以公开质证,当前研究无法证实的事情,需要进一步测验。不存在先验的理由去相信陪审员评估神经科学证据的能力比之评估 DNA 证据或者其他复杂的科学证据的能力要差。高度可靠的 DNA 结果可能同样引起服从,然而陪审员仍然没有放弃他们的职责去决定可信度与是否犯罪。神经科学证据与目击证人的证言可信度会更直接地联系在一起这样的事实并没有导致证据有问题,尽管起初的一些抵制使法院变得更接受其他类型的专家证言,这些证言可以帮助陪审员评估证人证言。关于目击证人的身份[172]和虚假供述[173]的证词是两个突出的例子。像这些领域,当神经科学证据被正确解释时,可能帮助而不是篡夺(取代)陪审员评估证言的可信度——这样的辅助是专家证言的全部意图。[174]　即使一项高度可靠的神经科学测验也可能无法直接建立知识或者谎言。因此,陪审员仍将扮演他们传统的角色评估这一证据。同样的,高度证明力的 DNA 证据并不能取代陪审员传统的角色。在测谎方面,陪审员的评估应该考虑其他关键的可信度证据:(1)是否推翻检测结果(使检测结论不可能实现);(2)指出或分析检测可能存在的错误(将已知的错误率告知陪审团);(3)专家伪证的可能性等。这些评估,与其他案件中的证据一样,都将影响证据的证明力。根据上述评估,神经科学证据本质或其复杂性不能阻止陪审员充分地评估它的证明力。如果陪审团被正确地告知,没有理由认为证据会篡夺陪审团的权力,同样 DNA 证据或目击证人身份的证言和虚假的供认也不会。

　　最后,第三个实践问题涉及采纳证据的全部成本和收益。迈克尔·里

---

〔171〕　参见 Ronald J. Allen & Joseph S. Miller, The Common Law Theory of Experts: Deference or Education?, 87 Nw. U. L. Rev. 1131 (1993).

〔172〕　参见 Newsome v. McCabe, 319 F. 3d 301, 306 (7th Cir. 2003), ["尽管表明某个人偏离了常规(例如,特别容易受影响)的科学证据可能是非常宝贵的,但谨慎的做法是避免关于身份识别心理学这类的一般科学证据使刑事审判复杂化"]。

〔173〕　参见 United States v. Hall, 93 F. 3d 1337, 1345(7th Cir. 1996), "正是因为陪审团不太可能知道社会科学家和心理学家已经发现了一种人格障碍,会导致个人做出虚假的供词,证明这些证词可以帮助陪审团作出决定。当然,应由陪审团来决定奥夫舍(Ofshe)博士的理论可以受到多少重视,由陪审团决定是否相信奥夫舍博士关于霍尔(Hall)行为的解释,或者更为普遍的解释,即供词是真的"。

〔174〕　参见 Fed. R. Evid. 702; Allen & Miller,同本章注 171.

辛格（Michael Risinger）教授已经很清楚地提出任何种类的测谎都面临普遍的挑战。[175] 根据里辛格的说法，采纳可靠的测谎证据的实践结果可能对系统来说影响"巨大"，因为它会潜在地运用到所有案件的证人和当事人中，如果足够可靠，刑事被告人可能有宪法权利提出这样的证据。然而没有办法去先验地评判（可能产生的）巨大影响是否会更好或更坏。[176] DNA 证据带来巨大的但更好的影响。而且，广泛的运用可能意味着广泛的进步。当各种潜在的问题集中到里辛格的考虑中时，如果证据变得足够可靠，那么关键的实践问题将包含如何将这一证据有效地整合到系统中。

本章的讨论已经聚焦于脑测谎的自愿使用。一个额外的重要问题涉及这种证据的强制使用。我们会在第六章中讨论这个问题。在下一章中我们聚焦于几个涉及神经科学和刑法原理的问题。

---

〔175〕　参见 D. Michael Risinger, Navigating Expert Reliability: Are Criminal Standards of Certainty Being Left on the Dock?, 64 Alb. L. Rev. 99, 129－30(2000)，认为测谎证据的可采性会对诉讼产生"极大的"实际影响。

〔176〕　如果此证据比其他提交的替代证据更具证明力，那么这些变化可能会更好。参见 Schauer，同本章注 1；Schauer，同本章注 17.

第五章　刑法原则

神经科学可能改变刑法,并且这种可能性已经涉及为刑事诉讼提供结构和内容的各个重要的原则问题。在前一章中,我们探讨了一个具体的证据问题——测谎——在刑事和民事诉讼以及在非诉讼领域中可能实现广泛的应用。在本章中,我们将仔细探讨几个额外的原则问题,这些问题是一些学者认为神经科学可能会改变刑法所涉及的问题。在随后的两章中,我们将讨论的各种问题分别涉及宪法性刑事诉讼程序(第六章)以及拟将破坏刑法所依赖的哲学基础的刑罚挑战(第七章)。

规范刑事责任的原则可以分为三个主要问题。第一,这些问题包括是否被告有自愿行为("犯罪行为"构成要件)。第二,构成刑事责任特别要求有自愿行为的被告同时具有某种伴随性的精神属性,例如,意图、明知或轻率("犯意"构成要件)。第三,某些条件可能使其他构成前面两个条件下的刑事责任的行为具有正当理由或得到免责。一些学者认为,神经科学证据可能有助于这三类中的每一类。我们依次对每一类展开讨论。对于每一类,我们首先概述基本的原则要求,然后我们将解释在构成和支持该原则中心智所扮演的角色,最后,对于关于脑的证据如何能够影响这些原则问题的各种主张,我们将给予评价。

一、犯罪行为

被告的自愿行为是刑事责任的构成要件。这个基本原则类别指"犯罪行为"(actusreus,或 guilty act)构成要件。包括美国《模范刑法典》(*Model Penal Code*)在内的现代刑法从犯罪行为类别中排除了:身体动作,例如,反射、抽搐以及梦游；在被催眠状态下的行为；不是"行为人的主观尝试或决定的结果"的其他动作。[1]

自愿行为这个构成要件取决于"自觉意志"的身体动作与不自觉意志的身体动作之间的区别。[2]这一行为在两方面取决于精神：在某种程度上，身体动作必须是有意识的，并且在某种程度上必须是希望实施的。这两个方面依赖于差别相对微小的概念。举例来说，构成该罪犯的自愿行为所需的意识类型不要求被告在实施行为过程中仔细考虑其行为（或仔细考虑其行为的目的）。[3]在交通中某人变更车道是刑法意义上的自愿行为，即便当时其不是有意识地仔细考虑正在实施的行为或正在行驶的车道。[4]然而，要构成自愿性需要某种明知或注意，它将变更车道的驾驶人与梦游、受到催眠或处于被改变的意识状态中的人区别开来。这种"希望"取决于"控制力"概念。[5]对某人行为的最低水平的控制力将构成刑法意义上的"自愿性"。就

―――――――――

〔1〕《模范刑法典》§2.01。另外参见 People v. Newton, 8 Cal. App. 3d 359 (1970)，被告在开枪时的身体动作被判为不是自愿的行为，是无意识的；Gideon Yaffe, Libet and the Criminal Law Voluntary Act Requirement, Conscious Willand Responsibility, 192 (Walter Sinnott-Armstrong & Lynn Nadeled., 2011)，法律没有提供这类所涉意识的实证描述，相反，仅提供了缺少相关类别的意识的情形列表：反应、催眠和梦游症。

〔2〕 Larry Alexander, Criminal and Moral Responsibility and the Libet Experiments, Conscious Willand Responsibility, 同上注，第204页，指"有意识地希望的身体动作"作为"刑事和道德评价的主要单位"。

〔3〕 将自愿行为与其他身体动作分开的精神部分被特别称为"意志"。对于意志以及它们与刑法的关系的综合哲学分析，参见 Michael Moore, Act and Crime: The Philosophy of Action and its Implications for Criminal Law, 113−165 (1993)。另外参见 Yaffe, 同本章注1，第190页，"意志最好被看成是实施中的精神状态：它扮演着在身体运动中实现其他精神状态（如意图）所规定的计划和目的的作用"。对于构建"意志的"分析的一些概念假设的哲学批判，参见 P. M. S. Hacker, Human Nature—The Categorical Framework, 146−160(2007)。

〔4〕 在这一部分中出现的困惑可能部分来自对"有意识的""有意识地"和"无意识的"这些词的不同理解，以及有意识的—无意识的并不总是一分为二的事实。某人在开车时没有意识自己的身体动作的事实不意味着该人是在无意识的状态中开车。参见 Michael Pardo & Dennis Patterson, More on the Conceptual and the Empirical: Misunderstandings, Clarifications and Replies, 4 Neuroethics 215 (2011)。关键的区别是及物使用（意识到某事，或某事是这样的）与非及物使用（一方面类似于醒着的和警觉的，或另一方面类似于睡着的、被麻醉的和在其他方面"神志不清的"）之间的区别。两种情况均有临界个案。要了解相关讨论和分析，参见 M. R. Bennett & P. M. S. Hacker, Philosophical Foundationson Neuroscience, 239−260 (2003)。类似的问题适用于"自愿的"和"不自愿的"。某人的行为不是自愿的事实并不一定意味着其正在不自愿地实施行为。

〔5〕 这两个概念——有意识的和有意志的——在刑罚的行为的构成要件的讨论中通常没有区分清楚。我们之所以对它们加以区分的原因是它们使得行为要求以不同的方式依赖于精神，从而提供了身体动作可能无法纳入该原则性类别的两个不同的原因。

此最低水平而言,构成自愿行为所需的控制力类型取决于某类双向能力:行为人不仅具有实施行为的能力,还具有克制不实施该行为的能力[6]。只要被告知晓其正在发出身体动作的事实并且对此具有控制力,则具体对于这个类别而言,可能已经引起某行为的各种意图或其他精神属性是无关的[7]。痉挛、反射、被推或跌倒是超出该原则类别范围之外的动作种类[8]。这些类别中的被告不具有克制不实施此等行为的能力,因此,根据刑法,他们对这些动作不负责任。

被排除在自愿行为的原则类别之外的这些例子揭示出神经科学可能通过几种方式对犯罪行为问题做出贡献。关于脑的证据可能能够证明这个问题,如果作为一个实证问题,通过证明被告缺少最低水平的意识或他们缺少构成刑法意义上的自愿行为所需的控制力,则它能够与上面讨论的两个特征之一一起发挥作用。我们需要记住这样几个例子:患有外来手综合征(alien hand syndrome)的被告对其手臂或手的动作没有足够的控制力,从而不构成自愿行为[9]。即便被告对手的动作有意识,或知晓手的动作,但是,如果此动作不受被告的控制,则不构成自愿行为[10]。同样,患有"利用行为"(utilization behavior)的类似综合征的被告可以在所及范围内抓住物体并且以他们通常的方式使用它们,但是,这个动作是在"不适合的"时间实施的[11]。例如,某人可能拿起并戴上一副眼镜,即便他已经戴着另一副眼镜,或某人在一家商店里拿起一支牙刷随即开始刷牙。驱使实施此等方式的行为的冲动可能不受被告的控制[12]。在这些例外类型的案例中,神经科学证

〔6〕对于如何进一步区分自愿行为的(不同的)哲学分析,参见 Bennett & Hacker,同本章注 4,224-235;参见 Moore,同本章注 3;Yaffe,同本章注 1,追寻洛克(Locke)的作品中的不同概念。

〔7〕参见 Moore,同本章注 3,173 页;Yaffe,同本章注 1。

〔8〕参见《模范刑法典》§2.01(2)。

〔9〕Petroc Sumner & Masud Husain,At the Edge of Consciousness:Automatic Motor Activation and Voluntary Control,14 Neuroscientist 476 (2008).患有外来手综合征的患者表现为肢体的不自愿动作。他们的手可能抓住附近的物体,甚至其他人,并且很难松开它们。

〔10〕同上,第 477 页。当患者完全知晓此等动作时,一些作者更愿意将肢体称为无规律的肢体,而不是外来的肢体。

〔11〕同上,患有"利用行为"的人可能难以抗拒使用他们所及范围内的物体的冲动,即便不需要这个物体。

〔12〕同上。

据可以提供证明某被告患有这些综合征或类似综合征的有证明力的证据。例如,MRI 扫描可以发现损伤,fMRI 扫描可以发现与这些条件有关的神经活动模式[13]。本质上说,对于某被告是否具有使其行为不构成自愿行为的条件(根据刑法原则来区分),只要神经科学能够提供诊断证据,则神经科学信息将是有证明力的证据[14]。

然而,对于影响犯罪行为的神经科学的使用还存在着重要的概念限制。由于认识到这些限制,对于那些更强烈地认为神经科学具有全面变革原则问题的彻底力量的主张,我们持有异议。赞成这种观点的最明确和最详细的建议出自黛博拉·迪诺(Deborah Denno)。迪诺教授认为,"对意识的神经科学研究"[15]——主要依据本杰明·李贝特(Benjamin Libet)的成果[16]——对于自愿行为和非自愿行为之间的原则性区别而言,"确认明显没有合理的科学依据"。[17] 她的论点不仅涉及将研究的实证结果应用于刑法中,并且还涉及实证结果、"自愿的""不自愿的"和"非自愿的"这些概念以及原则性类别之间的概念关系。如果这些概念关系被正确理解,则实证结果绝不会破坏现有的法律体制,这一点很明确。

---

〔13〕 外来手综合征与"内侧大脑额叶的局灶性损害有关,内侧大脑额叶是补充活动区域,有时与胼胝体有关";"它也可能在大脑的右半球中的后部血管损害后发生";并且它可能由神经变性疾病造成。引自 I. Biran & A. Chatterjee, Alien Hand Syndrome, 61 Archives Neurology 292 (2004); E. Coulthard et al., Alien Limb Following Posterior Cerebral Artery Stroke: Failure to Recognize Internally Generated Movements, 22 Movement Disorders 1498 (2007); R. Murray et al., Cognitive and Motor Assessment in Autopsy-Proven Corticobasal Degeneration, 68 Neurology 1274(2007)。
利用行为综合征与"辅助运动区(SMA)、前辅助运动区、扣带回的运动区"中的"额叶病变有关"。Sumner & Husain,同本章注 9,第 477 页。引自 F. Lhermitte, Utilization Behaviour and Its Relation to Lesions of the Frontal Lobes, 106 BRAIN 237 (1983); E. Boccardi, Utilization Behaviour Consequent to Bilateral SMA Softening, 38 Cortex 289 (2002)。
〔14〕 然而,具有这样的条件并不一定是无罪的,例如,如果被告事先知晓,仍无视所产生的风险。
〔15〕 Deborah W. Denno, Crime and Consciousness: Science and Involuntary Acts, 87 Minn. L. Rev. 269, 320 (2002).
〔16〕 参见 Benjamin Libet, Mind Time (2004); Benjamin Libet, Are the Mental Experiences of Will and Self-Control Significant for the Performance of a Voluntary Act?, 10 Behav. & Brain Sci. 783 (1997); Benjamin Libet, Unconscious Cerebral Initiative and the Role of Conscious Will in Voluntary Action, 8 Behav. & Brain Sci. 529 (1985)。李贝特的研究学术著作数量众多。要了解关于李贝特研究成果的性质和影响的优秀评论集,参见 Conscious Willand Responsibility,同本章注 1。
〔17〕 Denno,同本章注 15,第 328 页。

迪诺教授首先认为自愿行为涉及三个组成部分："(1)内部事件或意志；(2)外部事件，意志的物理表现；(3)内部和外部因素之间的因果联系。"[18]这些特征构成了关于自愿行为的概念主张——换言之，迪诺假定，当我们将动作描述成刑法意义上的"自愿性"行为时，我们正在挑出具有这些特征的动作。她坚持认为"希望的"动作是自愿行为的核心，通过这种方式详细地说明了这个概念主张，并且对这种特征做出了下列注释："换言之，人们在什么时间能够有意识地感觉到他们实施了自愿行为？"[19]正如迪诺理解的那样，这个问题是："在神经科学中的一些最强有力的研究"表明"无意识的"大脑程序"可能控制着人类如何对希望的行为做出决定"。[20] 我们对该论点做出如下总结：

1. 希望的行为是构成刑事责任自愿性的要件；

2. 内部的有意识的决定是构成希望的行为的要件；

3. 然而，关于希望的行为的决定是由"无意识"做出的；

（结论）因此，有意志的行为在某种意义上并不是真正自愿的，这使得它们与刑法所承认的不是自愿的行为区分开来。

为了证明这个论点，迪诺教授依赖了本杰明·李贝特等人创新的、有争议的试验。[21] 在这些试验中，被试者根据指令注视一束围绕一个钟表边缘旋转的光，并且在想弯曲手腕时弯曲手腕。被试者还根据指令在他们"先知晓弯曲手腕的意愿或意图"时根据指令记录钟表上的光的位置。在这个试验中，被试者由脑电图（通过头皮测量脑电活动）和肌电图（测量肌肉运动）监控。根据每名被试者以及来自几名被试者的多次弯曲动作的平均值，得出的主要结论是脑电活动——指"准备电位"——比引起手腕弯曲的肌肉运动开始时间早了约 550 毫秒；以及"准备电位"比被试者报告的知晓动作的"意愿或意图"的时间早了约 350 毫秒。因此，这个因果链显然是从准备电

---

[18] Denno，同本章注 15，第 275—276 页。

[19] 同上，第 326 页。

[20] 同上。

[21] 同本章注 16。文中接下来的部分是与 Denno 的论点有关的试验和发现的小结。

位开始到弯曲动作的意愿或意图结束。[22] 迪诺以下列方式对其依赖的试验和结果进行了总结：

> 典型的李贝特试验（为了便于本文论述而做了相当程度的简化）过程如下：李贝特通常要求被试者在想要移动手部时移动手部，同时他测量他们的脑电活动。通过脑电图记录，这项工作几乎可以达到毫秒精度。李贝特发现，被试者与动作有关的脑冲动开始的时间比他们报告的有意识地知晓此等动作的"意图"的时间早了约300～350毫秒，也就是约1/3秒。从本质上讲，在他们的大脑中动作计划区域开始活跃的时间比被试者知晓希望实施行为的时间早1/3秒。根据李贝特等人的观点，被试者做出移动手指或手腕的决定必须源自无意识，并且对该人而言有意识的希望的时间晚了1/3秒。[23]

迪诺声称，"意识逐渐演变，从无意识开始，朝着前意识状态变化，一直变成稳定的意识状态"，并且"似乎两种处理方式（意识和非意识）是源自准备电位的整个大脑反应"，这是"目前已经接受的"观点（基于该研究）。[24] 她断言，"对于自愿行为和非自愿行为的刑法区别而言"，李贝特的研究"确认

---

[22] 尽管这种因果关系的可能性与数据一致，但是，这不是解释这个结果的唯一方法。准备电位与有意图的行为之间的关系引出了大量的概念问题，不仅决定于实证结果，并且还决定于如何理解和区分"意图""有意识的知晓""希望"和其他精神特征的概念。为了说明将李贝特的实证发现与自愿行为问题相联系的基本概念问题的讨论——每个均否定准备电位造成身体动作成为非自愿动作的推论，参见 Moore，同本章注3；参见 Michael Moore，Libet's Challenge(s) to Responsible Agency，Conscious Will and Responsibility，同本章注1；Alfred R. Mele，Effective Intentions：The Power of Conscious Will（2009）；Bennett & Hacker，同本章注4，第228-231页。

[23] Denno，同本章注15，第326-327页。Denno还建议，在该试验中的动作可能类似于被告在开枪时的动作。同上。Stephen Morse 提出了异议：
李贝特的工作涉及了"随机的"手指活动，此等手指活动没有任何审慎，亦没有针对相关特定活动的理性动机。这与刑法或道德的行为问题完全不同，刑法或道德的行为问题应对的是有充分的理由克制不伤害其他人或仁慈地行事时有意图的行为。事实上，关于李贝特的理论框架是否基本上代表了有意图的行为目前已经成了一个等待解决的问题，因为李贝特的试验中采用的行为都是一些不重要的行为。
Stephen J. Morse，Determinism and the Death of Folk Psychology：Two Challenges to Responsibility from Neuroscience，9 Minn. J. L Sci. & Techi，30（2008）。

[24] Denno，同本章注15，第328页。迪诺指出，有意识的精神可能仍然在行为人知晓意图的时间与行为时间之间的"150—200毫秒"中有"否决权"。这可能会减少自愿行为，类似于决定是否抑制你感觉将发生的打喷嚏或咳嗽。

没有合理的科学依据"[25]。

这个论点存在两个概念问题。每个问题本身就足以推翻这个结论；两个问题共同揭示了假定的自愿性概念难以令人信服。首先，构成自愿行为的要件中不包括在身体动作之前发生的实施行为的"内部程序"或"有意识的决定"的"感觉"。[26] 如果构成自愿行为的要件中确实包括了此类"内部的"有意识的决定，则这可能会导致无限回溯：自愿行为可能依赖于内部决定，并且此等决定本身可能依赖做出最初决定的之前的内部有意识的决定，等等。[27] 这样的荒谬性说明，该自愿行为构成的概念是错误的。动作之前发生的内部有意识的决定，或做出此等决定的"感觉"（无论可能是什么），在普通法原则和刑法原则中，既不是自愿行为的必要条件，也不是充分条件。[28] 一方面，人们可以自愿地移动（例如，电话响起时接听电话，在键盘上输入某句话，或在交通中变更车道），但在移动之前的数毫秒没有"感觉"或有意识地感受到决定、冲动、欲望或意图。另一方面，在移动之前的感觉、体会或有冲动、欲望或意图不构成自愿行为。例如，某人在打喷嚏或咳嗽之前可能感受到了冲动或欲望，但是，因这些感受发生的打喷嚏或咳嗽不是自愿行为。如果构成自愿行为的要件中不包括动作之前的内部有意识的决定或决定的"感觉"，则从无意识的脑活动到内部决定，再到希望的动作的推论不能成立。由于此等推论依赖于内部决定所需的因果作用，该推论无法完成。这个自愿性概念难以令人信服——原则的自愿性要求没有假设实施行为的

---

〔25〕 Denno，同本章注 15，第 328 页。

〔26〕 对有意识的知晓与自愿性之间联系的研究可追溯至洛克，Gideon Yaffe 详细解释了"有意识的知晓"的"薄的"和"厚的"概念。参见 Yaffe，同本章注 1，第 196 页。薄的概念仅要求某人的身体动作受精神事件的指导；厚的概念要求不仅知晓自己的身体在运动，还知晓"有关身体动作的精神诱因的其他事情"。请注意，Yaffe 主张的当前原则中证明的厚的概念不要求在动作之前内部的感觉或决定。也可以参见 Hacker，同本章注 3，关于提供概念化的自愿行为的主要方法的简要历史哲学概述，包括洛克的学说。

〔27〕 Gilbert Ryle 在 The Concept of Mind（1949）中提出过针对内部"希望"行为的类似"回归"反对。正如 Michael Moore 指出的那样，根据 Ryle 的反对观点，存在几种可能的方式，但是当就之前的精神活动解释行为时此等反对仍然有分量。参见 Moore，同本章注 3，第 116 页。就重复的希望精神活动而言，要定义像移动自己的手之类的行为，从本体论的角度看，该动作似乎是一种昂贵的方法，获得的利润几乎没有，因为这个行为仍然没有做出解释。

〔28〕 这些结论是概念性的观点，即在普通的谈话和法律原则中使用的"自愿的"概念，不包括内部感觉或决定。这些概念性的观点没有假设针对所有自愿性的行为存在必要条件和充分条件，也没有假设概念拥有明确的边界，并且避免临界案例。为了进一步详细阐述自愿行为的基本概念，参见 Bennett & Hacker，同本章注 4，第 228—231 页。

内部有意识决定所需的因果角色。

第一个概念问题涉及自愿性与实施行为的有意识的决定（或此类决定的感觉）之间的联系。第二个概念问题涉及脑活动与自愿行为之间的关系。在这种情况下，有问题的推论性飞跃又向后迈出了一步：从脑活动到有意识的行动决定。根据这个概念，自愿的"希望的"行为源自脑做出的"选择"（"无意识"）；此等选择引起"决定"从而造成实施行为的内部有意识的决定（或此等行为的感觉），然后它引起"希望"的动作，从而构成自愿行为。[29]

将"决定"和"选择"归属于脑是部分性谬误的例子。[30] 脑不是做出决定和选择的那个人内部的代理——此类决定和选择是促使该人针对做什么而做出的内部的和有意识的决定和选择。身体动作实施之前的脑活动（李贝特试验所证明的）不会使该行为构成非自愿行为。由于自愿性不依赖于某决定是否先于准备电位，因此，无法得出该结论。总的来看，李贝特试验没有破坏自愿行为和非自愿行为之间的区别或在犯罪行为原则中出现的区别。事实上，脑活动伴随着（并且可能早于）自愿行为，这一点并不意外；然而，这并不破坏行为人的控制力。[31] 一方面，该试验中被试者的动作之间有着明显的差异；另一方面，患有一些疾病，如外来手综合征、癫痫、梦游症的人以及被推或跌倒的人之间亦有明显的差异。

---

〔29〕 参见 Denno，同本章注 15，第 327 页。注意李贝特的结论"说明人们无法控制他们的思想"，因为当人们知晓"他们想做某事的时候……决定已经由更低水平的大脑机制做出"。

〔30〕 在第一章中我们更深入地讨论了这个问题。有关刑法中行为构成要件的类似观点，参见 Moore，同本章注 3，第 132—133 页，认为意志发生在个体层面，而不是亚个体层面。Moore 指出，从纯哲学上证明精神状态发生在亚个体层面是有用的，只要"当我们能够使用字面描述代替暗喻时抛弃虚伪……可能使得我们整个人拥有相信、欲望和意图的状态"。

〔31〕 将脑活动与精神特征分开会引发一些关于如何将每个组成部分个性化的概念性问题。然而，根据精神特征的貌似可行的说明，它们与精神活动之前的、同时发生的和随后的脑活动相一致。参见 Moore，同本章注 23，第 29 页，之前的脑电活动不意味着意图性没有扮演因果关系的角色。准确地说，脑电活动不是精神状态，例如决定或意图。准备电位不是决定。Larry Alexander 对脑活动和行为决定提出了有趣的观点：

"人们也应该注意职业篮球运动员必须在比李贝特试验中描述的更短时间内做出是否摆动的动作。在不少于 60 英尺远的距离投出速度为每小时 90 英里的篮球，在出手的那一刻必须在半秒内做出评估和反应。另一方面，我怀疑是否真能发现在球被投出之前的那一刻投球运动员的脑活动在增加。"

参见 Alexander，同本章注 2，第 206 页。

我们承认迪诺的存在边缘案例的观点。[32]也许更公正的法律可能承认此类中间的案例而不会强行采用明确的二分法,但是,对于法律而言必须明确这个界限。[33]然而,我们认为,对于错误地相信李贝特的试验歪曲了自愿行为与非自愿行为之间的任何"一贯的区别"的观点,如果法律以某种方式努力实践这种观点,则会存在更多的问题。这种错误的观点源自关于自愿性要求的不合逻辑的概念假定,而不是源自李贝特研究的实证结果。

二、犯罪意图

刑事责任的第二个主要原则类别是犯罪意图(或"犯意")。刑事责任特别要求被告的犯罪行为(或自愿行为)伴有犯罪精神属性。虽然,犯罪行为和犯罪意图的要求偶尔可以宽泛地描述成构成刑事责任的"身体"和"精神"部分[34],基于上述讨论的原因,还存在犯罪行为的精神方面。与犯罪行为有关的精神方面指被告是否对其身体动作具有控制力,而犯罪意图解释被告为什么做出相关身体动作的精神状态,如果是出于自愿,那么他的行为是出于什么意图、目的、计划、知识、愿望或者信仰?[35]同样的行为可能是刑事犯罪行为,也可能不是刑事犯罪行为,这取决于伴随的精神状态。例如,实施自愿身体动作的晚餐宴客的主人为其客人提供了有毒的葡萄酒,如果她无意向他们下毒并且不知道酒里有毒(也没有其他的犯罪精神状态),则该女主人可能是无罪的。[36]如果这个女主人蓄意向客人下毒或知晓酒里有毒,

〔32〕　迪诺提供了许多解释性的例子,在这些例子中,对于"半自愿"行为的第三个原则性类别可能是适合的。

〔33〕　参见 Leo Katz,Why the Law is so Perverse;Adam Kolber,Smoothand Bumpy Laws,102 Cal. L. Rev. ,http://ssrn. com/abstract=19920345。

〔34〕　参见 Teneille Brown ＆ Emily Murphy,Through A Scanner Darkly:Functional Neuroimaging as Evidence of a Criminal Defendant's Past Mental States,62 Stan. L. Rev. 1119,1128 (2012),美国刑法的主流观点是将精神状态和身体行为区分开,因此自愿行为(犯罪行为)和犯罪心理(犯罪意图)具有各自的构成要件也很好地体现了这点。Karen Shapira-Ettinger,The Conundrum of Mental States:Substantive Rules of Evidence Combined,28 Cardozo L. Rev. ,2577,2580(2007). 认为刑法原则将行为和精神状态的分离假设了基于笛卡尔二元论的"模糊的纯哲学的"区别。

〔35〕　当前的原则和学术文献将犯罪意图的精神属性称为"精神状态",我们沿用这种观点。要了解犯罪行为所需的精神状态的讨论,参见 Yaffe,同本章注 1(讨论"实施中的精神状态");Moore,同本章注 3,第 173 页,"但是,注意行动所需的故意——移动自己的肢体的故意——不同于犯罪意图构成要件中说明的其对象中的故意"。

〔36〕　这些潜在有罪的精神状态可能包括主人的鲁莽或疏忽行为。

则同样的自愿身体动作满足了承担刑事责任的条件。在刑事诉讼中对犯罪行为的质疑相对很少，而对犯罪意图的质疑却是司空见惯。因此，如果神经科学能够影响或改变犯罪意图原则，则神经科学对刑事审判的日常活动的潜在影响可能更显著。

刑法典特别描述了四个基本的犯罪意图类别：故意（或意图）、明知、轻率和疏忽。[37] 此外，具体的刑法详细规定了特定罪行或犯罪类型所需的类别。[38] 尽管在某些情况下，许多错综复杂的教义使这些类别成为艺术术语，[39]但是在许多情况下，教义类别沿用了更为日常的普通心理学的概念，如意图、知识、信仰等。[40] 具有广泛影响力的《模范刑法典》沿用了这四种分类法。[41] 根据《模范刑法典》，当被告实施具体行为或造成某具体结果时是其"有意识的"，则该被告属于"故意"（即，带有意图）。[42]"明知"取决于如何定义犯罪行为。当某犯罪行为的要素包括被告的行为是否具有特殊性质，或存在特定情形，如果"他知晓他的行为具有该性质或存在此等情形"，则该被告属于故意。[43] 如果从结果方面来定义犯罪行为，例如，"造成他人的死

---

〔37〕 参见 Francis X. Shen et al. ，Sorting Guilty Minds，86 N. Y. U. L. Rev. 1307－1308 (2011)；Paul H. Robinson & Jane A. Grall，Element Analysis in Defining Criminal Liability：The Model Penal Code and Beyond，35 STAN. L. REV. 681 (1983)。在确定被告的精神状态的事实问题时，陪审员和法官有时要对被告的有罪性和责任进行一般的规范性评估。尽管这是犯罪意图（"犯意"）要求扮演的传统角色，但是，详细的刑事法典和法律的发现已经将这些确定工作降低到了一个背景角色，（如果需如此）而支持更准确的原则性类别。要了解对此等发展的尖锐批判，参见 William J. Stuntz，The Collapse of American Criminal Justice，260 (2011)，从传统上说，（犯罪意图）法律需要被告犯罪证据，并且被告在犯罪时其精神状态是应受谴责的精神状态。美国法律中仍存在早期事态的某些痕迹……但是，在大多数情况下，"不合法的意图"这一概念……随着委员会一同消逝。斯图兹认为关于犯罪意图的更详细的法典般的规定有可能帮助"公诉人起诉更多的被告……并且引起更多的被告犯罪"。

〔38〕 当某法律没有提及犯罪意图时，法庭有时会在该法律中加入犯罪意图要求。参见 Morissette v. United States，342 U. S. 246 (1952)，将犯罪意图解释成犯罪的一项构成要件。

〔39〕 可参考最近一篇有启发性的文章，Kenneth W. Simons，Statistical Knowledge Deconstructed，92 B. U. L. Rev. 1 (2012)。我们撇开我们讨论中提及的这些原则复杂性。

〔40〕 参见 Morse，同本章注 23。有时修改术语的原则性和陪审团指令（例如，"明知"）使得有些术语偏离了普通的概念。参见 Pattern Criminal Federal Jury Instructions for the Seventh Circuit，§ 4. 10，50 (2013)，可在线查看：http：// www. ca7. uscounts. gov /Pattern_Jury_Instr /7th_criminal_jury_instr. pdf。包括在"明知"的定义中："如果你无可置疑地发现（被告）具有重大嫌疑（事实确凿）并且他蓄意回避这个事实。"

〔41〕 《模范刑法典》§ 2. 02；Robinson & Grall，同本章注 37。另外参见 Kenneth W. Simons，Rethinking Mental States，72 B. U. L. Rev. 463 (1992)。

〔42〕 《模范刑法典》§ § 2. 02(2)(a)—(b)。

〔43〕 《模范刑法典》§ 2. 02 (b) (i)。

亡"，当"他知晓他的行为将肯定造成此等结果"，则该被告属于故意。[44] 如果被告"有意识地忽视重要的和不妥当的风险"，则属于轻率的行为；如果该被告"应该知晓重要的和不妥当的风险"，则属于疏忽的行为。[45] 轻率和疏忽均取决于该被告"已知的情形"。

虽然刑事责任要求根据这些类别对精神状态进行分类[46]，但是，在构成各类精神概念之间存在着许多重叠。例如，"明知"在这四类的每一类中都发挥着作用。甚至当犯罪没有主观要件那样明确地使用"明知"来定义犯罪，而是从故意（意图）、轻率或疏忽方面定义了犯罪，确定犯罪意图仍然依赖于对被告"明知"的判断。在某些情况下，被告在知道特定事情的来龙去脉的情况下"蓄意"或"故意"行事。例如，某人知道某财产属于其他人而蓄意或故意行窃。[47] 如果某被告认为他拿了别人的雨伞，但是被告错了（例如，那把雨伞是他的雨伞）；或错误地拿了别人的雨伞，而他相信这把雨伞是他自己的，在这种情况下他没有盗窃。同样，对某被告是否"轻率"或"疏忽"行事的判断可能取决于在其实施行为时他"已知的情形"。[48]

一直以来，关于神经科学对法律的潜在变革作用的观点主要集中在犯罪意图问题上以及该学科能否揭示被告的行为是否带有刑事责任所需的

---

〔44〕 《模范刑法典》，§2.02 (b) (ii)。

〔45〕 同上，§2.02 (c)—(d)。轻率和疏忽均包括规范性成分，该成分由被告的行为是否造成与适用的谨慎标准之间的"较大偏离"来决定。

〔46〕 同上，§2.02；Robinson & Grall，同本章注 37。

〔47〕 同上 §223.6，如果某人在知情情况下收取、保留或处置其他人的被盗动产的，该人即实施了盗窃。

〔48〕 同上，§2.02 (c)—(d)。这四个类别以多种不同方式相互作用。参考最近的一个关于轻率问题也能解释明知和目的要素的论点，参见 Larry Alexander 和 Kimberly Kessler Ferzan (with Stephen Morse)，Crime and Culpability—A Theory of Criminal Law，31—41 (2009)。另外参见 Leo Katz，Bad Act and Guilty Minds，188 (1987)，在明知的行为和故意行为之间存在三个重要的差别。但是在具体的案子中，出于概念的原因，而非证据的原因，这种差别很难分辨，陪审员使用这些类别的方式是否匹配或偏离原则边界的问题更具复杂性；Pam Mueller，Lawrence M. Solan & John M. Darley，When Does Knowledge Become Intent? Perceiving the Minds of Wrongdoers，9 J. EMP. LEGAL STUD. 859 (2012)。

有罪的精神属性上。[49] 该学科可以通过三种不同的方式与犯罪意图相互作用。

首先，基于神经科学的测谎可能声称提供了被告在回答关于之前的精神状态的问题过程中是否说谎或他是否"明知有罪"或具有犯罪记忆的证据。[50] 这仅仅是上一章中我们探讨的同样问题在犯罪意图的原则中的应用。因此，通过测谎将神经科学证据用于证明某被告的精神状态，我们在本章中说明的概念限制便适用于此。

其次，通过提供被告是否具有必要的控制精神状态能力的证据，神经科学可以揭示该被告在实施行为时是否具有特别的精神状态。很明显，如果被告缺乏构成某类精神状态的基本能力(并且在该犯罪发生时缺乏此等能力)，则否定了该被告具有该种精神状态。在相当大的程度上这个能力问题与精神病辩护重叠。尽管犯罪意图和精神病之间有重叠，它们明显是原则问题，任何一个都不必然包括另一个。[51] 当被告符合某司法管辖区域的精神病司法检测标准时，其可能在犯罪发生时仍然具有必需的犯罪意图(举例来说，被告可能一直患有精神病，但是，他仍然蓄意杀害受害人)；未通过精神病检测或能力不足的被告可能并不具有必需的犯罪意图。然而，这些问题的重叠引起了许多复杂的原则和程序问题，为了清晰起见，我们将在下一部分中对涉及犯罪意图的神经科学的可能应用进行更深入的讨论，并且还分析与精神病辩护有关的原则问题。

---

〔49〕 对于神经科学将对犯罪意图问题做出重大贡献的讨论，参见 Denno，同本章注 16；Brown & Murphy，同本章注 34；Eyal Aharoni et al. , Can Neurological Evidence Help Courts Assess Criminal Responsibility? Lessons from Law and Neuroscience, 1124 Ann. N. Y. Acad. Sci. 145 (2008)；Erin Ann O'Hara, How Neuroscience Might Advance the Law, Law & The Brain (Semir Zeki & Oliver Goodenough ed. , 2006)；另外参见 N. J. Schweitzer et al. , Neuroimages as Evidence in a Mens Rea Defense: No Impact, 17 Psychol. , Pub. Policy & Law 357 (2011)，模拟陪审员的研究发现"神经影像证据影响陪审员判断的程度不如口头的基于神经科学的证言"……(但是)"神经科学证据比临床心理学证据更有效"。

〔50〕 参见第四章。O'Hara 教授举了一个额外的例子，使用神经科学将欺骗(从而可认定欺诈)与自欺(从而不是欺诈)相区别。参见 O'Hara，同本章注 49，第 28—29 页。她假设神经科学可能揭示意图、明知和轻率，因为这几项中的每一项都要求被告"在实施行为时有意识地知晓其行为及其伤害"。

〔51〕 要了解精神障碍证据如何与其他原则问题相互作用的优秀文章，参见 Stephen Morse, Mental Disorder and Criminal Law, 101 J. Crim. & Criminology 885 (2011)。

最后,如果我们撇开测谎形式和基于精神疾病或精神缺陷(或其他可豁免的精神状况)的积极辩护,建议就犯罪意图使用神经科学的第三种可能性则更令人头疼。这个建议的内容是有关脑的证据可能表明该被告是否在犯罪发生时具有某种特别的精神状态。有关这种建议的详细信息还很含糊,并且所建议的神经科学信息与特殊的精神状态之间的关系尚不明确。尽管如此,在许多案例中被告已经尝试在犯罪意图问题上引入有关他们脑的证据[52],一些专家已经提供了(并且继续提供)服务[53],别的学者同样已经注意到了这些可能性。[54]

有许多实证的困难需要得到解决,以便将脑成像证据与犯罪发生时被告的精神状态相联系。[55] 最明显的困难是,无法在实施犯罪过程中对被告进行脑部扫描(除非是伪证罪或基于虚假陈述的其他犯罪),因此,根据这种观点的应用将特别需要从当前的神经数据推导出过去的精神状态。正如神经科学和精神病学教授海伦·梅贝格(Helen Mayberg)指出的那样:"与脑结构或功能有关的任何数据无法与犯罪之时同步,因此是无意义的。"[56]然而,即便解决了这些困难,与脑有关的当前信息与特殊精神状态之间的实证差距仍然过大,从而无法推导出被告是否具有某特殊精神状态的结论。通过对文献资料的研究,梅贝格断言"按照我们目前的知识水平,从任何当前公布的扫描方案得出的数据难以……就特定时刻被告是否蓄意做出推论"[57]。然而,为了便于随后的讨论,我们姑且认为这些实证的困难能够解决,并且我们能够知晓与被告实施犯罪行为时脑活动的大量信息。我们不

---

〔52〕 参见我们在第四章中讨论的测谎案例。另外参见 Brain Waves Module 4:Neuroscience and the Law (Royal Statistical Society, 2011),可在线查看:http://royalsociety. org /policy /projects /brain-waves /responsibility-law /,提供了 843 个意见和 722 个案例,均涉及美国刑事被告提供了神经学证据的情形;参见 N. J. Schweitzer et al.,同本章注 49,提及神经科学证据对犯罪意图的可能效力。

〔53〕 参见 http://www. cephoscorp. com /;http://www. noliemri. com /。

〔54〕 同本章注 49。Denno 教授还认为,与犯罪行为一样,神经可能驱使我们对如何定义故意(意图)和明知的构成要件进行反思。参见 Denno,同本章注 15。

〔55〕 关于对大量实证问题的详细和有启发性的研究,参见 Brown & Murphy,同本章注 34。

〔56〕 参见 Helen Mayberg, Does Neuroscience Give Us New Insights into Criminal Responsibility?, A Judge's Guide to Neuroscience: A Concise Introducion, 37, 38 (Michael S. Gazzaniga & Jed S. Rakoff ed.,2010)。

〔57〕 同上,第 41 页。

低估这门不断发展中的学科的尖端性或致力于解决这些问题的人们的创造力。

我们在这方面的贡献是概念上的。我们的重点放在犯罪意图的讨论中的大量疑难问题。理清这些问题将帮助描述神经科学如何能够就故意和明知问题为刑法原则做出贡献，它们在关于犯罪意图的神经法学讨论中是具有最突出特点的两个精神状态。即便我们知晓了被告在实施行为时的神经活动的详细信息，但是，假设我们将发现潜伏在此类精神活动中的故意或明知是错误的。将特殊故意和明知等同于脑状态，或将特殊故意和明知简化为脑状态的概念假设是我们在第二章中讨论的存在问题的神经简化论的例子。不应该将故意和明知归咎于脑状态，这是标准。阐明这些标准将有助于明确目前对脑与这些原则问题之间关系的理解，并且将影响未来的实证研究。我们首先讨论故意，然后再讨论明知。

如果某人能够控制他的行为（犯罪行为）并且出于特殊原因或为了特殊目的或计划而实施行为，则该人的行为属于故意或蓄意行为。[58] 一些概念区别辨析有助于阐明该类别。第一，故意的犯罪意图与自愿性之间的区别。自愿行为既可能故意或带有特定目的地实施，也可能故意或带有特定目的地不去实施。[59] 故意行为可能不是自愿行为，这也是合理的，例如，受到威胁或被强迫实施某些行为的人可能故意或有目的地实施行为，但是，他不是

〔58〕 区分意图性的一般特性与故意或意图的特殊精神状态是重要的。前者是一个哲学术语，指具有命题内容的普通精神状态（相信、希望、欲望、恐惧等）。相信正在下雨是有内容（正在下雨）的精神状态（相信）。有内容（关于某事或认为某个物体）的精神状态有时指哲学中的"意图状态"，具有意向状态的任何生物被视为体现着意图性。一些精神状态是故意或意图，其内容是该人试图随其行为带来的状态。一些人购买雨伞的意图可能是他走到商店实施动作的原因（或拟达到的目标）。除了其名词形式，故意或意图的含义也可以使用一个动词（"他意在达到目的"）、副词（"他有意错过"）或形容词（"这是他的故意违规"）来表达。要了解关于意图性的不同含义的综述以及它们在大众心理学解释中的角色，参见 Michael S. Moore, Responsible Choices, Desert-Based Legal Institutions, and the Challenges of Contemporary Neuroscience, 29 Soc. Phil. & Policy 233 (2012)。意图性与脑状态存在概念上的区别，尽管具有一个工作正常的大脑是实施活动所需的，它们构成一般的和特殊的意图性的可废止的标准。

〔59〕 例如，如果晚餐宴客主人在不知情的情况下在食物中放入了毒物，则该主人可能是自愿地实施身体动作，但不是故意在食物中下毒。

自愿实施行为。[60] 第二,我们能够区分"近端的(proximal)"和"远端的(distal)"故意。[61] 近端的故意指某人现在行动(例如,在李贝特试验中弯曲手腕)或继续行动的意图。远端的故意指某人计划在不久的未来或遥远的未来行动的计划。故意的犯罪意图问题特别取决于被告在犯罪行为过程中的近端故意,但是,远端的故意也是司法调查的对象(例如,对同谋案中的"计划"的证明,或谋杀案中的预谋的证明),远端的故意还可以提供近端的故意的证据。第三,无论近端或远端的蓄意是否可以由之前的明确审慎的推理所构成,它们可以直接从行为中获得证明,如某驾驶员在行驶中故意变道(近端的)的时候或我说"今天的晚餐我们吃印度菜吧"(远端的)的时候。第四,在认定某人存在故意的过程中,该人的言语或其他行为提供了该人故意的(可辩驳的)判别性证据。[62] 在某种程度上,我们通过说明该人的故意来解释其行为。[63]

故意不是大脑程序或内心感受,它们亦不是先于内在程序或感受的神经活动。[64] 它是将特殊类别的神经活动归为"故意"的部分性谬误(大脑状

---

〔60〕　例如,晚餐宴客主人可能故意在食物中下毒,但不是自愿行为(因为主人是在被强迫或受到胁迫的情况下这样做)。因此,该晚餐宴客主人的行为是故意的,但也是非自愿的。和"意图性"一样,"自愿性"还具有不同的含义。例如,一个人的行为不可能同时具备"意图性"和"非自愿性"。如果某晚餐客人的非自愿行为使得他掉了一个碟子,则他没有蓄意掉这个碟子(尽管一个人可以故意实施非自愿的行为)。对于这些概念的复杂性的综述,参见 Hacker,同本章注 3。

〔61〕　关于远端和近端故意的讨论,参见 Mele,同本章注 22。

〔62〕　可以通过发现能够解释一个人实施某行为的适当描述的方式确定其故意。参见 G. E. M. Anscombe,Intention II (1957)。要更清楚地了解这个观点,思考 Anscombe 的著名例子:同一行为可以描述成:(1)收缩肌肉;(2)上下移动手臂;(3)抽水;(4)补充房屋的供水;(5)毒死房屋的居民。Anscombe,Intention II,第37—45页。为行为人提供了动机的说明帮助确定其故意。这些解释常常包括行为人知晓的状态,但是,并不总是如此。关于意图的更多解释性讨论,参见 Michael E. Bratman, Faces of Intention (1999);R. A. Duff,Intention, Agency and Criminal Liability:Philosophy of Action and the Criminal Law (1990);Kimberly Kessler Ferzan,Beyond Intention,29 Cardozo L. Rev. 1147 (2008)。

〔63〕　有一种观点认为意图和明知是相互的另一面。它们中每个均涉及精神和物质之间的关系,但是,这些关系是反向运动的。要阐明这一点,思考 Anscombe 的购物者的例子,即,一名携带购物清单的购物者被一名侦探跟踪,这名侦探记下了购物者放在购物车中的所有物品。如果购物者的清单与购物车中的物品之间有差别,购物车中的物品有错误(无意图);如果该侦探的清单与购物车中的物品之间有差别,则侦探的清单上有差错(无明知)。参见 Anscombe,同本章注 62。

〔64〕　关于作为内在体验或感受的故意的特征描述,参见 Daniel M. Wegner, The Illusion of Conscious Will (2003)和迪诺,同本章注 15,第 326—327 页。参考 Bennett & Hacker,同本章注 4,第 103 页,家长可以怎样教孩子使用"意图";再次,不是让孩子识别内心的意图现象,然后命名它。不存在这样的内在现象——不存在"意图"的现象,不存在任何被称为"意图"的独特体验——"我打算"既不是任何"内心体验"的名称,也不是对其的描述。

态没有故意行事，而是人故意行事）的一个例子，同样试图确认某人的故意具有某种脑状态也是错误的。为了阐明故意不是脑状态，我们思考一下某人的陈述，"我打算做 X，并且 X 是不可能的"。[65] 例如，假设某人对我们说："我打算明天去抢劫银行，抢劫银行是不可能的。"他的意思并不明确。从字面上看，这句话没有意义，既打算实施某行动，又认为这个行动是不可能的。换言之，打算做 X 意味着（相信）实施 X 的可能性。由于这句话中的矛盾，我们尝试不通过字面的解释来搞清楚这句话的含义。也许他将试图抢劫银行，但顾忌被逮捕或在其他方面受阻，也许他并非真正相信抢劫银行是不可能的，而是认为抢劫银行的确很难。然而，假设具有故意仅仅是具有一种特殊的脑状态或神经活动模式。换言之，他抢劫银行的故意是他的脑处于一种特殊状态的事实。这时，这种矛盾将不复存在；如果被告这样说，"我的脑处于特殊状态，并且抢劫银行是不可能的"，按照该被告表面所说的来解释，该被告则是前后一致的。因为把脑状态和这项任务的不可能性结合起来是说得通的，但是，把故意和不可能性结合起来就没有意义，脑状态和故意是不同的。

现在谈谈"明知"，它是将脑活动归为"明知"的部分性谬论的一个例子，同样确认某人的明知具有某种脑状态也是错误的。归为明知的标准是言语和其他行为，而不是获得脑状态。[66] 例如，通过声明真命题和证据、发现和纠正错误并且根据已知的情况行事而证明明知。[67] 对于"明知"是"放在"或

---

〔65〕 Max Bennett & P. M. S. Hacker, The Conceptual Presuppositions of Cognitive Neuroscience: A Reply to Critics, Neuroscience and Philosophy: Brain, Mind and Language, 127 (2007).

〔66〕 这个说法适用于"知晓"（命题性知晓）和"知晓如何"（做某事）。关于这个区别，参见 Gilbert Ryle, The Cconcept of Mind (1949)。"知晓"和"知晓如何"之间的关系仍然是哲学探索和辩论的问题，有关这方面的最近的研究，参见 Jason Stanley, Know How (2011); Knowing How: Essay on Knowledge, Mind and Action (John Bengson & Mark A. Moffett ed., 2012); Stephen Hetherington, How to Know (That Knowledge—That is Knowledge-How), Epistemology Futures 71 (Stephen Hetherington ed., 2006)。我们在第一章中更详细地讨论了"明知"这个话题。

〔67〕 由于这些原因，"知晓"可描述成一个像"成功"或"实现"这样的动词，它暗示某类目标或目的已经达到。参见 Alvin I. Goldman, Knowledge in a Social World, 60 (1999); Dennis M. Patterson, Fashionable Nonsense, 81 TEX. L. Rev. 841 885－892 (2003)（书评论文）。

"位于"脑中的假设是错误的。[68] 像谎言或欺诈一样,神经科学可以提供证明某人是否知晓某事的归纳证据,但是,它无法查找在脑中是否存在"明知",亦无法确认脑状态足以构成"具有此等明知"。[69]

特别是在被告实施犯罪的过程中我们无法对被告的脑进行成像扫描[70],这是实际的限制,让我们假设我们已经克服这个实际限制,并且提出这样一个问题:如果在被告实施犯罪的过程中我们能够对被告的脑成像扫描,将会怎么样呢?想象一下,在被告实施被指控的刑事犯罪行为过程中我们对被告的脑进行了 fMRI 扫描。例如,假设我们需要确定他是否:(1)知晓偷走的手提箱不是他的手提箱,而是另一个人的手提箱;(2)知晓他的手提箱中有非法毒品;(3)知晓"几乎确定他的行为将引起"某特殊结果;(4)知晓任何其他具体事宜。我们究竟应在他脑中的什么地方找到这个"明知"?因为"明知"是一种能力,而不是脑状态,因此,回答是:不存在这样的地方。

与"蓄意"一样,我们可以使用"明知"和大脑状态之间的概念区别来描述。尽管说"我知道 X,并且 X 是错的"[71]这句话毫无意义,但是,如果这样说,"我的脑处于一种特殊的脑状态,并且 X 是错误的",这句话是有意义的。例如,假设我们之前说的银行抢劫犯说,"我知道这家银行的保险柜中有钱,并且这家银行的保险柜中有钱是错误的"。与上次一样,我们不知道他是什么意思。如果我们一定要解释他的意思,我们可能假设被告想说的并不是

---

〔68〕 参见 Denno,同本章注 15,第 333 页,脑波纹基于人类脑储存信息的原则;Lawrence A. Farwell & Sharon S. Smith, Using Brain MERMER Testing to Detect Knowledge despite Efforts to Conceal,46 J. Forensic Sci. 135 (2001)。"近期神经科学的发展可以让科学家发现储存在脑中的信息。"明知的概念与相信、确信、假定、推测、怀疑、确定、证据、真实、可能性、原因、正当性和确认等概念一同存在于认知概念范围内。这些概念之间的关系不能通过告知我们关于脑的实证信息的方式阐明。关于这方面的讨论,参见 Hacker,同本章注 3。

〔69〕 相反的观点忽视了明知的社会和规范性方面。将明知归于另一个(或其本身)涉及将更多的承诺和权利归于他们(或其本身)。参见 Robert Brandom,Making it Explicit:Reasoning, Representing & Discursive Commitment,213—221、253—262 (1994)。

〔70〕 涉及虚假陈述的伪证罪或其他犯罪可能可以进行同步扫描。

〔71〕 由于"明知"暗示着"是真的",所有从字面上看它是没有意义的。因此,声称知晓相当于声称已经知晓的内容是真的。这样的陈述比 Moore 的悖论更有问题("X,但是,我不相信 X")。参见 Roy Sorensen,Epistemic Paradoxes,Stanford Encyclopedia of Philosophy (2011),可在线查看:http://plato. standord. edu/entries/epistemic-paradoxes/# MooPro。

他表面上表达的意思。相比之下，如果从字面上解释下面的一句话，则不存在明显的矛盾："我的大脑处于特殊状态，并且这家银行的保险柜中有钱是错误的。"然而，如果他的明知与脑状态相同，则应该会出现类似的矛盾。他的明知和他的脑状态在概念上是有区别的。

三、精神病

除了犯罪行为和犯罪意图的原则问题外，刑法原则的第三个主要类别涉及积极辩护。其中，精神病辩护是神经法学的研究中一个最常被谈及的话题。[72] 我们认为，精神病证据和相关问题构成了更有道理的方法之一，神经科学可能通过该方法对法律做出贡献。目前还有许多实证困难需要得到解决，但是，从原则上看，在这个领域中的使用避免了一些困扰诸如测谎和特殊故意或明知这样的概念问题。我们在下文中将对存在此等区别的原因进行解释。

作为一个原则问题，虽然医学和心理学专家影响着对精神病的判决，但是"精神病"是一个法律概念，而不是一个医学或心理学概念。基于精神病而做出的无罪辩护是判定在其他方面满足犯罪要素的被告不承担刑事责任的判决，原因是在犯罪发生时某些精神疾病或缺陷影响了被告的认知或意志力。[73] 在检测中他们使用的有关精神病辩护的判决适用的法律是不同的。两种最常见的类型依赖于普通法"南顿"（M'Naghten）检测或《模范刑法

---

〔72〕 一些法律允许"减轻责任"或"减轻能力"的积极辩护，特别针对精神障碍或虽然存在但是达不到精神病标准的情况的减轻处罚的情节或部分原谅的情节。然而，该辩护作为独立辩护是很少见的，通常与犯罪意图放在一起进行辩护。有种论点认为这个原则性选项应该更广泛地进行确认，参见 Stephen J. Morse, Diminished Rationality, Diminished Responsibility, 1 Ohio ST. Crim. L. 289 (2003)。

〔73〕 有关精神病和有关辩护的各种理论和实证问题的概述，参见 Morse，同本章注 51；Michael Corrado, The Case for a Purely Volitional Insanity Defense, 42 Tex. Tech. L. Rev. 481 (2009)；Walter Sinnott-Armstrong & Ken Levy, Insanity Defenses, the Oxford Handbook of Philosophy of Criminal Law, 299 (John Deigh & David Dolinko ed., 2011)。对于精神健康专家对精神病提供的证言的角色以及在刑罚中的其他问题的批评性讨论，参见 Christopher Slobogin, Proving the Unprovable: The Role of Law, Science and Speculation in Adjudicating Culpability and Dangerousness (2007)。

典》(MPC)检测的一些变体。[74] 侧重被告认知力的南顿检测取决于被告是否"由于精神疾病而在缺乏理性的情况下行事,并不知道他正在实施行为的性质和程度;或者他的确知道,但是,他不知道自己的行为是错误的"[75]。为了满足这个检测的各个方面,对于它们要求的内容,法律规定存在着差异,例如,"错误的"指"法律上错误的"还是"道德上错误的"? 如果是后者,"道德"这个词的含义是什么?[76] 或者是否同时包括这两方面的错误?[77] 兼顾认知力和意志力的 MPC 检测取决于是否"由于精神疾病和缺陷(被告)缺乏确实的能力鉴别其行为的犯罪性(不合法性)或使其行为符合法律的要求"。[78] 与南顿变量一样,在实施不同版本的 MPC 检测中法律规定存在着差异。这些变化包括被告是否必须鉴别此类行为是犯罪的或在道德上是错误的(对此进行鉴别的要求本身是错误的),是否包括合规性方面。[79] 根据两类检测,在它们如何构成举证责任方面适用法律亦存在很大差异。[80]

　　正如前一部分内容中所述的那样,这个原则问题与犯罪意图重叠。现在原因应该清楚了。首先患有精神障碍的被告可能没有构成犯罪要求的故

　　〔74〕　里贾纳诉南顿案[Regina v. M'Naghten,9 Eng. Rep. 718 (1843)];《模范刑法典》§4.01 (1)。对于精神病的原则检测影响力较小的还包括所谓的"产物检测",或"德拉姆规则"(*Durham rule*),在此类检测中,如果被告的不合法行为是由精神病或精神缺陷造成的,则该被告不负刑事责任,参见德拉姆诉联邦政府案[Durham v. United States,214 F. 3d 862 (1954)];此外,还有"帕森斯规则"(*Parsons rule*),即,如果被告因为精神病"失去了选择对错的能力",则被告不负责任,参见帕森斯诉联邦政府案[Parsons v. United States,81 Ala. 577 (1887)]。我们讨论的重点将放在南顿测试和 MPC 测试上。

　　〔75〕　里贾纳诉南顿案[Regina v. M'Naghten,9 Eng. Rep. 718 (1843)]。

　　〔76〕　关于可能性及其影响的清晰综述,参见 Sinnott-Armstrong & Levy,同本章注 73。

　　〔77〕　美国联邦最高法院认为州的法律,将测试限制在"无道德能力"并取消"无认知能力",是合宪的。克拉克诉亚利桑那州案[Clark v. Arizona,548 U. S. 735 (2006)]。法院解释说,这不是问题,因为道德权利要求任何案件必须符合认知要求(但反之亦然)。同上,第753—754 页。换言之,不知晓其行为的性质和程度的任何被告当然不知晓他正在实施的行为是错误的。然而,另一方面,有的被告不能满足认知方面,但是,尽管如此,由于满足了道德方面而能够通过精神病检测。

　　〔78〕　Stephen Morse 认为,专门的意志(或"失去控制力")检测是不必要的,因为通过此等检测的案子能够从认知方面更好地得到解释。参见 Morse,同本章注 51。

　　〔79〕　例如,在美国联邦法院中精神病的检测将辩护限制在"严重的"精神病,并且不包括意志力方面("失去控制力")。18 U. S. C. § 20。

　　〔80〕　举证责任包括两部分:提供证据的责任和说服责任(达到适用的标准)。一些将将提供证据的责任和说服责任交给被告(达到"证据优势"或"清楚的和有说服力的证据"标准)。其他州将提供证据的责任交给被告,但是说服责任仍然由检方负责。美国最高法院解释称,将举证责任交给被告的惯例是合宪的,因为《宪法》规定的"证据应毫无疑点"的标准仅适用于犯罪的要素。关于各州采用的不同方法的综述,参见克拉克诉亚利桑那州案[Clark v. Arizona,548 U. S. 735 (2006)]。

意或明知。然而，重要的是要认识到，精神错乱是一个独特的教义问题。尽管如此，通过精神病原则检测的被告可能具有构成犯罪意图所需的故意。例如，某被告可能具有杀害受害人（构成谋杀）所需的故意，但是，是出于"精神病的"原因而实施了该行为；由于精神病，被告可能不知道他的行为是错误的，或他可能没有能力遵守法律要求。在这种案例中，被告的犯罪行为是有原因的，但是，这种行为仍然是犯罪行为（就犯罪行为和犯罪意图得到证明而言）。[81] 同样，被告可能不仅无法满足精神病辩护的要求，而且也无法满足犯罪意图的构成要件，因为没有与精神病相关的原因。最后，重要的是要注意，与精神病问题相关的证据可能在犯罪意图问题上具有证明性，即使它不能证明精神病。换言之，证据可以否定犯罪意图，甚至在被告未证明患有精神病的情况下。乍一看，这似乎令人不解，当举证责任明确时，这种疑惑便随之消失。被告可能负有证明精神病的责任（通过"证据优势"或通过"清楚的和有说服力的证据"，而控方将负有证明犯罪意图的举证责任，证据应毫无疑点）。因此，在特殊情况下，精神病的证据可能达不到能够充分证明精神病的必要标准，但是，它可能足以对犯罪意图的问题提出合理的质疑。[82]

在这部分的讨论中，我们的目的不是对精神病辩护的各变量以及可能与神经科学有关的各种方面进行分类。相反，我们仍然沿着对概念问题进行讨论这个思路，我们的重点将放在构成这些问题的心智、脑和法律之间的基本概念关系上。像我们在本章中讨论的其他问题一样，存在着大量的影响与精神病问题有关的神经证据的证明力的实证问题，但是，在这方面拟议的运用不受同样的概念缺陷的影响，而这些概念缺陷影响着犯罪行为和犯罪意图。

精神病检测包括两个基本组成部分：来源和能力。来源部分规定，精神疾

---

〔81〕 在此等案件中，在一次成功的精神病辩护之后被告理所当然地住进了医院。

〔82〕 在克拉克诉亚利桑那州案（Clark v. Arizona）中，法院支持该州在犯罪意图问题上限制精神健康专家证言的使用。作为一个实际问题，与法院对该教义的认知和道德方面的决定相比，它更有意义，也更富争议性，因为将有被告可以使用专家证词来否定犯罪意图，但可能无法证明精神错乱。同本章注77。

病、精神病或精神缺陷使得被告丧失行为能力。[83] 能力部分规定,被告在其行为过程中知晓或鉴别某些事实(他正在实施的行为或该行为是非法的、不道德的或在其他方面是错误的)的能力或以符合法律要求的方式行事的能力存在不足。神经科学可能同时对来源部分和能力部分的检测做出贡献。

首先,对于来源而言,针对具体的精神疾病和缺陷,神经科学证据可以扮演诊断角色。尽管在扮演这个角色中目前还存在明显的实证限制,但是这种情况可以改变。只要诊断本身避免了概念问题,则在概念上扮演这个角色也就不存在问题。像法律类别一样,归因于精神疾病的标准还包括各种行为症状和心理结构体,而不是脑状态。[84] 如同把具体知晓或故意归因于脑中的某个位置是个概念错误一样,把心理现象的标准归因于脑中的某个位置也是一个概念错误。在讨论精神疾病、心理概念和脑的关系中,心理学家格雷戈里·米勒(Gregory Miller)这样解释:"心理现象在脑中没有空间位置,并且……大脑现象的解释不等于心理现象的解释。"此外:

> 决定、感觉、认知、错觉、记忆也没有空间位置。我们想象一下脑事件:电磁的、血液动力的和光学的。我们无法想象,并且不能在大脑空间中找到心理结构体的位置。我们可以使用桥接原理将能够观察到的数据和假设构想相联系从前者推出后者。但是,后者不是前者……监测正在工作的脑的脑电图、脑磁扫描、fMRI 等。我们希望基于此等数据对精神做出的推导目标是我们的解释,而不是我们的观察。[85]

因此,作为一个实证问题,神经科学证据可以在精神疾病、其他疾病和缺陷的诊断中提供归纳性证据,包括医学、心理学或法学。未来可以获得的此等证据的质量和优势仍然是一个待决的问题。但是,其优势和质量将依

---

〔83〕　来源部分排除了可能产生类似认知损伤或失去控制力的其他原因,例如,自愿醉酒。《模范刑法典》§4.01(2)还规定,术语"精神病或精神缺陷"不包括累犯或其他反社会行为体现的异常。

〔84〕　参见 Gregory Miller, Mistreating Psychology in the Decades of the Brain, 5 Persp. Psychol. Sci. 725 (2010)。Miller 提供了几个例子。这是有关精神分裂症的一个例子:"精神分裂症患者存在记忆缺失,这一点已得到确认。但是,记忆编码缺失无法在具体的脑区域中找到位置。记忆缺失是功能性损伤,这是从认知、计算和外显行为的角度,而不是生物学角度理解的。"米勒对恐惧、抑郁、进攻性和羞怯等提出了类似的观点。同上,第722页。

〔85〕　参见 Gregory Miller,第727页。

赖于其是否从合理的概念假设出发。总而言之，可辨认的脑状态可能与精神病辩护所基于的来源问题有关，并且支持对这些问题的可靠推理。

其次，神经科学还可能通过提供被告缺乏（或拥有）相关能力的有证明力的证据方式对法律实践做出贡献。当然，拥有和执行这些能力取决于脑，并且可辨认的神经学的结构、模式或状态可能是必要的或与拥有和执行这些能力有着高度关联性。取消这些能力证据可能会导致否定犯罪意图或达到精神病检测要求的结果。对于神经科学怎样对法学问题做出贡献而言，本文计划列举三个例子。如果构成某犯罪的要件中要求有某具体类型的远端故意（例如，在涉及同谋或欺诈的案件中实施计划），则被告实施此计划所需的脑区域受损的证据可以成为被告缺乏具体故意的证据。例如，由学者组成的某个著名团队推测脑中的辅助运动区前部受损可以提供这方面的证据。[86] 同样，如果某司法管辖区域的精神病检测要求当事人具备道德明知的能力，则当事人负责道德判断的脑区域受损（例如，腹内侧前额叶皮质）可能提供关于某具体被告缺乏能力的证据。[87] 最后，正如帕特丽夏·丘奇兰德建议的那样，还可能开发类似的结构或模式用于更常用的"控制力"测试。[88] 尽管这些用途面临着大量的实证和实践限制，但是，在我们上述讨论的方面它们不存在概念上的问题。

在个案使用中当前的实证和实践限制是明显的。这些限制首先包括个体脑活动和行为之间的较大可变性。即使特定的脑活动确实看起来与特定的行为相关联，"有联系"或"有牵连"，一些人有脑活动而没有行为，而一些人有行为却没有脑活动。[89] 此外，脑结构似乎与大多数人拥有和实施行为的精神能力之间有着因果作用（例如，复杂的故意或道德明知），但是，它们可能不是必要的。其他脑区域可能产生因果作用，并且即便对大多数人而言有因果作用的区域受伤或受损的情况下，仍然可能有实施行为的精神能力。[90]

---

〔86〕 参见 Aharoni 等，同本章注 49。

〔87〕 参见 Aharoni 等，同本章注 49。

〔88〕 参见 Patricia Smith Churchland, Moral Decision-Making and the Brain, Neuroethics: Defining the Issues in Theory, Practice and Policy, 3 (Judy Illesed. , 2006)。

〔89〕 参见 Miller，同本章注 84，第 721 页，对于特定心理现象，可能存在一套不确定的潜在神经活动。相反，特定神经回路可能在不同时间或在不同个人中实施不同的心理功能。

〔90〕 参见 Aharoni 等，同本章注 49，第 154 页。

　　此外,在个案中有关能力的推论面临着这样的限制,即,脑图像扫描可能是在实施犯罪后的一段时间内进行的,但是,法律测试取决于被告在犯罪时的能力,因此,证据的价值将依赖于它对之前时间点的当事人能力揭示的程度。最后,个案中的使用可能在以下方面面临着限制:所采用的测试方案;确定证据是否足够可靠,能够达到可采性标准;是否以法律事实发现者能够理解的方式呈现;呈现所耗的时间和资源是否值得。[91]

　　然而,如果行为和其他心理标准没有归因于脑结构或等同于脑程序,则避免了上面讨论的概念问题。因此,在法律精神病测试中拥有相关能力是否必须具备某种大脑状态——这类主张,避免了我们在第二章中讨论的神经简化论的错误类型。大脑是参与我们认同的精神生活的多种行为、经历和心理过程所必需的。因此,具体的和可辨认的脑区域、结构、程序、模式或状态可能是参与刑法原则中有争议的具体类型精神活动所需的。作为一个概念问题,对于认为具体脑状态是这些活动的充要条件或等同于这些活动的更偏激主张,我们并不赞同。[92] 对于未来的潜在用途而言,在法律原则依赖的概念界限内存在的主张始终是实现此等用途的有效途径。

　　我们使用了明知这个例子以及它在这个原则中扮演的角色来阐述这个观点。许多精神病辩护依赖于明知问题。正如上文所述,精神病检测取决于这样的问题,例如,被告是否不"知晓其正在实施的行为的性质和程度"[93],是否不"知晓其正在实施的行为是错误的"[94],是否未"辨识其行为的不合法性"[95],或缺乏"使其行为符合法律要求"的能力。[96] 这些要求可

---

〔91〕　关于审讯中的可采性,两个主要障碍是接受专家证言的标准(Daubert 和 Frye,见第四章中的讨论)和《联邦证据规则》第 403 条,该规则规定如果存在的顾虑(包括误导陪审团或使陪审团困惑)超出了证据的证明力,则可以排除此等证据。同本章注 34,Brown & Murphy 提供了一份可能影响审讯中的神经影像证据的可采性的问题清单。模拟陪审员最近的一份涉及精神病辩护的研究没有找到神经影像产生的影响将超出神经科学证据范围的证据,但是,的确发现神经科学证据比心理和轶事证据更具说服力。参见 N. J. Schweitzer et al. , Neuroimage Evidence and the Insanity Defense, 29 Behav. Sci & Law, 592 (2011)。

〔92〕　参见 Miller,同本章注 84,对心理学提出了类似的观点。

〔93〕　参见克拉克诉亚利桑那州案;里贾纳诉南顿案。

〔94〕　克拉克诉亚利桑那州案(引用南顿案)。

〔95〕　《模范刑法典》,§ 4.01。

〔96〕　同上。

能依赖于某类命题的明知（明知特定事情是这样的）或某类实际的明知（明知怎样实施特定行为）。[97] 这两类明知是特别体现在行为中的能力类型，并且使用神经科学来证明缺乏实施任何一个的能力貌似合理。[98] 正常工作的脑具有明知的必要条件。因此，要具有特定种类的明知，具体的和可辨认的脑结构可能是必不可少的；所以这些结构受损可能导致缺乏特定的明知的能力。如果法律类型依赖于某人是否具有获得或保持某具体类型的明知的能力，神经科学可以针对这个问题提供有证明力（可废止的、非标准的）的证据。

---

〔97〕 同本章注 66。

〔98〕 我们在第一章中更详细地讨论了"明知"这个话题。

第六章　刑事诉讼程序

　　本章的重点是强制取得和使用关于刑事被告的神经科学证据，以及保护被告和限制政府搜集证据的宪法规定。与上一章讨论的原则性问题一样，程序问题也需要正确地理解证据和原则的基础概念问题。如果忽视这些问题，则会出现混淆和错误的推论。

　　两条宪法规定规范政府针对刑事被告搜集和使用证据的行为。第一，第四修正案禁止不合理的搜查和扣押，这给政府搜集证据设立了限制和条件。第二，第五条修正案关于反对自证其罪的特权旨在预防政府在刑事案件中使用来自被告的被迫的、自证其罪的言辞证据。除了这两条规定外，一般的正当程序原则要求为政府搜集证据实践设立了额外的限制。这些规定与神经科学证据之间的关系创造了一系列的原则和理论难题和困惑。我们首先讨论这些规定之间的基本关系，然后详细讨论各条规定。

　　在美国，第四修正案和第五修正案的反对自证其罪的特权限制了政府针对刑事被告搜集和使用证据的能力。第四修正案禁止"不合理的搜查和扣押"[1]，第五修正案规定刑事被告不能"被迫做出对己不利的证言"[2]。

---

　　[1]　第四修正案规定：

　　"任何公民的人身、住宅、文件和财产不受无理搜查和查封的权利不得受到侵犯，没有合理事实依据，不能签发搜查令和逮捕令，搜查令必须具体描述清楚要搜查的地点、需要搜查和查封的具体文件和物品，逮捕令必须具体描述清楚要逮捕的人。"

　　1791 年批准的美国《宪法》第四修正案，在沃尔夫诉科罗拉多案[Wolf v. Colorado, 338 U. S. 25 (1949)]中得以适用（通过第十四修正案的正当程序条款），并且在马普诉俄亥俄州案[Mapp v. Ohio, 367 U. S. 643 (1961)]中确定"证据排除规则"（不包括违反第四修正案的搜查证据）得以适用。

　　[2]　第五修正案中有这样的规定："任何人……不得在任何刑事案件中被迫自证其罪。"在马洛伊诉霍根案（Malloy v. Hogan, 378 U. S. 1, 1964）中第五修正案得以适用（通过第十四修正案）。

这两个修正案之间的理论关系历来是一些混乱的根源,但是,这种关系目前相对稳定。[3] 第四修正案对政府搜集证据规定了基本的——但不是绝对的——限制,要求搜查和扣押必须是合理的,并且对构成"搜查""扣押"和"合理的"内容做出了详细的原则性规定。然而,该限制不是绝对的,因为在任何情况下并未阻止政府搜集证据;相反,该修正案规定了政府必须遵守的合法搜集和使用证据的程序步骤或标准。[4] 除了这一一般限制之外,第五修正案赋予了被告相应的特权,即被告有更具体的——而且是绝对的——选择权,以防止被告被迫做出不利于自己的"言辞"证据。如果该证据在特权的原则要求范围内,并且被告援引了该特权,则政府不得在刑事诉讼中针对被告使用此类证据。[5] 同一证据可以在这两个修正案的范围之内,因此,宪法的保护可能在限制政府使用证据上出现重叠。[6] 除了这两个修正案之外,正当程序的规定也为政府搜集证据设立了额外限制。[7]

我们对与各《宪法》规定有关的被强迫的搜集和使用神经科学证据进行分析。正如我们将了解的,证据如何被概念化与其可能获得的宪法保护的数量紧密相关。有关如何描述新技术产生的证据,还存在不确定性,

---

〔3〕 Michael S. Pardo 在 Disentangling the Fourth Amendment and the Self-Incrimination Clause, 90 IOWA L. REV. 1857 (2005)中讨论了修正案之间的关系; H. Richard Uviller, Fisher Goes on the Quintessential Fishing Expedition and Hubbell is Off the Hook, 91 Journal of Criminal Law and Criminology 311 (2001); Richard A. Nagareda, Compulsion To "Be a Witness" and the Resurrection of Boyd, 74 N. Y. U. L. REV. 1575 (1999); Akhill Reed Amar & Renee B. Lettow, Fifth Amendment First Principles: The Self-incrimination Clause, 93 MICH. L. REV. 857 (1995)。

〔4〕 原则性起点是构成"搜查"的证据搜集行为必须带有合理的理由支持的有效搜查证。搜查证要求存在多种例外,并且在搜查证不切实可行时可以不用遵守(特别是 "紧急情况"出现时),并且"合理的理由"标准也存在例外情况(特别是,需要"合理的怀疑"的拦截和搜身,在行政和相关背景中"无怀疑情况下"的例行搜查)。我们在下列分析中概述了这些原则类别。

〔5〕 然而,如果他们被授予了"使用和衍生使用"的豁免,被告将被迫提供言词证据。参见卡斯泰格诉联邦政府案[Kastigar v. United States, 406 U. S. 441 (1972)]; 18 U. S. C. § 6003 (a)。这类豁免没有禁止直接起诉,但是,从这个名称可以看出,它阻止政府针对被授予豁免的被告使用证据或从此等证据获得的任何其他证据。

〔6〕 参见 Pardo,同本章注 3(讨论修正案中重叠的三个区域:"拦截和查验身份"规定要求被留住的人员说明自己的姓名;传票;被告被捕前沉默的定罪使用)。

〔7〕 在该内容中最高法院援引了"程序的"和"实体的"正当程序的概念。参见查韦斯诉马丁内斯案(Chavez v. Martinez), 538 U. S. 760 (2003)(实体的);地区检察署诉奥斯本案(District Attorney's Office v. Osborne), 557 U. S. 52 (2006)(程序的)。

这种不确定性是法律中始终存在的问题[8]，并且神经科学证据也不例外。正如亨利·格里利（Henry Greely）所说，神经科学技术如何"根据我们当前的刑事司法体系发挥作用，包括《人权法案》的宪法保护，尚不明朗"。[9] 对于由我们提出的哲学问题产生的重要实践结果而言，这些法律问题为此提供了额外的例子。

一、第四修正案

什么时候（如果真的会发生的话）政府可以根据第四修正案强迫刑事案件嫌疑人接受 MRI、fMRI、脑电图或其他测试来搜集该嫌疑人的脑证据？作为一个原则问题，只要符合了若干程序要求，这个回答似乎是"有时可以"。

这个证据属于相对明确的和成熟的原则性规则范围，此类规则规范了强制从嫌疑人的身体获取证据的行为。[10] 作为一个基本问题，第四修正案禁止不合理的搜查和扣押。分析需要两步调查：是否已经发生"搜查"或"扣押"；并且如果已经发生，这种"搜查"或"扣押"合理吗？如果没有发生搜查或扣押，则没有违反第四修正案。就第四修正案而言，当政府尝试搜集信息而从物理上侵犯受《宪法》保护的区域（人、房屋、文件或财物[11]）或影响了嫌疑人"对隐私的合理期待"[12]时，则构成了"搜查"。对于是否发生"搜查"而

---

〔8〕 参见 Jennifer L. Mnookin, The Image of Truth: Photographic Evidence and the Power of Analogy, 10 Yale J. L. & Human. 1 (1998)（讨论法庭上照片证据的历史以及对其的忧虑）。

〔9〕 Henry T. Greely, Prediction, Litigation, Privacy and Property, Neuroscience and The Law: Brain, Mind and The Scales of Justice, 137 (Brent Gardland ed., 2004)。另外参见 Susan A. Bandes, The Promise and Pitfalls of Neuroscience for Criminal Law and Procedure, 8 Ohio St. J. Crim. L. 119 (2010)。

〔10〕 这和第五修正案不同，第五修正案存在着更多的原则性不确定性。

〔11〕 美国宪法第四修正案。"财物"包括被告人的财产；参见联邦政府诉琼斯案[United States v. Jones, 132 S. Ct. 945 (2012)]，汽车是宪法修正案中所指的"财产"，这一点毋庸置疑；联邦政府诉查德威克案[United States v. Chadwick, 433 U. S. I, 12 (1977)]，判定根据第四修正案被告的床脚柜是"财产"。

〔12〕 琼斯案（Jones），132 S. Ct. 945 (2012)；卡兹诉联邦政府案[Katz v. United States, 389 U. S. 347 (1967)]。

言,物理侵犯既不是必要条件[13],也不是充分条件[14]。之所以不是必要条件,原因是政府搜集证据可能侵犯"对隐私的合理期待",而不涉及物理侵犯。例如,在住宅外面使用"热成像设备"来显示住宅内的细节[15],以及在公共电话亭外面使用窃听装置[16]。之所以不是充分条件,是因为从物理上侵入不受《宪法》保护的区域可能不侵犯"对隐私的合理期待",例如,搜查室外和谷仓。[17] 当某政府人员故意接触某嫌疑人的身体[18],或在嫌疑人服从前出示授权证明时,则构成对人的"扣押"。[19] "有目的地干涉某人的财产所有权"构成财产"扣押"。[20] 此外,在搜查期间搜集的证据已经构成"扣押",即便此等证据不是实物财产。[21]

当搜查和扣押发生时,第四修正案要求该搜查和扣押必须是合理的。确定合理性的原则起点是第四修正案的第二条[22]:只有根据有合理理由支持的搜

---

〔13〕 参见基罗诉联邦政府案[Kyllo v. United States,533 U. S. 27 (2001)],在住宅外面使用"热成像"设备构成"搜查",即便没有物理侵犯。虽然物理侵犯不是必要条件,但是,法院最近在琼斯案[Jones,132 S. Ct. 945 (2012)]中涉及了第四修正案,说明物理侵犯在适用修正案的历史中扮演着特殊的角色,在说明"对隐私的合理期待"的范围而言,"财产"和"侵犯"是重要的概念,并且有助于定义其核心。

〔14〕 参见联邦政府诉邓恩案[United States v. Dunn,480 U. S. 294 (1987)],因为不存在"对隐私的合理期待",当警察进入谷仓时不构成搜查。

〔15〕 基罗案(Kyllo,533 U. S. 27)。

〔16〕 卡兹案(Katz,389 U. S. 347)。

〔17〕 奥利弗诉联邦政府案[Oliver v. United States,466 U. S. 170 (1984)],在室外不存在"对隐私的合理期待";邓恩案[Dunn,480 U. S. 294 (1987)],在位于农场上住宅宅地之外的谷仓内不存在"对隐私的合理期待"。

〔18〕 加州诉奥达里案[California v. Hodari D. ,499 U. S. 621 (1991)]。当政府人员不是"故意"进行身体接触时,不构成"扣押"。参见布劳尔诉因约县案[Brower v. County of Inyo,489 U. S. 593 (1989)],当嫌疑人的轿车冲入为了阻止他而设置的路障中时不构成扣押。

〔19〕 奥达里案(Hodari D. ,499 U. S. 621)。

〔20〕 联邦政府诉卡罗案[United States v. Karo,467 U. S. 705,713 (1984)]。

〔21〕 参见基罗诉联邦政府案[Kyllo v. United States,533 U. S. 27 (2001)],通过"热成像"设备获得的住宅内部信息被扣押;伯杰诉纽约案[Berger v. New York,388 U. S. 41.59 (1967)],通过窃听装置获得的谈话内容被扣押;卡兹案[Katz,389 U. S. 351(1967)]。

〔22〕 美国宪法第四修正案:

"第1条 任何公民的人身、住宅、文件和财产不受无理搜查和查封的权利不得受到侵犯。

第2条 没有合理事实依据,以宣誓或代誓宣言保证,不能签发搜查令和逮捕令,搜查令必须具体描述清楚要搜查的地点、需要搜查和查封的具体文件和物品,逮捕令必须具体描述要逮捕的人。"

"侵犯"之后的所有东西被视为只是在粉饰"不合理"。要了解对基于原文理解的解释的批评,参见Akhill Reed Amar,Fourth Amendment First Principles,107 Harv. L. Rev. 757 (1994)。

查证执行的搜查和扣押才是合理的。[23]"合理的理由"是一个模糊的标准,最高法院将它解释成"违禁品或犯罪证据很可能将在某具体地点被找到"。[24]然而,搜查证和合理的理由要求存在许多例外,并且这些例外在许多情况中抵消了这些要求。例如,在下列情况下不需要搜查证:出现"紧急情况"时[25];涉及汽车时[26];在嫌疑人的住宅外逮捕嫌疑人时[27];进行逮捕时进行的搜查[28]。此外,当"合理怀疑"犯罪已经发生或即将发生时无须搜查证或合理的理由便可以进行有限的调查性质的"拦截和搜身"[29]。基于"特殊需要"而进行搜查时无须"怀疑"这个条件,举两个例子:路障和学校药检。[30]总而言之,当发生搜查或扣押时,第四修正案提供了标准和程序要求,政府必须遵守这些标准来搜集定罪证据;证据和搜查或扣押的相关内容提供了必不可少的标准和要求。

现在我们把话题转向神经科学,假设政府试图强迫某嫌疑人接受某类神经成像检测来发现与该嫌疑人的脑有关的证据,此证据可能在刑事调查或刑事检控中是有用的。首先有必要撇开在这个背景下可能引起混淆的不必要的干扰。人们可能认为,政府不能强迫进行此类检测,因为这些检测的

---

〔23〕　参见联邦政府诉费弗斯案[United States v. Feffers,342 U. S. 48 (1951)];王森诉联邦政府案[Wong Sun v. United States,371 U. S. 471 (1963)]。这个规则的例外是温斯顿诉李案[Winston v. Lee,470 U. S. 753 (1985)],在该案中,法庭判定,强制抢劫案嫌疑人在全身麻醉情况下接受手术去除留在他身体里的子弹是不合理的,因为对于被告来说存在着不确定的风险,并且对于检方的案子来说这个证据不是关键的。

〔24〕　联邦政府诉格拉布斯案[United States v. Grubbs,547 U. S. 90,95 (2006)];联邦政府诉盖茨案[United States v. Gates,562 U. S. 213 (1983)]。中立地方法官的判决旨在解决标准模糊性的一些问题。

〔25〕　沃登诉海登案[Warden v. Hayden,387 U. S. 294 (1967)]。

〔26〕　加州诉阿塞韦多案[California v. Acevedo,500 U. S. 565 (1991)]。

〔27〕　联邦政府诉沃森案[United States v. Watson,423 U. S. 411 (1976)]。

〔28〕　契莫尔诉加州案[Chimel v. California,395 U. S. 752 (1969)]。

〔29〕　特里诉俄亥俄州案[Terry v. Ohio,392 U. S. 1 (1968)]。

〔30〕　参见伊利诺伊州诉里德斯特案[Illinois v. Lidster,540 U. S. 419 (2004)],路障;教育委员会诉厄尔斯案[Bd. Of Educ. V. Earls,122 S. Ct. 2559 (2002)],学校药检。

结果依赖于被试者的自愿遵守。[31] 例如，即便一个不愿遵守 fMRI 检测的嫌疑人的微小动作可能会使结果丧失意义。然而，这样的想法是错误的，因为这个背景下的强迫不仅仅指政府人员实施的身体强迫（例如，为了取血样约束嫌疑人的身体）。如果嫌疑人不配合的话，强迫还可能来自面临刑事或民事藐视法庭指控的威胁。正如嫌疑人可能被迫提供语音或笔迹样本（也需要嫌疑人自愿遵守），否则他们将被视为蔑视法庭，嫌疑人同样可能被迫参与脑部扫描。

首先，被强迫的神经科学检测可归为"搜查"，因此，须遵守第四修正案对证据收集的规定。此类检测是符合"对隐私的合理期待"[32]标准的"搜查"。像有关内部身体程序的其他信息一样，例如，人的血液或尿液含量，被试者对他们的脑和脑活动信息拥有"对隐私的合理期待"。[33] 此外，神经科学检测可以从头皮外测量脑信息而无须身体接触的事实不会改变这个结果。同样，一个人也可以对其住宅的信息（即便使用热成像设备从外面进行测量，而无须物理侵入）[34]和公共电话亭中的电话交谈内容（即便使用外部的窃听装置收集的）拥有"对隐私的合理期待"。[35] 最高法院最近提出的关于 GPS 监控的意见也是具有指导性的——虽然受《宪法》保护的地点的物理侵入构成了搜查，但是，最高法院这样解释，"搜查"所涉的范围不限于此，并且如果它侵犯了"对隐私的合理期待"，则在无物理侵入的情况下收集信息的行为同样构成搜查。[36] "对隐私的合理期待"适用于搜集脑和脑活动的

---

〔31〕 参见 Teneille Brown & Emily Murphy, Through A Scanner Darkly: Functional Neuroimaging as Evidence of a Criminal Defendant's Past Mental States, 62 Stan. L. Rev. 1119, 1133 (2010), 尽管检方总有一天可能引入 fMRI 作为未来危险性的证据，但是，目前辩护方似乎是法庭上神经影像证据的主要提供者。一个实际原因是要强制一个不愿接受检测的人接受脑部扫描检测在身体上做到是很难的。Amy White, The Lie of fMRI: An Examination of the Ethics of a Market in Lie Detection Using Functional Magnetic Resonance Imaging, 22 Hec Forum 253 (2010). 头部的动作也常常影响 fMRI 结果。这些动作可以通过使用限制措施来减轻，但是，像吞咽、坐立不安，甚至按下按钮这样的动作也可能影响结果。

〔32〕 卡兹诉联邦政府案[Katz v. United States, 389 U. S. 347, 360 (1967)], 哈兰大法官(Harlan, J.)赞同。

〔33〕 施曼伯诉加州案[Schmerber v. California, 384 U. S. 757 (1966)], 血液检测;斯金纳诉铁路劳工行政协会案[Skinner v. Ry. Labor Exec. Ass'n, 389 U. S. 602 (1989)], 尿液检测。

〔34〕 基罗诉联邦政府案[Kyllo v. United States, 533 U. S. 27 (2001)]。

〔35〕 卡兹案(Katz, 389 U. S. , 360)。

〔36〕 联邦政府诉琼斯案[United States v. Jones, 132 S. Ct. 945 (2012)]。

信息,至少相当于(如果不多于)有关血液、尿液、住宅和谈话的(其他)信息。[37] 出示授权证明后该嫌疑人服从强制的检测构成"扣押"。[38] 此外,搜集的信息已经被"扣押",就如同有关住宅、谈话和体液的信息被扣押一样。[39] 因为搜集有关脑信息的尝试可归为第四修正案项下的搜查和扣押,如果政府有合理的理由和搜查令,或获得了这些要求认可的豁免,根据当前的原则可以强制进行神经科学检测。[40]

最高法院在涉及强制验血的施曼伯(Schmerber)案中的意见提供了说明性类比。[41] 被告在车祸后住院[42],警官在医院,不顾被告的反对,对被告进行验血。[43] 该检测被强制执行,并且对血液的酒精含量进行了分析。[44] 法院做出判决,强制检测属于第四修正案项下的搜查和扣押,但是,与所有形式的政府证据搜集相比,人的身体未受侵犯,因此,如果有合理的理由支

---

〔37〕 事实上,一个人可能认为,脑中的信息从性质上说比血液、尿液、住宅和谈话信息更为隐私,应该提供超出合理理由之外的体现合理性的证明。然而,根据当前的原则,尚没有基于信息的隐私性质的"正当理由之外"的更高标准。最高法院要求提供比正当理由标准更严格的一种情形是搜查或扣押对被告的身体造成了严重的危险;参见田纳西州诉加纳案[Tennessee v. Garner, 471 U. S. 1 (1985)],警察针对逃跑的嫌疑人使用致命性暴力的条件不仅仅是嫌疑人已经犯罪这个理由,还需要有嫌疑人非常有可能造成其他人的死亡或身体伤害这个合理理由;温斯顿诉李案[Winston v. Lee, 470 U. S. 753 (1985)],在全身麻醉的情况下强制手术需要能让人相信该手术将重新获得定罪证据的更高标准的合理理由。然而,法院拒绝在其他情形下的更高标准的正当理由。参见阿特沃特诉拉戈·维斯塔案[Atwater v. Lago Vista, 532 U. S. 318 (2001)],拒绝基于轻微的交通违章将其作为完全羁押逮捕的标准。参见 Nita Farahany, Searching Secrets, 160 U. PA. L. REV. 1239 (2012)。我们将在下文讨论 Farahany 的论点。

〔38〕 参见加州诉奥达里案[California v. Hodari D. ,499 U. S. 621 (1991)]。

〔39〕 基罗诉联邦政府案[Kyllo v. United States, 533 U. S. 27 (2001)];卡兹诉联邦政府案[Katz v. United States, 389 U. S. 347, 360 (1967)];施曼伯诉加州案[Schmerber v. California, 384 U. S. 757 (1966), 血液检测];斯金纳诉铁路劳工行政协会[Skinner v. Ry. Labor Exec. Ass'n, 389 U. S. 602 (1989),尿液检测]。

〔40〕 王森诉联邦政府案[Wong Sun v. United States, 371 U. S. 471 (1963)];沃登诉海登案[Warden v. Hayden, 387 U. S. 294 (1967)],搜查令的"紧急情况"例外;伊利诺斯州诉里德斯特案[Illinois v. Lidster, 540 U. S. 419 (2004)],适用于合理的理由和对于路障的搜查令要求的"特殊需要"例外;教育委员会诉厄尔斯案[Bd. Of Educ. V. Earls, 536 U. S. 822, 828−838 (2002)],适用于学校药检的"特殊需要"例外。参见 George M. Dery, Lying Eyes:Constitutional Implications of New Thermal Imaging Lie Detection Technology, 31 Am. J. Crim. L. 217, 242−244 (2004),认为在公共场所使用热成像测谎仪测量眼睛周围的热量不应构成"搜查",因为它们自愿向公众暴露了热量。

〔41〕 施曼伯诉加州案[Schmerber v. California, 384 U. S. 757 (1966)]。

〔42〕 同上,第 758 页。

〔43〕 同上,第 759 页。

〔44〕 同上。

持,此类检测可以接受。[45] 由于警官闻到了被告呼吸中的酒精味并且观察到被告的眼睛中有充血迹象,所以构成了合理的理由,法院判定,因为要获得搜查证所需的时间可能会使证据被销毁,所以不需要搜查证。[46] 法院还指出,这个检测是合理的,因为它是以安全的方式进行的,仅有最小限度的风险、外伤和疼痛。[47] 同样,强制 fMRI 或“脑纹识别”检测(在前一章中讨论的)将测量与内部身体活动有关的信息——在这种情况下指脑状态。因此,如果存在合理的理由相信此等检测将产生定罪证据,并且政府获得了搜查证或适用豁免搜查证的情形,则可以强制嫌疑人接受检测。此外,与验血相比,在大多数情况下,似乎神经科学检测侵入性更低。它们安全、相对无痛,并且不用刺穿皮肤。然而,在特定情况下特殊的条件可能使得检测“不合理”(从而违宪)。例如,这些条件包括在嫌疑人的身体上放置金属物体对嫌疑人进行 fMRI 检测,以及使得强制成像检测特别疼痛或危险的任何身体或心理条件。[48]

　　一个更难的原则问题涉及政府是否可以通过大陪审团传票强制进行神经科学检测。如果可以,根据当前的原则,这可以在无须政府首先证明有合理的理由的情况下实施。例如,考虑这样一种情况,政府获得了大陪审团传票,强制 20 名嫌疑人参加 fMRI 测谎测试。作为一个原则问题,传票(通常情况下,像搜查和扣押一样)必须是合理的,并且他们试图强制获得的证据必须是相关的;它们也不得被用于烦扰传票接收人。[49] 然而,鉴于最高法院对传票原则的解释方式,在实践上这些正式的要求没有提供很多保护。原因是法院将举证责任交给了传票接收人(而不是政府),以便证

---

　　〔45〕　施曼伯诉加州案,第 767—769 页。

　　〔46〕　同上,第 767—769 页。第四修正案的搜查令的“紧急情况”例外是在 1967 年沃登诉海登案[Warden v. Hayden,387 U. S. 294,298 (1967)]中确定的。

　　〔47〕　384 U. S. at 771。

　　〔48〕　温斯顿诉李案[Winston v. Lee,470 U. S. 753 (1985)],权衡了该手术的风险以及政府需要证据,判定可能提供定罪证据的子弹去除手术是不合理的强制手术;罗克林诉加州案[Rochin v. California, 342 U. S. 165 (1952)],按照警长的命令在医院强制洗胃被判定符合宪法要求。要了解随神经科学产生的危险的分析,参见 White,同本章注 31。

　　〔49〕　参见 Fed. R. Crim. P. 17;联邦政府诉迪奥尼西奥案[United States v. Dionisio, 410 U. S. 1 (1973)];联邦政府诉 R Enterprises, Inc. [United States v. R Enterprises, Inc. , 498 U. S. 292,299 (1991)],政府不能“实施任意的非法调查”。

明"没有合理的可能性显示政府寻求的材料(种类)将会产生与大陪审团调查的一般主体有关的信息"。[50]

　　实质上,对嫌疑人而言要证明 fMRI 测谎结果或"脑纹识别"检测结果使得大陪审团调查的主题信息不具有合理可能性是不可能的。在迪奥尼西奥案(Dionisio)中法院的意见提供了有指导性的参照。[51] 20 名嫌疑人接到传票向美国地方检察官提供声音样本。[52] 1 名嫌疑人提出该传票违反了第四修正案的质疑,法院未予支持,法院判定,尽管给传票接收人带来了不便或负担,但是,政府无须提供相关证明,因为大陪审团的权力具有足够的宽泛性,并且与逮捕相比,传票造成的"社会污点"程度相对较小,因此无须提供合理理由的证明。[53] 采用神经科学检测,政府无须在召集嫌疑人进行神经科学检测之前提供相关性或合理理由的证明,与逮捕相比,神经科学检测涉及的"社会污点"程度相对较小。此外,与通过传票被强制接受大陪审团数小时的质询相比,检测没有带来更大负担的或损伤。出于这些原因,史蒂芬·摩尔斯(Stephen Morse)的主张——"很明确,政府将不能使用神经科学调查技术进行'精神非法调查'"[54]并不一定是正确的,除非第五修正案、正当程序或成文法保护能够限制在这个背景下第四修正案没有给予限制的

---

[50]　R Enterprises 案,292 U. S. ,301。

[51]　410 U. S. 1 (1973)。

[52]　同上,第 3 页。

[53]　同上,第 3—7 页,第 12—13 页。

[54]　参见 Stephen J. Morse, New Neuroscience, Old Problems, Neuroscience and the Law: Brain, Mind and the Scales Of Justice 188 (Brent Gardland ed. ,2004)。最高法院没有解决有关神经影像或体液搜查的问题。地方法院也没有原则性突破。但是,参见《有关威克斯的大陪审团程序》[Grand Jury Proceedings Involving Vickers,38 F. Supp. 2d 159 (D. N. H. 1998)],唾液样本的传票是合理的;United States v. Nicolosi,885 F. Supp. 50 (E. D. N. Y 1995),在没有合理的理由和搜查令或搜查令豁免的情况下唾液样本的传票是不合理的;《大陪审团程序》[Grand Jury Proceedings (T. S.),816 F. Supp. 1196 (W. D. K. Y. 1993)],提取血样需要搜查证;Henry v. Ryan,775 F. SUPP. 247,254 (N. D. ILL. 1991),"大陪审团提出的提取物证的传票必须基于对具体个人的怀疑"。了解有帮助的分析,参见 Amanda C. Pustilnik, Neurotechnologies at the Intersection of Criminal Procedure and Constitutional Law, The Constitution and the Future of The Criminal Law(Jone Richardson, L. Song Parry ed. ,2013),可在线查询:http://ssrn. com/abstract= 2143187;Floralynn Einesman, Vampires among Us—Does a Grand Jury Subpoena for Blood Violate the Fourth Amendment?,22 Am. J. Crim. L. 327 (1995)。

内容。[55]

最近,尼特·法拉汉尼(Nita Farahany)提出的颇受争议的观点对我们在本章中得出的一些结论提出了挑战。[56] 在研究第四修正案、版权法和有关脑的证据中,法拉汉尼教授认为,当前对这些问题的分析"忽视了认知神经科学对第四修正案提出的微妙和细微的挑战"。[57] 她断言,在"笼统的主张"中这些挑战被忽视,在一个极端上,这个笼统的主张宣称个人对他们的脑信息拥有"对隐私的合理期待",而在另一个极端上,坚持认为"强制神经成像调查"是"合理的搜查,因为在相关方面它们与血液、尿液测试是相似的"[58]。她主张,可以将神经科学证据纳入四个类别组成的范围内来更好地理解这些挑战,这四个类别分别是:"识别""自动""记忆""表达"。[59] 虽然她得出结论,认为这四个类别的各类证据有权获得第四修正案的详细审查和保护,但是,她还认为可归入后两类的证据有权得到第四修正案的更多保护。她将自己的分析彰显成是对判例法和原则的"强有力的描述性"分析,但承认其规范性问题。[60]

在讨论法拉汉尼建议的证据范围之前,我们首先注意到她在构建她的理论中所使用的"极端的"和"笼统的"观点之间实际上并不对立。事实上,

---

〔55〕 正如帕尔多更详细的解释那样,同本章注 3,第 1881－1890 页,第四修正案原则中的这一差距最能解释法院错误地将"政府知识"调查转换为对该事项的分析,即是否反自证其罪将保护传票接收人免于被迫提供相关信息。在费希尔诉联邦政府案[Fisher v. United States,425 U. S. 391 (1976)]和联邦政府诉哈贝尔案[United States v. Hubbell,530 U. S. 27 (2000)]中法院的奇怪要求,即,相关的信息不得是"预料之中必然发生的事情"(费希尔案)或被描述为带有"合理的个性"(哈贝尔案),这个要求似乎是在防止"非法调查",而它是第四修正案应该保护的对象。第五修正案特权的范围取决于政府知道的范围。撇开当前的原则,在这些情况中更好的方法以及与核心第四修正案实践和原则更相符的方法可能需要政府提供某类合理性证明。由于大陪审团需要大范围的调查权力,以及涉及传票的更少"社会污点",此类证明不应成为合理的理由之一。第四修正案对于更低的标准而言已经提供了这样的需要,例如,对短暂调查拦截第四修正案仅要求"合理的怀疑"。在这种情况下类似的标准可以防止随意的"非法调查"以及给无辜人群造成负担和骚扰。参见 Pardo,同本章注 3。出于类似的理由,Erin Murphy 认为,第五修正案原则还应该进行扩展,将 DNA 证据纳入其中;参见 Erin Murphy,DNA and the Fifth Amendment,The Political Heart of Criminal Procedure:Essays on Themes of William J. Stuntz(Michael Klarman et al ed.,2012)。

〔56〕 参见 Nita Farahany,Searching Secrets,160 U. PA. L. REV. 1239 (2012)。

〔57〕 同上,第 1276 页。

〔58〕 同上,第 1275－1276 页。

〔59〕 同上,第 1277－1303 页。

〔60〕 同上,第 1308 页。

甚至相互之间关系并不紧张;我们坚定地认为,它们是完全相符的,并且是准确的。一方面,承认人们拥有它们的脑活动中的"对隐私的合理期待"仅仅是承认搜集证据的行为是"搜查",因此,这些行为属于第四修正案和其要求的范围内。[61]当有合理的理由和搜查证或为了使证据搜集具有合理性的其他原则标准得到满足时,《宪法》允许政府搜集证据。一旦确认强制检测实际上是"搜查",则在符合该原则的合理性要求的情况下确认这些搜查是"合理的搜查"便是完全一致的,就像强制血液和尿液检测一样。[62]因此,建议"笼统的主张"二分法实际上是关于证据与第四修正案原则之间的关系的学术统一的例子。

我们现在把注意力转向证据的范围和法拉汉尼描述的主张,她在各类证据之间确定的定性区分没有沿袭第四修正案原则。证据的范围基于主体对"创造证据"的控制量进行排列。[63]在一端(无控制)是"识别"证据,它包括嫌疑人的姓名、年龄、血型、指纹和声音样本。[64]她假设,在该类中的神经科学证据可能包括通过脑电波检测(EEG)使用"无创伤性的头盔"记录某人的"脑纹信号",如果"每个人的信号是唯一的",则它可以提供"识别"证据。[65]下一个是身体中"自动产生"的证据。[66]例如,她讨论了测量脑的葡萄糖代谢的模式以及可以提供酒精中毒定罪证据的 PET 扫描。[67]下一个

---

〔61〕　参见 Nita Farahany,Searching Secrets,160 U. PA. L. REV. 1239(2012),第 1275 页。对于这个观点,Farahany 引用我们的理论。参见 Michael S. Pardo,Neuroscience Evidence, Legal Culture, and Criminal Procedure,33 Am. J. Crim. L. 301 (2006),认为神经影像可能构成"搜查",并且应遵守适用于宪法对搜查的原则性要求。

〔62〕　对于这个观点,法拉汉尼引用了 Dov Fox,Brain Imaging and the Bill of Rights:Memory Detection Technologies and American Criminal Justice,8 Am. J. Bioethics 34,35 (2008)。参见 Farahany,同本章注 56,第 1275 页。然而,像 Pardo 一样,同本章注 61,Fox 还做出结论认为神经影像可能构成"搜查",并且应遵守其他的合理搜查要求从而符合《宪法》的原则性要求。

〔63〕　Farahany,同本章注 56,第 1274 页,这四个类别包括的范围从第一类到最后一类,个人对创造证据实施的控制逐级增加。

〔64〕　同上,第 1277—1283 页。

〔65〕　同上,第 1281—1282 页,已经开发出了使用"无创伤性的头盔"记录脑电图信号的技术。也许在未来的某一天警察可能使用这项技术以将嫌疑人的脑纹图案与脑纹图案数据库中的信息进行比对的方式进行现场识别。

〔66〕　同上,第 1282—1288 页。

〔67〕　同上,第 1287 页,可能未来有一天警察可以通过直接检测大脑中的酒精中毒水平,不再使用呼吸分析仪或血液酒精检测。

是"记忆"的证据,它包括文件、图画、照片、电子记录以及"大脑中的编码记忆"。[68] 另一端(控制)是"表达",包括"用言语表达或有意识地在脑中回忆的思想、视觉影像、言语或陈述"。[69] 表达可以是自愿的或"激发的",后者"在强制嫌疑人回答问题或提示时(无论默默地或大声地)"出现。[70]

法拉汉尼的描述性观点是,对于有关脑的证据搜集来说,第四修正案对识别证据或自动的证据提供了一些保护,但是,与前两种证据相比,为记忆的证据和激发的表达提供的保护更多。[71] 她认为,如果嫌疑人选择不透露其思想,"仅有特别的情况可以证明侵入隐蔽的表达存在合法性"[72]。

法拉汉尼描述的范围对不同类型的神经证据的分类来说是有用的,但是,她划出的宪法界限并没有体现出第四修正案。首先,在确定它是否是"搜查"的这些类别之间没有定性区别,它们都是搜查。其次,对于沿用是否是根据《宪法》进行的搜查的标准,这些类别之间没有定性区别。合理的理由和搜查令要求以及这些要求的例外同样适用于每个类别。此外,再看看根据法拉汉尼的分析据称获得第四修正案最多保护的"激发的表达"类别。不存在适用于激发的表达的"合理的理由"的更高标准。[73]

事实上,在一些情况下,对于激发的表达来说,政府的举证责任低于其他类型的证据。例如,被传唤在大陪审团面前作证,就是强制嫌疑人通过激发表达的方式透露其思想。然而,出于上面讨论的原因,根据当前的传票原则政府的举证责任是较低的责任。

法拉汉尼对神经技术和当前的第四修正案原则的互动中出现的规范问题表达了担忧,我们认同这种担忧。然而,我们不认为这种规范问题将沿着

----

〔68〕 Farahany,同本章注 56,第 1288—1289 页。我们在第四章中讨论了用于记忆的简化概念产生的概念难题。

〔69〕 同上,第 1298—1303 页,指"大脑中的沉默表达"。

〔70〕 同上,第 1298 页。

〔71〕 同上,第 1307 页。

〔72〕 同上,第 1303 页。

〔73〕 最高法院判定第四修正案对于致命暴力的使用,参见田纳西州诉加纳案(Tennessee v. Garner,471 U. S. 1 (1985),或对被告的身体构成其他严重风险的情形,参见温斯顿诉李案(Winston v. Lee,470 U. S. 753 (1985)。需要更合理的理由,上述例子不是被告"激发的表达"。参见阿特沃特诉拉戈·维斯塔案[Atwater v. Lago Vista,532 U. S. 318 (2001)],在该案中,对于基于轻微的交通违章的完全羁押逮捕,法庭考虑并拒绝了高于合理的理由的更高标准。

她划定的区别的方向发展。例如,我们假设,与许多人的记忆内容或关于各种非个人事宜的激发表达(按照她的分析将获得更多的保护)相比,他们对自己的血液信息(例如,艾滋病病毒状态)或基因信息(这两个例子均属于识别—自动类别,按照她的分析将获得更少的保护)的内容具有更高的隐私权益期望。

二、第五修正案

与第四修正案相比,神经证据与第五修正案的反对自证其罪的特权之间的关系更加复杂。这种复杂性的产生可归于两类原因:有对于原则而言的一般原因,还有神经科学背景下的特殊原因。一般原因指自证其罪原则在特定范围内本身是不明确的,其复杂性似乎无视每一个为解释和证明它而提出的宏观规范理论。[74] 特殊原因指神经科学提供了证据的例子,这些例子符合关键的原则类别。更重要的是,该特权适用于"言辞"证据,而不适用于"实物"证据。[75] 但是,有时神经科学证据既是"言辞"证据又是"实物"证据。一方面,强制脑扫描被描述成政府"正在窥视个人思维的过程"和"正在搜查和阅读某人的精神",以及提供某人的相信、明知、故意和其他精神状态的证据。[76] 另一方面,"fMRI 扫描仅检测脑中的氧气……这个检测过程无法达到阅读思想的程度"。[77] 法拉汉尼在最近的一篇文章中断言:"'实物'证据或'言辞'证据均未准确地描述神经学证据。"[78] 尽管如此,对于刑事嫌疑人当前对该特权的可用性取决于该证据是否属于"言辞"证据以及其他原则要求。

反对自证其罪的特权适用于符合三个正式要求的证据:(1) 强制的;

---

〔74〕 要了解一般性的讨论和例子,参见 Ronald Allen 和 Kristen Mace, The Self-Incrimination Clause Explained and Its Future Predicted, 94 J. Crim. & Criminology 243 (2004)。

〔75〕 施曼伯诉加州案[Schmerber v. California, 384 U. S. 757 (1966)]。

〔76〕 Paul Root Wolpe, Kenneth Foster & Daniel D. Langleben, Emerging Neurotechnologies for Lie-Detection:Promises and Perils, 5 AM. J. BIOETHICS 39 (2005)。

〔77〕 参见怀特(White),同本章注 31。

〔78〕 参见 Nita Farahany, Incriminating Thoughts, 64 STAN. L. REV. 351 (2012),神经科学革命对当前自证其罪原则造成了深远的挑战,并且暴露了其核心中的深层概念困惑。

(2)定罪的;(3)言辞交流。[79] 在本节中我们的分析是围绕这些要素来组织的。基于上述原因,第三个要素是最复杂的,也是我们优先讨论的重点。我们将讨论最近的有关第五修正案的相关学术观点,并且再一次阐明实际的后果,它取决于我们提出的概念问题,然后我们将对本部分做出结论。

第一要素——强制,指促使嫌疑人做出定罪陈述,或以其他方式透露定罪的言辞证据的政府行为。就第五修正案而言,政府行为是否是"强制"取决于政府行为的种类,而并不一定取决于向嫌疑人所施的压力。有关强制的明确例子包括针对不作证的可能面临藐视法庭的指控威胁或针对不供认的暴力威胁。[80] 相比之下,提供有利的辩诉协议或欺骗嫌疑人做出陈述不构成"强制"。[81] 强迫嫌疑人(通过藐视法庭的指控威胁或身体强制)接受MRI、fMRI、脑电波检测或其他神经科学检测可能构成强制。[82]

第二个要素——归罪,指强制获得的信息是否将用于对嫌疑人的刑事检控,无论该信息是直接证据或源自其他证据。广义地解释,"归罪"包括"能够合理用在刑事检控或能够引向可被使用的其他证据"的证据。[83] 在下列情况下"归罪"不适用,从而特权也不再适用:当嫌疑人被授予豁免权

---

〔79〕 要了解对每个要素上的原则以及各要素引起概念问题的明确阐述,参见 Allen 和 Mace,同本章注 74。

〔80〕 参见马洛伊诉霍根案(Malloy v. Hogan, 378 U. S. 1, 1964)。另外参见格里芬诉加州案[Griffin v. California, 380 U. S. 609 (1965)],不得针对被告行使该特权提起诉讼;另外参见莱夫科维茨诉特纳案[Lefkowitz v. Turner, 414 U. S. 70 (1973)],取消符合下列条件的州法律:要求州合同中包括这样的一项条款,即,缔约方就合同标的放弃援引自证其罪的特权。最高法院在米兰达诉亚利桑那州案[Miranda v. Arizona, 384 U. S. 486 (1966)]中的决定解释了著名的"米兰达规则"旨在反对警察拘押讯问的固有强制环境。

〔81〕 参见伊利诺伊州诉珀金斯案[Illinois v. Perkins, 496 U. S. 292 (1990)],向扮成同狱犯人的警察卧底提供的陈述不是强制的;俄勒冈州诉马蒂森案[Oregon v. Mattiason, 429 U. S. 492 (1977)],误导嫌疑人认为在犯罪现场发现了其指纹,该误导不构成随后陈述的强制。就文件而言,强制规则适用于被告是否被迫制造文件,而不仅仅是出具文件。参见费希尔诉美国案[Fisher v. United States, 425 U. S. 391 (1976)]。拒绝接受血液酒精浓度检测的证据被判定不构成强制,因为该能够直接强制被告接受检测,相反还了他们一次选择。参见南达科塔州诉内维尔案[South Dakota v. Neville, 459 U. S. 553 (1983)]。

〔82〕 在嫌疑人不知晓的情况下对嫌疑人的脑活动进行扫描属于第四修正案中所指的搜查,从而适用于前一部分中所做的分析。

〔83〕 卡斯泰格诉联邦政府案[Kastigar v. United States, 406 U. S. 441 (1972)]。

时；[84]当该信息可能仅引起非刑事惩罚时，例如，丢失工作，或失去许可，或耻辱或难堪；或当搜集信息是为了控告某第三方，包括朋友和家人。[85]强制性神经科学检测属于这些规则的范围内：如果结果可能导致在刑事诉讼中使用证据，则将满足归罪要件；当嫌疑人被授予豁免权，或仅面临非刑事制裁，或为了控告某第三方而搜集信息时，嫌疑人不能行使该特权。因此，这项要求指第五修正案特权没有提供"精神隐私""认知自由"或"精神控制"的基本《宪法》权利。[86]在遵守其他法律限制的条件下，如果证据不属于自证其罪的证据，政府能够根据第五修正案强制获得来自嫌疑人的思想或脑的证据。

第三个要素——证词，与前两个要素相比，它的分析难度更高。然而，两个原则将有助于描述这个要素的范围。首先，"言词"证据与"实物"证据或"物证"的对比。最高法院在施曼伯（Schmerber）案的意见中，在其做出强制血液检测不属于反对自证其罪的特权范围的结论时明确指出了这个区别，（从以前的判例法）产生的区别（常常以不同方式表述）指该特权反对强制获得"交流"或"证词"，但是，对于嫌疑人或被告作为"实物证据或物证"的来源的强制不违反这项特权。[87]

为了这个目的，除了血液检测之外，该特权还不适用于：强制从嫌疑人的身体上获得的其他证据，例如，头发、指纹和呼吸分析仪检测[88]；声音[89]和笔迹[90]标本（因为身体特征具有关联性）；列队接受辨认[91]或试

---

〔84〕　卡斯泰格诉联邦政府案。

〔85〕　参见厄尔曼诉联邦政府案［Ullmann v. United States，350 U. S. 422，430—431（1956）］。

〔86〕　参见 B. Michael Dann，The Fifth Amendment Privilege against Self-Incrimination：Extorting Physical Evidence from a Suspect，43 S. CAL. L. REV. 597（1970），讨论隐私；Richard G. Boire，Searching the Brain：The Fourth Amendment Implications of Brain-Based Deception Devices，5 Am. J. Bioethics 62（2005），讨论"认知自由"；Dov Fox，The Right to Silence Protects Mental Control，Law and Neuroscience（Michael Freeman ed.，2010）；Uviller，同本章注 4，325 页注 50，特权保护某人的"精神内容的主权"。

〔87〕　384 U. S.，764。

〔88〕　同上，第 760—765 页。

〔89〕　联邦政府诉迪奥尼西奥案［United States v. Dionisio，410 U. S. 1（1973）］。

〔90〕　联邦政府诉玛拉案［United States v. Mara，410 U. S. 19，21—22（1973）］。

〔91〕　联邦政府诉韦德案［United States v. Wade，388 U. S. 218，221—223（1967）］。

穿衣服的命令。[92]

正如这些例子明确说明的那样，第五修正案"证词"的范畴与口头或书面表达并不完全相同。一方面，有时口头的或书面的表达在特权的范围之外，例如，通过声音或笔迹样本。另一方面，要列入特权的范围之内，口头或书面的表达不是必要条件。这产生了描绘"言词"证据的第二个原则：不包括口头的或书面的断言证据可以起证词作用，从而归入该特权范围。最高法院在传票案例中的观点说明了（非口头的或非书面的）身体行动怎样构成受保护的第五修正案"证词"。当传票接收人通过提供被要求的实物或文件来回应时，法院解释，接收人的行为说明接收人知晓存在该物；拥有它，并且相信其提供的实物是被要求提供的实物。[93] 换言之，所要求提供的实物或文件不受保护，但是"言词的""举证行为"受该特权的保护。例如，在费希尔诉联邦政府案（Fisher v. United States）中，法院判定对税务单据的传票的回应没有影响该特权，因为政府已经知晓该单据的存在和地点；因此，政府没有使用被告提供的不利于其的证词作为证据。[94] 相比之下，在联邦政府诉哈贝尔案（United States v. Hubbell）中，法院判定，该特权适用于政府无法详细描述的文件要求，因为政府使用了"（哈贝尔）的精神内容"，从而在搜集

---

〔92〕 霍尔特诉联邦政府案［Holt v. United States，218 U. S. 245，252－253（1910）］。在施曼伯案（Schmerber）中，法庭解释了"价值的复杂性"，该特权旨在服务：

该特权的《宪法》基础是政府——州政府或联邦政府——必须尊重公民的尊严和诚实。要保持"州与个人之间的良好平衡"，要求政府"承担全部的责任"……尊重人的个性的不可侵犯性，我们的刑事司法的诉讼制度要求政府在惩罚任何人时必须通过自己独立的工作得出证据，而不是通过残忍的、简单仓促的方法从嫌疑人的口中得到证据。

384 U. S. at 762。但是，法庭还指出，从历史上看该特权不得延伸到这些价值暗示的范围，并且承认这些价值可能还包括该特权的原则性范围之外的一些物证例子。同上，第762－763页。

〔93〕 费希尔诉联邦政府案［Fisher v. United States，425 U. S. 391（1976）］。

〔94〕 425 U. S. 391，411（1976）。另外参见多伊诉联邦政府案［Doe v. United States，487 U. S. 201（1988）］，在该案中，大陪审团传票的接收人收到指示要求其签署一份披露其名下的外国银行账户详细信息的表格（在不承认它们存在的情况下）。法庭判定，因为签署该表格的行为没有引起举证的"言辞方面"，所以该特权不适用于此："尽管签署了该表格，多伊没有就任何外国银行账户的存在或他对任何其他账户的控制做出陈述，无论明示的或暗示的。"同上，第215－216页。法庭解释该政策在下列方面超出了该特权的范围："使被告免于直接或间接证明其知晓其与该犯罪活动有关的事实，或免于向政府告知他的思想和信仰。"同上，第213页。

和披露特定的文件中使用了不利于他本人的证词。[95]

从这两个原则,我们能够明白特权的范围取决于政府是否使用被告的精神状态的内容用于定罪,无论该内容的表达方式是口头的还是书面的。当政府依赖非言词物证(包括声音和笔迹样本)时,证据不依赖于被告的精神状态。然而,当政府依赖于嫌疑人出具的不利于自己的言辞时,则证据的确依赖被告身体行为暗示的精神状态的内容(例如,在对传票做出回应时)。当重点放在精神状态的内容时,该特权的重点似乎是哲学家所指的"命题态度"。命题态度是精神状态,例如信仰、思想、怀疑、希望、祝福、欲望或明知,反映了对特殊命题或关于特殊命题的特殊态度;[96]例如,某主体相信某某人(例如,"在抢劫期间受害人在城外")或知晓某某事(例如,"我抢劫了这所房子")。该特权似乎适用于这些命题的内容(换言之,"某某人"和"某某事"),并且限制政府使用该强制证据用于定罪。[97] 属于这个范围内的证据与这个范围外的证据的一个关键差别,即是否依赖被告作为认知权威的来源。换言之,该特权防止政府使用被告的精神状态的内容作为言词证据的来源。

两个例子将有助于进一步具体化第五修正案"证词"的范围以及与认知权威有关的问题。首先,考虑在死刑量刑程序中使用精神病检测,以确定未来的危险性。在埃斯特尔诉史密斯(Estelle v. Smith)案中,法院判定被告在检查中所做的陈述是"证词",因为"政府使用了他披露的内容作为针对被告的证据"[98]。特别是,作证的心理学家得出了这样的结论:根据被告在检查过程中对其之前的犯罪的陈述,被告存在严重的"反社会人格障碍",并且

---

〔95〕　530 U. S. 27 (2000)。同时参考联邦政府诉多伊案[United States v. Doe, 465 U. S. 605, 612－617 (1984)],在该案中,大陪审团传票的接收人根据传票要求出具商业记录的行为符合"言词的"证据,因为它们可能证明这些文件的存在和真实性。

〔96〕　参见 Robert L. Matthews, The Measure of Mind: Propositional Attitudes and Their Attribution (2010); Thomas Mckay & Michael Nelson, Propositional Attitude Reports, Stanford Encyclopedia of Philosophy (2010),可在线查阅:http://plato. stanford. edu/entries/prop-attitude-reports/; A Companion to the Philosophy of Language, 679 (Bob Hale & Crispin Wrighted. , 1999)。

〔97〕　参见 Allen & Mace,同本章注 74,第 246－247 页,认为就该特权而言"证词"适用于"认知的实质内容"以及"具有人们公认的真理价值的命题"。根据正文中上面描述的规则,特权可能还适用于某人的错误看法,例如,被告错误地认为受害人指定被告为其遗嘱的受益人;并且适用于既不对也不错的情形,例如,如果该内容被用来确认该人是某犯罪活动的罪犯。

〔98〕　埃斯特尔诉史密斯案(Estelle v. Smith), 451 U. S. 454, 459－460, 463－466(1981)。该被告披露的内容是他所说的内容。要了解对埃斯特尔案的进一步分析,参见 Allen & Mace,同本章注 74。

"他将做出类似的或同样的行为"。[99] 该专家依赖了被告陈述的内容;并且被告充当了与该内容有关的认知来源。其次,让我们思考这样一种情况,一名嫌疑人被问到他是否知晓他的六岁生日是哪一天,目的是为了确定他醉酒的程度。在宾夕法尼亚州诉莫里兹案(Pennsylvania v. Muniz)中,法庭必须确定对这个问题的回答(在这个案子中,即"我不知道")是否符合证词条件(以及其他强制证据,例如,现场清醒度测试和"预订"过程中引出的个人资料)。[100] 尽管法院最终判定六岁生日问题适用于反对自证其罪的特权,但是,从技术上看,它没有对它是否是"证词"这个问题做出裁定。四名法官认为它是证词[101],还有四名法官认为它不是证词[102],大法官马歇尔(Marshall)没有理会证词与非证词之间的区别,并且认为该特权应该适用于所有证据,无论证词的质量如何,从而为六岁生日问题投了第五票。[103] 这个问题以及对这个问题的回答不是"证词",因为回答的内容不是定罪的依据。这个问题在那时可以检测被告的精神敏度,这可能用于定罪,但是,构成定罪的原因是该问题之外的其他原因。[104] 政府不得依赖被告精神状态的内容;被告不得充当该内容的权威或为该内容"作证"。

这些原则为确定强制神经检测在什么情况下是证词,在什么情况下不是证词,从而确定在什么情况下适用该特权提供了指导。对于该检测产生的证据而言,只要其相关内容取决于被告的精神状态,特别是其观点态度的内容,则该证据可能成为证词。如果该证据也是强制的和定罪的,则适用该

---

〔99〕 451 U.S.,第459—460,464—465页。

〔100〕 宾夕法尼亚州诉莫里兹案(Pennsylvania v. Muniz),496 U.S.582,586(1991)。

〔101〕 同上,第593—602页。

〔102〕 同上,第607—608页,首席大法官伦奎斯特(Rehnquist,C.J.)部分同意,部分反对。

〔103〕 同上,第616页,大法官马歇尔(部分同意,部分反对),"我相信(该)特权适用于某人被强制提供的不利于其的任何证据"。尽管"证词"要求似乎牢固地存在于当前的原则当中,大法官托马斯(Thomas)得到了大法官斯卡利亚(Scalia)的支持最近表达了一种愿望,将基于历史根据考虑该特权是否应该扩展至非言辞证据。联邦政府诉哈贝尔案[United States v. Hubbell,530 U.S.27,49—56(2000)],大法官托马斯表示同意。Richard A. Nagareda 认为,将该特权的适用范围延伸的观点更符合对第五修正案中"作为证人"这个表达的原初理解,他认为,"作为证人"指提供的证据不仅仅包括"言辞交流"。参见 Nagareda,同本章注4,第1587页。Akhill Amar & Renee B. Lettow 支持基于历史的、原初理解的"言辞"限制。参见 Amar & Lettow,同本章注4,第919页,与一些州的法律不同,例如,1780年马萨诸塞州法律,第五修正案禁止政府强制被告"自证其罪"。

〔104〕 参见 Allen & Mace,同本章注74,得出了类似的结论并且对莫里兹案(Muniz)提供了进一步分析。

特权。因此,即便神经检测从被告的身体上搜集了物证(例如,强制的血液检测),像"提供证词"一样,该证据可以提供被告的所信、所知和其他精神状态的定罪证据。当政府尝试将这些状态的内容用作证据时,则适用该特权。

有四个例子将帮助我们阐明这个区别。

例1:温斯顿(Winston)是某银行抢劫案的嫌疑人。温斯顿不承认与该案有任何牵连。政府(出示了合理的理由和搜查令[105])想强制温斯顿接受fMRI扫描检测,目的是询问他一些问题,这些问题是关于他是否涉及该犯罪的问题。如果检测结果显示他存在欺骗,[106]则政府计划使用该审讯结果作为有罪证据,或针对温斯顿搜集更多证据。

例2:亚历克斯(Alex)因为刑事诈骗被捕。被捕时,他的律师声明,亚历克斯缺乏进行欺诈和刑事诈骗所需的精神能力。[107]政府想强制亚历克斯接受fMRI扫描检测,目的是使用这个结果作为证据,如果在亚历克斯回答问题的过程中,亚历克斯的脑活动与同欺骗有关联的活动相匹配,则认为他可能实施了该行为。

例3:温斯顿,仍然是那名银行抢劫案的嫌疑人,现在被强制接受"脑纹扫描"检测。[108]他看到了银行金库的图片(只有银行职员和抢劫者看到过)并且看到了该犯罪的细节。政府想采用检测结果作为温斯顿的有罪证据,因为该检测结果说明在向其出示图片和细节时温斯顿已经事先知晓相关信息。

例4:亚历克斯仍然是那名诈骗案的嫌疑人,声称自己患有短期记忆障碍,这种说法对其行为做出了解释,但是对实施诈骗的意图没有做出解释。政府强制亚历克斯接受"脑纹扫描"检测。他们首先向他提供了一些细节,然后很快对其进行检测以便查出这些结果是否在向他出示这些细节的时候说明"已知"或"有记忆"。政府想将这些结果用于有罪证据,认为这些结果证明了亚历克斯在检测中确认的这些细节,从而认定没有患有他所声称的

---

〔105〕　参见第一部分,Allen & Mace,同本章注74。
〔106〕　参见第四章。
〔107〕　参见第五章。
〔108〕　参见第四章。

记忆障碍。

在这些例子中，温斯顿能够行使该特权，而亚历克斯则不能。[109] 在温斯顿的例子中，为了获得温斯顿所信或所知的定罪内容，强制检测是相关的。欺诈的证据是相关的，因为它提供了温斯顿相信他参与了该犯罪的证据；"脑纹扫描"证据是相关的，因为它提供了温斯顿知晓犯罪现场和犯罪细节的证据。相比之下，亚历克斯的例子不涉及使用亚历克斯的精神状态的定罪内容的尝试。这两个检测提供了亚历克斯精神能力的证据，它们的相关性不依赖它们揭示定罪内容的事实。因此，这个检测像其他强制检测一样，相关性依赖于特殊的实物细节，例如，血液检测和笔迹以及声音样本，并且不是被告被强制充当证词来源（以及与其精神状态的定罪内容有关的认知权威）的情形。这些结果符合法庭在施曼伯案中的判决附带意见，尽管强制的测谎仪检测的是物理细节（身体信息），但是仍然可能是种证言：

> 一些检测表面上看旨在获得"物证"，例如，在审问过程中测量身体功能变化的测谎仪检测可能实际上是为了引出能够形成实质证词的回答。[110]

如果神经科学检测用于此等目的，则适用该特权。[111] 我们的分析，将自证其罪和关于大脑、精神的证据之间的关系的三个其他学术讨论进行了对比，通过这样的对比我们将结束本节内容。

---

[109] 如果该证据可以被采用，则证据规则可能为如何提供证据的方式设置限制。参见 Fed. R. Evid. 704，对于在相关事件期间被告的精神状态的"最终问题"，限制专家证言。

[110] 384 U. S. ，764。另外参见 Allen & Mace，同本章注 74，第 249 页，非自愿测谎仪违反了《宪法》，这是普遍的直观。

[111] 适用时，该特权的其他原则性规则亦适用。参见格里芬诉加州案［Griffin v. California, 380 U. S. 609 (1965)］，不得针对被告行使该特权提起诉讼；巴克斯特诉 Palmigiano 案［Baxter v. Palmigiano, 425 U. S. 308 (1976)］，在针对行使该特权的当事方提起的非刑事诉讼中，判定可以得出不利推断；加州诉拜尔斯案［California v. Byers, 402 U. S. 424 (1971)］，为了有利于非刑事监管制度的要求，该特权不适用于强制的车祸披露；巴尔的摩市社会服务局诉布克特案［Baltimore City Department of Social Services v. Bouknight, 439 U. S. 549 (1990)］，为了有利于非刑事社会服务管理，该特权不适用于监护要求。

在多弗·福克斯(Dov Fox)的一篇富有深刻见解的文章中,他指出一般情况下沉默权保护所有形式的"精神控制"。[112] 根据福克斯的观点,沉默权保护一个人的"大脑工作不被政府利用",并且禁止"政府控制任何人的思想,无论是自证其罪还是非自证其罪"。[113] 福克斯说明的沉默权在两个主要方面不同于当前的原则。首先,通过扩大此等"非自证其罪"证据的拟议权利,它消除了定罪要求,而定罪要求是当前原则基础的组成部分。其次,通过扩大所有形式的"精神控制"的权利,它在很大程度上消除了它目前存在的"证词"要求,而这是我们在上文重构的适用于嫌疑人观点态度的强制定罪内容。例如,福克斯的分析暗示了该特权适用于上述的所有四个例子(温斯顿和亚历克斯),并且它暗示,该特权适用于许多目前尚不适用的领域,例如,笔迹和声音样本。简言之,尽管我们认为福克斯的讨论是有趣的替代建议,但是,我们的重点是目前的原则和神经科学证据之间的关系,而不是当前的宪法性的刑事诉讼程序是否应该面临大规模变更的问题。[114]

尼特·法拉汉尼从上面讨论的证据范围的角度研究了第五修正案和第四修正案。[115] 让我们回忆一下,法拉汉尼将证据分成了四个类别:识别、自动、记忆和表达。[116] 她的分析融合了自己的频谱分析范畴,以及之前的由威廉·斯图兹(William Stuntz)阐述的反对自证其罪的特权理论。[117] 根据斯图兹的"原谅"理论,我们通常会原谅被告在被迫作证可能导致伪证的情况下保持沉默的举动。[118] 简言之,被告在避免有罪证明中的个人利益是很大的,足以诱使其在提供证据的过程中采取错误的行动(提供伪证)。正如法拉汉尼解释的那样,原谅原理的规范性吸引力是其提高的可靠性,因为"作为特权的原谅使所获得的证词的可靠性最大化了"[119]。然而,她的目的主要

〔112〕　Fox,同本章注 86。

〔113〕　同上,第 265 页。

〔114〕　就不同于当前原则的该特权的其他一般性理论观点而言,同样如此。参见 Daniel J. Seidmann & Alex Stein, The Right to Silence Helps the Innocent: A Game-Theoretic Approach to the Fifth Amendment Privilege, 114 Harv. L. Rev. 430 (2000)。

〔115〕　Farahany,同本章注 78。

〔116〕　同本章注 63—70 以及随附的文字。

〔117〕　William Stuntz, Self-Incrimination and Excuse, 88 Colum. L. Rev. 1227 (1988)。

〔118〕　同上。

〔119〕　Farahany,同本章注 78,第 366 页。

是描述性的。她认为斯图兹的免责模型为该特权提供了最积极的分析，但是，由于未将原谅原理映射到她的频谱上，这种模型失去了"描述的力量"。[120] 将两者相结合，她做出了这样的结论，"对于如何判定自证其罪的案子提供了最积极的分析"。[121]

记录和言辞证据的类别是最困难的理论难题。正如法拉汉尼解释的那样，之所以如此是因为许多识别的和自动的证据将属于物证和言辞证据中的"物证"，这种说法是正确的。[122] 她认为，嫌疑人自愿产生的（而不是被迫产生的）记忆证据内容不适用于该特权。[123] 法拉汉尼激进地主张，类推到文件案例，这将也适用于被告的记忆。换言之，记忆的行为（例如，有意识地回忆它们、表达它们或把它们写下来）——而不是嫌疑人记忆的内容——在政府没有强制嫌疑人创造记忆的情况下将受到保护。[124] 因此，可能"提取"记忆的神经科学检测不适用该特权，政府能够根据第五修正案强制嫌疑人接受此等检测。她解释说：

> 记忆就像商业票据和其他由个人以有形形式创造的可记忆的文件。它们是自觉意识、经历和内部反射的被储存和记录的证据。这样的分析将记忆比作了储存在大脑中的有形记录，并且能够在不唤起被告人的自觉意识、表达或沉思合作的情况下重新获得。该特权的原谅模型预言记忆的实质内容不适用特权。[125]

对于表达，法拉汉尼对自愿表达和"激发的"表达进行了区分。[126] 根据她的分析，特权适用于后者而非前者。[127] 表达——包括口头和书面行为、嫌

---

[120] Farahany，同本章注78，第365页。

[121] 同上，第366页。

[122] 同上，第368—379页。这些类别中的例子可能包括身体特征、血型、声音和笔迹样本（识别的），以及眨眼、心率和出汗（自动）。法拉汉尼将"名字"归入了识别证据类别中，但是，在某些情况下表明自己的名字可能是"言辞证据"，因为它可能暴露其他的识别信息（例如，生日）。要了解相关讨论，参见Pardo，同本章注3。

[123] Farahany，同本章注78，第388页。

[124] 同上。

[125] 同上，第388页。

[126] 同上，第389—394页。

[127] 同上。

疑人默默地自言自语中提及的事情,以及被她称为"大脑表达"的一些事情——在政府迫使嫌疑人进行表达(例如,通过提问题或向该人提供图片)时被激发。[128] 换言之,嫌疑人可以保持沉默,并且政府不得将被告被激发的表达用作证据。这可以包括提供记忆的行为,但是不包括记忆的内容,因为"查询记忆的过程很像找遍某个档案柜来寻找相关文档的过程"。[129]

　　法拉汉尼的模型所包含的特权的范围既不足又过度。然而,在讨论该分析之前,我们首先注意到她依赖的"原谅(excuse)"理论本身就没有解释特权的范围。正如罗纳德·艾伦(Ronald Allen)和克里斯汀·梅斯(Kristen Mace)认为的那样,"原谅"理论(像依赖于被告是否拥有提供伪造证据的选择权的其他理论一样)无法对各种问题的现有原则结果做出解释,包括笔迹和声音样本、披露自愿制造的文件的传票以及强制测谎检测的假定。[130]

　　一方面,法拉汉尼关于记忆证据的结论包含的范围不足。出于上面解释的原因,记忆的内容构成了言辞证据。然而,法拉汉尼认为,它们不是被强制的,因为它们像自愿制造的文件或图片一样。我们不同意这种类比。记忆不像图片或照片那样,存在于脑中并且能够像计算机或档案柜中的文件一样被取出。[131] 记忆的内容和提供记忆无法被轻易分开。在强制被告透

---

〔128〕　Farahany,同本章注 78,第 390 页。如果(被告)被迫回忆该犯罪,(被告)将承认在他的脑中这些记忆的存在、内容、实质性内容、暂时的编码和位置。"大脑表达"(在该文中与"有意识的回忆"这个概念似乎是"部分性谬误"的例子;参见我们在第一章中讨论过的 M. R. Bennett & P. M. S Hacker,Philosophical Foundation of Neuroscience(2003)。

〔129〕　同上,第 391 页。

〔130〕　Allen & Mace,同本章注 74,第 266 页,对于第五修正案的当前理论而言,测谎、范本和文件传票均产生了问题。基于隐私和选择的理论未正确预测案件的结果。

〔131〕　参见 Martin A. Conway, Ten Things the Law and Others Should Know about Human Memory,Memory and Law,368(Lynn Nadel & Walter Sinnott-Armstrong ed. ,2012),解释称记忆是一个建设性的过程,记忆不像录制介质产品;Daniel J. Simons & Christopher F. Chabris,What People Believe about How Memory Works:A Representative Survey of the U. S. Population,6 PLOS ONE 5 (2011),指出接受调查的人中大多数人详细记忆像录制设备一样工作,并且这种观点"与记忆是建设性的过程这种得到确认的观念相冲突"。

露记忆的过程中,政府强迫其说出其保留的所信或所知的内容。[132] 换言之,政府正在强迫该被告充当为其自己定罪的认知权威。这一点与之前制造文件或表达不同,在该文件或表达中被告已经自愿表达其所信或所知的内容。该特权适用于被强制的被告的观点态度的定罪内容,包括其记忆,而不考虑获得它们的方式。为了理解这个规则与法拉汉尼建议的规则之间的差别,让我们思考下面的假设例子。假设强制催眠能够使被告透露真实的内容。[133] 根据法拉汉尼的规则,政府能够根据第五修正案强制每名刑事被告接受催眠并且在法庭的证人席上呈现其记忆。该特权不适用于其必须说的内容。在这个场景中,我们已经排除了将记忆的产生置于特权范围内的生产行为危险(根据原谅理论以及法拉汉尼的分析),剩下的就是有罪的记忆。法拉汉尼在这里可能已经勉为其难了,断定政府能够强制对所有刑事被告进行催眠,并且让他们作证,但是,我们认为这个例子提供了反对自证其罪的特权的说明情景的归谬法。我们的分析暗示了这种强制证词可能适用该特权。

另一方面,法拉汉尼的关于激发表达的结论所包含的范围是过度的。并非所有的激发表达适用该特权。就该特权而言,有时激发的表达产生的证据是"非证词"的。这样的例子包括上述的两个亚历克斯假设以及莫里兹

---

〔132〕 Farahany 在她的文章的这一部分中引用的两个有趣的观点支持了我们的分析,与我们的分析并不矛盾。Martin J. Chadwick 等, Decoding Individual Episodic Memory Traces in the Human Hippocampus, Current Biology, 544 (2010); Jesse Rissman, Henry T. Greely & Anthony D. Wagner, Detecting Individual Memories through the Neural Decoding of Memory States and Past Experience, 107 PNAS 9849 (2012)。我们还将在第四章中讨论这些观点。在 Chadwick 等的研究中,在被试者回忆每个场景,并且在几次回忆每个场景过程中接受扫描,研究者预计被试者在一半时间中能回忆起三个场景中的哪个。在 Rissman 等的研究中,被试者将判断他们正在看到的面孔是新面孔还是之前出现过的面孔,并对他们进行了测试;该结果证明记忆的活动和主观经验之间存在某种相关性(即,该人认为之前是否见过该面孔),而不是该面孔之前是否真正被看到过(即,记忆的主观经验是否错误,或该人是否曾经见过该面孔,即便他们没有回忆起)。换言之,该项研究没有支持像记忆是之前制造的文件或由第三方从主体的脑中提取的记录的观点。相反,这两项研究均适度支持了神经活动可以被用于预测做被试者可能同意的认知状态的观点,不必然是真实的或可靠的认知状态。这类似于某人认为某命题的真假(不是实际的真假)的测谎情况下的区别。

〔133〕 鉴于目前对催眠的理解,这是可以进行辩论的命题,但是,对于我们的论点来说其可行性不是必要的。对于催眠的神经科学研究,参见 David A. Oakley & Peter W. Halligan, Hypnotic Suggestion and Cognitive Neuroscience, 13 Trends In Cog. Neuroscience (2009)。

案中的六岁生日问题。[134] 尽管政府可能将激发表达用于刑事检控,但是,政府不得依赖被告精神状态的定罪内容;相反,定罪证据是关于被告的基本认知能力,从原则上将它置于"非证词"范围内,这样的例子包括声音和笔迹样本以及其他身体特征。[135]

通过我们最后的学术例子,让我们回到对神经科学证据和精神哲学的基本话题的讨论上。[136] 苏珊·伊斯顿(Susan Easton)从纯哲学的角度评论了言辞证据与实物证据之间的原则性区别。她认为,该区别来自存在问题的心智概念,特别是当前已经不复存在的那个版本的笛卡尔二元论。[137] 根据该二元论,她主张,一些证据存在于意识的精神境界(证词),而一些证据则存在于物质的身体(实物证据或物证)。[138] 她认为,在依赖被告的言语和依赖其血液之间并"没有根本区别"。[139] 她继续称,如果反向假设,则未理解所知的内容可以通过许多不同的方式表达或"交流"。与法拉汉尼的观点类似,伊斯顿(Easton)还假定了证据的"连续体"。伊斯顿的连续体包括:(1)口头交流;(2)拟进行交流的身体语言(例如,点头和指向);(3)无交流意向的非口头交流(例如,表示恐惧和紧张的反应);(4)外部的身体标记(例如,疤痕和纹身);(5)身体样本。[140] 她认为根据这个连续体理论没有需要进行区分的原则化理由,因此,她做出了这样的结论,"(言辞证据与实物证据的)区别……是虚假的和存在问题的,因为样本和语言均受类似观点和论证的约束"[141]。

这个论点类似于(从原则上看)我们在第二章中讨论的有关心智的基本论点。特别是,存在着一个错误假定,即,拒绝所提供的简化论必须与接受笛卡尔二元论相配合。此外,由于笛卡尔二元论并不被认为是合理的理论,因此,该论点认为,也必须拒绝被视为二元论产物的任何事(并且暗示应拥

---

〔134〕　同本章注 103。
〔135〕　同本章注 87—92 以及随附的文字。
〔136〕　参见第二章。
〔137〕　Susan Easton,The Case for The Right to Silence(第 2 版,1998)。
〔138〕　同上,第 217 页。
〔139〕　同上。
〔140〕　同上,第 217—218 页。
〔141〕　同上,第 220 页。

抱其对立物)。然而,与关于心智的基本论点一样,拒绝简化论不会导致实体二元论。在这个观点中,伊斯顿的简化论点试图消除言辞证据和实物证据之间的原则区别。然而,我们不同意这样的简化,因为这个区别没有依赖实体二元论。人们并非必须假定二元论来确认被告的言语与其血液之间的认知差别。[142] 采用被告的言语(以及其他"言词"证据),政府正在依赖该被告的认知权威;使用血液(以及其他的物证),政府正在依赖事实发现者观察证据的认知或其他人(例如,专家)的认知权威。政府的证据可能依赖这些不同的认知途径,并且该特权防止政府强制将被告所信和所知的内容作为审讯中不利于其的认知来源。[143] 在此基础上的认知区别并未置于笛卡尔理论的精神和身体之间的关系中。神经简化论者、笛卡尔主义者以及亚里士多德论者均接受这样的区分。

三、正当程序

除了第四修正案和第五修正案之外,实体性和程序性正当程序对政府证据搜集设置了一些限制。[144] 然而,这些原则不会阻止政府在一些情况下强制使用可靠的神经科学证据。其主要是历史的原因。在制定宪法刑法的程序原则中,最高法院采用了《人权法案》(*Bill of Rights*)(即第四修正案和第五修正案的反对自证其罪的条款)的具体规定作为原则性规则的来源,而没有使用更普通的和开放式的规定,例如,正当程序和平等保护条款。[145] 因

---

〔142〕 就伊斯顿的"连续体"(同本章注 140 以及附随的文字),一方面,我们所做的区分是在口头交流和旨在进行交流的身体语言(例如,点头和指向)之间的区分,另一方面是无意进行交流的非口头交流(例如,表示恐惧和紧张的反应)、外部的身体标记(例如,疤痕和纹身)与身体样本之间的区分。就言论自由而言,所做的类似区分,参见 Charles W. Collier, Speech and Communication in Law and Philosophy, 12 Legal Theory 1 (2006)。

〔143〕 要了解这个论点的进一步的观点,参见 Michael S. Pardo, Self-Incrimination and the Epistemology of Testimony, 30 Cardozo L. Rev. 1023 (2008)。这个论点采用了 Sanford C. Goldberg 的区分方法, Reductionism and the Distinctiveness of Testimonial Knowledge, Epistemology of Testimony 127(Jennifer Lacker & Ernest Sosa ed. ,2006)。

〔144〕 参见查韦斯诉马丁内斯案[Chavez v. Martinez, 538 U. S. 760 (2003)],实质的;地区检察署诉奥斯本案[District Attorney'. s Office v. Osborne, 557 U. S. 52 (2006)],程序的。

〔145〕 要了解这段历史的阐述和批判分析以及认为最高法院选择了特殊规定而没有选择一般规定的错误道路的强有力的论据,参考 William J. Stuntz, The Collapse of American Criminal Justice 260 (2011)。

此,对于第四修正案和反对自证其罪的特权,制定出的规则提供了复杂的规则模型,正当程序没有发挥应有的突出作用,出于各种原因(只要不与第四修正案或反对自证其罪的原则相冲突),政府行为普遍存在问题。首先,作为一个实质上的正当程序问题,如果它过于离谱乃至"冲击了社会良心",则即使不构成违反第四修正案或反对自证其罪条款的政府行为仍然可能构成违宪。[146] 例如,法庭这样解释,如果根据指控一名警察为了让中枪的嫌疑人招供而拒绝在救护车上为该嫌疑人提供治疗,则可以满足这个标准。[147] 然而,由于上面解释的原因,只要神经科学检测是以相对安全和无痛的方式实施的,则神经科学检测可能不符合这个标准。强制血液检测没有违反这个标准[148],而神经科学检测通常更加安全并且疼痛更小。但是,如果检测是在危险的或极端疼痛的特殊情况下进行的,则可能满足"冲击了社会良心"的标准,例如,当被告的身体里有金属物质时对其进行强制的 fMRI 扫描测谎。[149]

最后,如果政府用作证据的强制神经科学检测,其用途是不可靠的话,则该强制神经科学检测可能引起程序上的正当性问题。例如,正当程序将排除因为不可靠性带来的非自愿供述。[150] 然而,如果神经科学检测达到了证据足够可靠的程度,则该补充的宪法保护可能是无法获得的(事实上,被

---

〔146〕 参见查韦斯诉马丁内斯案[Chavez v. Martinez,538 U. S. 760 (2003)]。

〔147〕 同上,第 763—764 页,第 779 页。

〔148〕 施曼伯诉加州案[Schmerber v. California,384 U. S. 757 (1966)]。另外参见罗克林诉加州[Rochin v. California,342 U. S. 165 (1952)],在医院强制洗胃没有"冲击社会良心"。

〔149〕 在民事案件的调查阶段进行强制检测的可能性产生了额外的挑战(参见 FED. R. CIV. P. 35),就像《宪法》是否适用于非刑事检控政府目的的检测设置任何限制的问题,如情报搜集或其他军事目的。参见 Sean Kevin Thompson, Note: The Legality of the Use of Psychiatric Neuroimaging in Intelligence Gathering, 90 Cornel L. Rev. 1601 (2005)。使用可靠的检测在非刑事信息搜集的情况中有一些有益效果:它们的可靠性能够获得更好的信息,从而更快地确定有和没有这些信息的人(因此可能缩短诚实地回答问题的无辜嫌疑人的拘留时间),并且该检测安全和无痛可以减少采用更令人痛苦(可能滥用的和可靠性低)的审讯技术的需要。

〔150〕 Mark A. Godsey, Rethinking the Involuntary Confession Rules: Toward a Workable Test for Identifying Compelled Self-Incrimination, 93 Cal. L. Rev. 465,485—499 (2005).

告在某些情况下有权提供此等证据）。[151]

　　我们对可能防止或限制政府为刑事检控目的而进行的证据搜集行为的《宪法》规定的讨论将在此告一段落，有人认为，对于刑事诉讼中规范神经科学的使用而言，依赖细节的具体成文法限制和指南可能优于依赖宪法原则的拼凑，我们同意这种观点。[152] 缺少这一点的任何事可能都是临时性的。

---

　　[151]　如果检测达到了足够的可靠水平，被告可能有提供此等证据的宪法权利，而不理会管辖权的证据规则。参见联邦政府诉谢弗案［United States v. Scheffer，523 U. S. 303，314 (1998)］，讨论了被告提出抗辩的宪法权利，但是，判定从类别上排除了测谎证据的规则没有违反宪法权利，因为该技术的可靠性存在问题；另外参见地区检察署诉奥斯本案［District Attorney's Office v. Osborne，557 U. S. 52 (2006)］，讨论被告在审讯和定罪后使用可靠的证据。

　　[152]　参见 Henry T. Greely & Judy Illes, Neuroscience-Based Lie Detection：The Urgent Need for Regulation，33 AM. J. L. &，ED. 377 (2007)。在刑事范围之外，《雇员测谎保护法案》(*Employee Polygraph Protection Act*，1988，29 U. S. C § § 2001—2009)可能限制了 fMRI 测谎的使用，或应该被扩展对此进行限制。许多不同的法律规范了政府的证据搜集行为(例如，窃听和电子通信)。要了解这方面优秀的概述文章，参见 Erin Murphy, The Politics of Privacy in the Criminal Justice System：Information Disclosure, The Fourth Amendment, and Statutory Law Enforcement Exemptions，111 Mich. L. Rev. 485 (2013)。

第七章　刑罚的理论

　　刑罚的理论意在为刑罚的合法性和正当性提供解释。刑罚是政府支持的一种暴力形式，刑罚理论工程将其视为动力；在刑罚的支持下，如果公民违反了《刑法》，国家将强行使违法的公民承担痛苦与受难——剥夺他们本应有权享有的生命、自由或财产。是什么使得国家的强制行为具有合法性？在什么时候行使此等权力具有正义性？最后，在具体情况下多重的惩罚是合理的？已经有许许多多的文章来试图回答这些难题。尽管在不同的年代都有人提出了各种不同的理论和方法，但是，现代刑法理论主要围绕着两类刑罚理论。[1] 广义上解释，第一类理论主要依据"后果主义者"说明刑罚的正当性。尽管在这类理论中具体观点之间存在着重要的差异，但是，该类理论的依据是有益于社会，此等效果被认为是由于刑罚的威慑、消除犯罪能力、维护社会稳定的作用（首先是未来减少的犯罪）。[2] 第二类理论旨在依据"报应主义"说明惩罚的正当性。尽管它们之间存在着重要的差异，但是，

　　[1]　Mitchell Berman 在最近一篇有深刻见解的和观点明晰的文章中认为，尽管正当性理论丰富多样，包括威慑（边沁和贝卡里亚）、改造（柏拉图）、报应（康德）、废除（黑格尔）和谴责（迪尔凯姆），20世纪惩罚理论的显著特点……总体上成功地成为一种稳定的压力，它将正当性理论表面上的多样性塑造成了正当性的简单二分法，至少看起来反映了后果主义和道义论之间在伦理理论中的基本的系统化区别。

　　Mitchell Berman, Two Kinds of Retributivism, The Philosophical Foundation of The Criminal Law (R. A. Duff & Stuart P. Green ed.). 关于政治合法性，参见 Fabienne Peter, Political Legitimacy, Stanford Encyclopedia of Philosophy (2010)，可在线查阅：http://plato. stanford. edu/entries/legitimacy/.

　　[2]　基于"威慑"的经典著作是西萨尔·贝卡利亚（Cesare Beccaria）的《犯罪与惩罚》[On Crimes and Punishments(1764)] 和杰里米·边沁（Jeremy Bentham）的《道德与立法原理导论》[An Introduction to the Principles of Morals and Legislation(1789)]。要了解更新的后果主义理论的综述，参见 Anthony Duff, Legal Punishment, Stanford Encyclopedia of Philosophy (2008)，可在线查阅：http://plato. stanford. edu/entries/legal-punishment/.

该类理论基本上依据这样的观念，即，罪犯应该受到与他们违反刑法的行为相称的惩罚。[3]

虽然辩论在每一方内部都存在争议，并且跨越了后果主义—报应主义的分歧，但大多数理论家都承认这两种考虑都有一些作用。美国联邦最高法院还解释说，就宪法而言，联邦和州政府可以依赖有关惩罚的多种正当性理论。[4] 实证研究表明，被试者支持惩罚的这两个基本理论（尽管具体的惩罚决定可能更接近报应主义理论）。[5] 我们不希望偏袒任何一方，亦不打算提出新的论点来支持报应主义或后果主义的刑罚理论。相反，我们将探讨神经科学与该理论工程之间的关系，重点是与从当前神经科学数据得出的刑罚有关的论点和推论。

对报应主义的惩罚理论有两个独立的挑战，我们的讨论将着重放在这个上面。第一个挑战是由约书亚·格林提出来的，这个挑战依赖于做出惩罚决定的人的脑数据。第二个挑战由格林和科恩提出，重点是罪犯的脑，并且将我们带回到对神经科学、自由意志和道德责任的讨论上去。[6]

根据第一个挑战，"报应主义的"惩罚决定与脑活动相关联，该脑活动与更"感性的"而不是"认知的"程序有关，因此，它破坏了它们的正当性、合法性或正确性的地位。[7] 这个论点的结构类似于我们在第三章中批评的就做

---

〔3〕 报应主义的经典著作是康德的作品。参见伊曼努尔·康德（Immanuel Kant）的《道德形而上学》（The Metaphysics of Morals，Mary J. Gregor 译，1996 年）。另外参见 Berman，同本章注 1，第 6 页，"该当性主张"指"核心报应主义主张"，即"惩罚的正当性来自犯罪者的恶报"。要了解相关综述，参见 Duff，同本章注 2；David Wood，Punishment：Nonconsequentialism，5 Philosophy Compass 470 (2010)。

〔4〕 参见哈梅林诉密歇根州案［Harmelin v. Michigan，501 U. S. 957，1001 (1991)］，大法官 Kennedy 同意，"第八修正案没有授权采纳任何一个刑罚理论……联邦和州刑法体系在不同时期赋予了报应、威慑、消除犯罪能力和回归社会等刑事目标不同的权重"。另外参见尤因诉加利福尼亚州案（Ewing v. California），538 U. S. 11 (2003)。

〔5〕 参见 Kevin M. Carlsmith，John M. Darley & Paul H. Robinson，Why Do We Punish? Deterrence and Just Deserts as Motives for Punishment，83 J，Personality & Soc. Psychol. 284，294 (2002)，提及"当被问及正当的该当性和威慑时，参加者基本上都支持这两个观点"，并且"人们好像都支持这两个哲学观点并且基本上对这两种观点都持有肯定的态度"。

〔6〕 我们在第二章中讨论了他们关于心智的简化图景。在本章中，我们评估他们从这个图景中得出的关于刑罚的具体结论。

〔7〕 参见 Joshua D. Greene，The Secret Joke of Kant's Soul，3 Moral Psychology：The Neuroscience of Morality：Emotion，Disease，and Development，50—55（Water Sinnott-Armstrong ed.，2008）。

出道德和经济决定而提出的论点[8]，即，一个理论"类型"的决定与一个"类型"的脑活动或程序相关联，从而由于这种关联性而遭受怀疑。[9] 在这三个背景（道德、经济和刑罚）中，不管哪一个，非功利主义的判决都因为它们与"感性的"脑活动之间的相关性而遭受怀疑。[10] 尽管在刑罚背景与道德、经济背景之间有着重要的差别（我们将在下文对该差别进行讨论），但是，惩罚背景中的论点出于类似的原因而遭遇失败。报应主义的成败并不取决于任何具体道德理论的成败，因此，即便神经科学破坏了道义论的道德理论，它也并未必会破坏报应主义。此外，报应主义不依赖与惩罚决定有关的脑区域。脑活动没有为惩罚决定是否正确或正当的问题提供标准，报应主义者的决定与做出"感性的"决定具有相关性的事实没有为该决定是不正确的、不合法的或不正当的判断提供证据。

根据第二个挑战，神经科学数据将通过直接破坏"自由意志"直觉来间接地破坏报应主义直觉，他们声称这些直觉依赖于报应主义理论。[11] 在我们能够评估其基本假设之前，这个论点需要进行一些分析。然而，在我们探究这个论点的细节之前，应该基本了解这个论点与我们在第五章和第六章中讨论的刑法的原则和程序问题有什么样的关系，这很重要。刑法假定了对人类行为的"大众心理学"解释，并且神经科学数据可能提供归纳性的实

---

〔8〕　参见第三章第二部分和第四部分。

〔9〕　参见 Joshua D. Greene et al., The Neural Bases of Cognitive Conflict and Control in Moral Judgment, 44 Neuron 389（2004）; Joshua D. Greene et al., An fMRI Investigation of Emotional Engagement in Moral Judgment, 293 SCI. 2015（2001）; Alan Sanfey et al., The Neural Basis of Economic Decision-Making in the Ultimatum Game, 300 SCI 1755（2003）。对于试图从这些研究中得出规范性结论的批评，参见 Richard Dean, Does Neuroscience Undermine Deontological Theory?, 3 Neuroethics 43（2010）; Michael Pardo & Dennis Patterson, Philosophical Foundations of Law and Neuroscience, 2010 U. Ill. L. Rev. 1211（2010）; Selim Berker, The Normative Insignificance of Neuroscience, 37 Phil. & Public Affairs 293（2009）; F. M. Kamm, Neuroscience and Moral Reasoning: A Note on Recent Research, 37 Phil. & Public Affairs 330（2009）。

〔10〕　同本章注8。

〔11〕　Joshua D. Greene & Jonathan Cohen, For Law, Neuroscience Changes Nothing and Everything, Law & the Brain（Semir Zeki & Oliver Goodenough ed., 2006）。

证证据，它在该概念框架中与决定问题有关。[12] 通常情况下，对于这种可能性，我们并无异议。正如我们在第四章、第五章和第六章中讨论的那样，学者们提出了各种不同的建议，说明了神经科学可能通过几种方式在这个概念框架中为问题的决定提供证据。这些问题包括：犯罪行为、犯罪意图、精神病、能力、自愿性、测谎以及几个其他的问题。然而，我们认为，从有关这些问题的神经科学数据中得出的推理和结论不得与构建当前原则的概念框架相冲突，只有这样才能对这些问题的解决做出有意义的贡献。[13]

然而，在刑罚的理论层次上，神经科学可能通过破坏刑罚所依据的概念假设，对刑法的整个原则框架以及依赖这些假设的刑罚理论带来更深刻和更激进的挑战。这是对报应主义的第二个挑战。这个挑战承认《刑法》的当前原则体系仍然无法被神经科学大幅撼动。相反，格林和科恩认为这个原则体系的重要方面依赖于报应主义基础，它反过来依赖于非确定性的、自由意志的基础，并且，正如该论点所述，如果神经科学能够撼动这个非确定性的、自由意志的基础，它也将破坏报应主义及其法律原则。我们运用这个论点讨论了几个问题，并且我们认为，如果神经科学具有引起格林和科恩预计的变革的潜力，它将通过建立许多无根据的和存在问题的推论的方式来实现，因此，应该受到抵制。

接下来，我们将首先更详细地讨论刑罚的理论，然后逐一评价给报应主义带来的两个神经科学挑战。

一、刑罚理论的简单分类

刑罚理论主要是规范性的解释，它们旨在回答这样的问题：在什么情况下国家对公民（以及非公民）施加刑罚是正当的；作为衍生问题，通常情况下如果惩罚得到批准，多重的惩罚是正当的？[14] 除了作为这个规范性的解释

---

〔12〕 参见 Stephen J. Morse, Criminal Responsibility and the Disappearing Person, 28 Cardozo L. Rev. 2545,2253－2254 (2007),"从法律的角度对'人'的理解是所谓的'大众心理学'模式：有意识的（以及潜在的自我意识的）且具有实践理性的生物，也是能够按照意图创造和行事的行为人，此等意图是人的欲望和信仰的产物。我们是根据理性行事并且依据理性做出反应的这类生物"。

〔13〕 参见第四章至第六章。

〔14〕 参见 Duff,同本章注 2；Berman,同本章注 1。

之外,刑罚理论还回答解释性的问题,例如,为什么国家要使用刑罚,是否是正当的,以及为什么它选择具体形式的处罚和特定量的处罚。[15] 在描述构成惩罚的范围上,还存在明显的概念工程。[16]

回答该问题的一个主流策略是将重点放在惩罚的未来后果上。根据"前瞻性的"策略,被认为有益的后果包括威慑其他没有受到惩罚的人在未来不实施类似的行为,并且特别通过消除犯罪能力或威慑方式,防止(或减少)那些受到惩罚的人在未来犯罪。根据后果主义策略,惩罚本身不是目标,而是对减少未来犯罪的社会正义具有工具价值;如果它带来的积极的社会利益超过了它产生的损害,则该惩罚是正当的。[17] 此外,根据任何可能带来社会最优或理想的成本收益水平的策略,可以证明有关谁应该受到惩罚、如何接受惩罚,以及接受多少惩罚等具体信息。除了这些规范性问题之外,后果主义理论可能还解释了国家选择行使其惩罚权(假设这样做是正当的)并且为此发生费用(通常包括受惩罚者和公民的费用)的原因。[18]

回答这样的问题的第二个主流策略是将重点放在受到刑罚的人的行为(及其精神状况和周围的环境)上。根据这种"后顾性"策略,对于违反《刑法》规定的人的行为,行为人受到的惩罚是应得的,应该受到惩罚(相反,对于那些没有违反《刑法》的人不进行惩罚是应该的,他们不应该受到惩罚),而不用理会未来是否会产生有益的后果。[19] 根据这个策略,有罪的被告应该受到刑罚,这解释了国家行为的正当性,这是事实。[20] 报应主义者可以准确地兑现该当性如何以各种方式证明惩罚的正当性。例如,应得者受到的惩罚可能具有一些固有的、内在的价值。[21] 该当性方面可能还具有特殊类型的工具价值,它证明了惩罚的正当性,例如,它可以"抵

---

〔15〕　参见 John Bronsteen,Retribution's Role,84 IND. L. J. 1129 (2009)。

〔16〕　参见 H. L. A. Hart,Punishment and Responsibility(第二版,2008)。

〔17〕　Berman,同本章注 1。

〔18〕　参见 Bronsteen,同本章注 15。

〔19〕　参见 Berman,同本章注 1。

〔20〕　同上。

〔21〕　参见 Michael Moore,Placing Blame:A General Theory of the Criminal Law (1997)。

消"、谴责犯罪行为,或表达社会对各种行为的否定态度。[22] 根据更"纯"形式的报应主义,该当性可以证明惩罚的正当性,而不用理会惩罚本身是否具有固有的价值或具有任何其他固有的价值。[23] 现在我们把注意力转向惩罚的细节,报应主义策略旨在通过引出某人是否真的有罪,如果是,惩罚的量是否与其有罪性或恶报相称的问题为下列问题提供正当性解释,即,谁应该受到惩罚,如何惩罚,多少量的惩罚。[24] 除了这些规范性问题之外,报应主义者的理论可能还解释了国家选择惩罚并且选择惩罚方式的原因。根据这种解释,该惩罚沿用了公民对正义是什么的直观认识,并且还减少了报复行为和相互的暴力。[25]

这两个策略之间的最初区别产生了许多进一步的问题。首先,每个策略下讨论的问题可能扮演着多种理论角色。在具体背景中惩罚是否是正当的,对于这样的问题它们中每一个都可以视为提出了一个讨论话题。[26] 根据这样的观点,任何具体策略的标准对于证明惩罚的正当性而言既不是充分条件,亦不是必要条件。或者,对于证明惩罚的正当性而言,每个策略可能被视为提供了一个必要条件[27]。或者,对于证明惩罚的正当性而言,每个策略可能被视为提供了一个充分条件[28]。其次,这些策略还可以通过多种方式进行合并和相互作用。例如,每个策略可以为可能以其他方式破坏合法惩罚的另一个策略设定"约束"——从整体而言,如果对某人的惩罚超出了其应得的惩罚,本应产生善的结果的惩罚可能是非法的。如果惩罚在其他方面可能导致糟糕的社会后果,那么按照原来的惩罚来处理某人可能也

---

〔22〕 Berman 将依赖于内在价值或其他目标的正当性解释称为"工具报应主义"。同本章注1,第 9 页。

〔23〕 同上,第 16—19 页。

〔24〕 根据报应主义理论,"相称性"可能以各种形式表现。参见 Alice Ristroph,Proportionality as a Principle of Limited Government,55 Duke L. J. 263,279—284 (2005)。

〔25〕 参见 Paul H. Robinson 和 John M. Darley,Intuitions of Justice:Implications for Criminal Law and Justice Policy,81 S. Cal. L. Rev. 1 (2007)。

〔26〕 根据这种观点,这些策略是相互一致的。

〔27〕 例如,要证明惩罚的正当性可能需要满足该当性的标准,但是,它自己指的是哪个? 可能是不充分的。

〔28〕 例如,在一些概念之下,威慑可能为惩罚提供了充分条件,但是,它可能不是必要条件。

是不合法的。[29] 最后,尽管两个策略存在着功利主义和道义论理论之间的道德理论中常见的区别,但是,它们在概念上还是有区别的。[30] 一个人可能相信,道义论观点基于道德理论或对具体道德做出对或错(真或伪)的判断[31],并且也(一致地)认为国家出于报应主义的原因进行惩罚是不正当的。[32] 同样,一个人可能相信,功利主义观点基于道德理论或具体道德判断,并且也(一致地)认为国家出于报应主义的原因实施刑罚是正当的。[33]

正如我们一贯的态度,我们不打算在这些辩论中偏袒任何一方,亦不认为在这些类别中的任何具体理论按照他们自己的条件将会成功或失败。我们在本小节中的目标是充分说明这些理论问题,以便对神经科学怎样影响理论问题的主张进行评估。我们现在将话题转向这些主张。

二、第一个挑战:脑和惩罚决定

惩罚决定的心理学与证明惩罚的正当性的规范性工程之间的关系是复杂的。理解怎样做出惩罚决定或为什么做出惩罚决定并不一定告诉我们该决定应该如何做出或它们是否是正当的。关于实证信息应该如何影响规范

---

〔29〕　在这些概念之下,各策略为证明惩罚的公正性提供了"可废止的"条件。例如,该当性可能被视为证明了惩罚的正当性,除非能够证明此等惩罚将导致更多的犯罪。要了解使报应主义概念化的可能的不同方式的进一步细节,参见 Berman,同本章注 1;Larry Alexander & Kimberly Kessler Ferzan(with Stephen Morse),Crime and Culpability——A Theory of Criminal Law(区分了"轻度的""中度的"和"强的报应主义");Kenneth W. Simons,Retributivism Refined or Run Amok?,77 U. CHI. L. REV. 551 (2010)(书评);Michael T. Cahill,Punishment Pluralism,Retributivism:Essays on Theory and Policy (Mark D. White ed. ,2011)。

〔30〕　Larry Alexander & Michael Moore,Deontological Ethics,Stanford Encyclopedia of Philosophy (2007),可在线查阅:http://plato. stanford. edu/entries/ethics-deontological/;参见 Berman,同本章注 1,第 4—5 页。

〔31〕　这个观点是站得住脚的,无论是否从实在论或反实在论的角度理解道德真理。

〔32〕　参见 Alexander 和 Moore,同本章注 30,报应主义有两个方面:(1)它要求无辜者不受惩罚;(2)它要求犯罪者应受到惩罚。通常一个人可能是道义论者,但否认道德具有这两个要求中的一个。

〔33〕　这可能是 Paul Robinson 的作品对"实证该当性"的一个规范性影响。参见 Paul H. Robinson,Empirical Desert,Criminal Law Conversations (Paul H. Robinson、Stephen Garvey 和 Kimberly Ferzaned. ,2009)。另外参见 Alexander 和 Moore,同本章注 30,一个报应主义者可以交替将这两个事态(犯罪者受惩罚,以及无辜者不受惩罚)描述成两个本质善,彼此平衡(作为举证责任分配)并且与其他价值之间进行平衡。一些报应主义者主张后者是某类明确的"后果主义者的报应主义"。要了解最近的某类后果主义者的报应主义的辩护,参见 Dan Markel,What Might Retributive Justice Be? An Argument for the Confrontational Conception of Retributivism,Retributivism:Essays on Theory and Policy,同本章注 29。

性的理论问题，需要提出进一步的论证。一方面，通过阐明大多数人决定惩罚的方式或大多数惩罚决定是否公平或正义的判断，实证证据可能被认为对具体惩罚决定或基本理论提供了积极支持或至少限制了可能性。[34] 这样的工程可以引出实际的、假设的或理想化的惩罚情境或条件。另一方面，如果实证证据证明所做出的决定（或基本理论暗示的决定）是由"不可靠的"或在其他方面存在缺陷的程序产生的，则实证证据可能被认为破坏了具体的决定或基本理论。[35]

就刑罚而言，神经科学与规范性问题之间的关系更为复杂。从神经学程序到有关刑罚的规范性结论的理论跨度需要一项论证，这项论证不仅包括他们决定惩罚时他们正在实施的行为，而且包括他们正是这样做时是否是正当的，另外还需要一项论证，即，从他们的脑正在做什么，到他们正在做什么，再到正在做的是否是正当的。缩小这些概念差距的一种方式是约书亚·格林等提出的与道德决策有关的方式。根据这个框架，通过两个心理学程序中的一个做出决定："认知"程序和"感性"程序。[36] 这些程序中各程序与不同模式的脑活动或脑的区域有关；fMRI 扫描数据被用于确定哪些脑区域明显在特殊决定中更加活跃，并且在这些数据的基础上，推导出在做决定时采用了哪种心理学程序。[37] 从有关的心理程序得出有关刑罚的规范性

---

〔34〕 参见 Robinson，同本章注 33。

〔35〕 Selim Berker 认为，破坏某些基于神经科学的道德直观的"最佳案例场景（best-case scenario）"可能证明与直观有关的大脑区域也与"明显的、过分的数学或逻辑推理错误"有关，但是，他得出结论，即便他的主张也依赖于进一步的假设和哲学论点。参见 Berker，同本章注 9，第 329 页。

〔36〕 Greene，同本章注 7，第 40 页。"认知"程序涉及：(1)"内在的中间表征，不自动引发特殊行为反应或倾向"；(2)"对于推理、计划、正在工作中的记忆的操控信息、冲动控制而言是重要的"；(3)"与前额皮质和顶叶的大脑凸面……有关"。相比之下，"感性的"程序：(1)引发自动反应和倾向，或是"行为价"（behaviorally valenced）；(2)是"快速和自动的"；(3)"与扁桃腺和大脑额叶和顶叶的内侧面有关"。同上，第 40—41 页。

〔37〕 从许多试验中得到数据，在这些试验中向接受试验者提供了一系列涉及道德两难处境的片段（例如，"电车难题"上的变化），并且在这些试验中"后果主义的"和"道义论的"回答似乎出现分歧。同本章注 9。在做出决定时接受试验者的大脑被扫描，并且将对这些片段的回答与接受试验者的大脑活动进行比较。Greene 等做了两个预测，这些预测在很大程度上得到了数据的证实：(1)"后果主义者"的判断与"认知的"大脑活动有关，"道义论"的判断与"理性的"大脑活动有关；(2)"后果主义者"的判断通常做出决定所用的时间比"道义论"的判断所用的时间长。我们的分析并不与这些结论中的任何一个相冲突；我们只是出于我们的论点的原因认可它们。但是对于这些研究引起的一些潜在的方法论和实证问题，参见 Berker，同本章注 9；John Mikhail, Moral Cognition and Computational Theory, 3 Moral Psychology: The Neuroscience of Morality: Emotion, Diseaseand Development，同本章注 7。

结论需要额外的论证。[38]

像心理学证据一样,与惩罚决定有关的神经科学证据可能被用于支持或质疑有关惩罚的主张或理论。在分析了涉及面很广的心理学和神经科学研究(包括他自己的研究)后,约书亚·格林认为,神经科学对报应主义惩罚理论提出了挑战(并且支持了后果主义理论)。[39] 格林从广义上定义了证明惩罚具有正当性的两种方法,后果主义者主张惩罚"仅通过其未来有益的作用证明其正当性",而报应主义者主张"最初的正当性"是"基于违法犯罪者的所作所为给予他们应得的惩罚,而不理会此等分配是否将防止未来的违法犯罪"[40]。他接下来分析了"刑事惩罚者的心理",并且做出如下概括:

> 理论上人们赞同后果主义者和报应主义的惩罚正当论,但是,在实践中,或当面临更具体的假设选择时,人们的动机似乎是受感性驱动的。人们根据违法行为引起他们愤怒的程度来给予相应的惩罚。[41]

假设下面的说法是真实的,即,人们的惩罚决定主要是"感性的""受愤怒情绪驱动的",与这种情绪相称,并且一般情况下与后果主义相比,更倾向于报应主义,则从这样的事实中能够得出什么样的规范性结论呢?正如保罗·罗宾逊(Paul Robinson)主张的那样,作为一个实际问题,考虑了这些事实的建议的法律改革可能才是聪明的。[42] 此外,与大多数公民认为的公平偏离过大的惩罚决定可能面临合法性问题。但是,这些事实本身没有给报应主义本身带来规范性的挑战。

在这个挑战中的重要工作是将报应主义与道义论联系起来。格林主张,"道义论者认为,给予惩罚的最初正义性是报应"[43],并且"人们的道义和

---

〔38〕 同样,从数据和心理学程序到得出道德或经济学的规范性结论需要更多的论证。
〔39〕 Greene,同本章注 7。
〔40〕 同上,第 50 页。
〔41〕 同上,第 51 页,几项研究涉及这个问题,结果是一致的。
〔42〕 Paul Robinson,同本章注 33。
〔43〕 Greene,同本章注 7,第 50 页。

报应的惩罚判断主要是感性的"。[44] 道义的判断是由"感性的"心理程序而不是"认知的"程序产生的，并且后果主义的判断是由认知程序产生的。认知程序更有可能涉及"真正的道德推理"，这与由感性反应产生的"快速的""自动的"和"像警报一样的"道义判断截然相反。道义论是"理性一致的道德理论"[45]"基于道德推理得出道德结论的尝试"，以及"规范性的道德思想的学派"，并且反映了任何"深刻的、可理性发现的道德真理"，实证信息的假定规范性影响将破坏道义论。[46] 相反，道义论被描绘成仅仅是对我们的感性反应的理性化的尝试，我们的感性反应是基于非道德因素并且可能是因为非道德因素进化发展而来的。对于报应主义同样适用："当我们感受到了报应主义的惩罚理论的吸引力，我们只能顺应我们逐渐形成的感性倾向，而不是一些独立的道德真理。"[47]

这种被声称的对报应主义的神经科学挑战基于两个概念错误。第一个错误是将报应主义等同于道义论。如果格林假设报应主义的惩罚论是，或必须是关于道德的道义论，或作为惩罚理论的报应主义必然依赖于道义论，那么，他是错的。一个人可能是关于惩罚的报应主义者而不是关于道德的道义论者，并且一个人可能是关于道德的道义论者而不是关于刑罚的报应主义者。[48] 第二个错误是假设报应主义包括这样的观点，即，报应主义原则为惩罚提供了必要和充分条件。有许多拒绝这种假设的形式一致的报应主义。例如，报应主义理论可能主张，该当性的核心报应主义思想：(1)为惩罚提供了可废止的条件，但是承认基于该当性的原则可能被后果主义观点推翻；(2)为惩罚提供了必要的但不是充分的条件，它可能限制后果主义的惩罚决定；(3)证明惩罚的正当性，但是，后果主义原则也证明了惩罚的正当

---

〔44〕 Greene，同本章注 7，第 55 页。

〔45〕 同上，第 72 页。

〔46〕 同上，第 70—72 页。

〔47〕 同上，第 72 页。格林没有提出这样的论点：功利主义或后果主义判断构成"理性的一致的道德理论"或是"理性的一致的道德理论"的结果，或发现了"深刻的，可理性发现的道德真理"。但是，他的确提出了这样的观点，"得出有特点的后果主义判断的唯一方式……是使用'认知'能力(在背外侧前额叶皮层内)通过后果主义的成本效益推论"。同上，第 65 页。但是，参与明确的成本效益推论的事实并不能确认推理是一致的道德理论的结果，更谈不上他发现了"深刻的"(或甚至浅显的)道德真理。当它们用来支持道义或报应主义时，这些进一步的结论需要格林反对的特有类型的哲学论点。

〔48〕 参见第一部分的讨论；Alexander 和 Moore，同本章注 30。

性。由于这两个概念性错误,格林的论点并不正确。他说明的神经科学事实不会破坏任何形式的报应主义。

即便格林的论点没有扩展至所有形式的报应主义,但是,他可能回答称它的确为有限子集的报应主义观点提供了貌似有理的挑战。特别是,他的论点可能对符合两个条件的报应主义观点提出了挑战:(1)这个理论依赖于道义论道德的基础;(2)这个理论暗示的决定与脑中更"感性的"区域的神经活动具有相关性。但是,这个论点甚至无法有效地破坏这个子集的报应主义观点。只要有理由相信这个理论暗示的惩罚决定是不正确的或不可靠的,这个论点就可能成功。但是,这需要假设一些标准,通过这些标准我们能够确定具体决定是否是正确的,或具体类型的决定是否是可靠的。[49] 格林没有提供这样的标准。他攻击道义论(并且,引申到报应主义)没有获得某些"独立的(道德)真理",但是,这正是他需要解决的问题,只有解决这个问题才能用来反驳报应主义理论暗示的决定。此外,没有理由相信后果主义的惩罚理论暗示的决定能够更好地获得独立的道德真理。[50]

总之,报应主义不依赖于任何具体道德理论,更谈不上具体的脑活动。报应主义的成败不依赖于道德理论的成败,它不依赖于与惩罚决定有关的脑区域。对于惩罚决定是否正确或正当,脑活动没有对此提供标准,报应主义决定与感性决策有关的事实也没有为此等决定是否是错误或不公正的判断提供证据。

三、第二个挑战:神经科学与惩罚的直观

第二个挑战的重点集中在罪犯在实施刑事犯罪过程中的神经活动以及构成人的所有行为的基础的神经活动。格林和科恩认为,通过这个重点,"神经科学将挑战并将最终重塑我们的正义直观感",并且运用它挑战和最

---

〔49〕 此外,即便存在一些独立的标准,根据这些标准衡量决定是否正确或可靠,它可能证明进行成本收益分析或后果主义推理将导致更多的错误。它们可能是待解决的实证问题,将依赖于首先建立规范性标准。

〔50〕 同本章注 47。

终重塑报应主义。[51]

格林和科恩首先概述了常见的[52]关于自由意志（或行为自由）以及他们的论点所依据的物质决定论的哲学观点。"决定论"认为，当前状态的世界"完全由下列因素决定：自然规律；以及世界过去的状态"，并且未来的状态同样由该因素决定。[53] 正如他们定义的那样，"自由意志要求具备做其他事情的能力"。[54]"相容论"认为，决定论与人类自由意志相容（如果是真的）。[55] 不相容论认为，决定论和自由意志是不相容的，从而认为两者均是错误的。在不相容论中，"强决定论"承认这种不相容性，并且否认自由意志；相反，"意志自由论"承认不相容性，但是否认决定论，并且接受自由意志。[56]

他们的论点中首先将法律的合法性与它是否"充分地反映社会的道德直观和约束（commitments）"这个问题之间联系起来。[57] 他们指出，虽然"当前的法律原则"（包括《刑法》和量刑）可能是"正式相容的"，该原则所依

---

　〔51〕　Greene & Cohen,同本章注11,第208页。

　〔52〕　虽然是常见的概念,但是这些概念以及他们的影响总是不明确。

　〔53〕　鉴于宇宙中的一套先决条件和一套完全适用于宇宙演化方式的物理法则,事物仅有一种能够实际推进的方式。格林和科恩承认根据量子效应宇宙中存在一定数量的不确定性或随意性,但是,他们指出,对于物质世界中自由意志能够如何表现的辩论而言这个修改起不了多少作用。另外参见 Peter van Inwagen, How to Think about the Problem of Free Will, 12 Ethics 327,330（2008）,决定论认为过去和自然法则共同不停决定着独特的未来。David Lewis, Are We Free to Break the Law? 47 Theoria 112（1981）。

　〔54〕　Greene & Cohen,同本章注11,第210页。另外参见 Inwagen,同本章注53,第329页,随后的观点中自由意志理论有时与计划的未来行为有关,我们同时具有下列两项能力：履行行为的能力以及克制行为的能力（在后面的观点中我们将谈到,这包括：对于我们的确做过的某事,我们在做之前的某个时刻能够克制该行为,能够不做该事）。

　〔55〕　Greene & Cohen,同本章注11,第211页。另外参见 Inwagen,同本章注53,第330页,相容论认为决定论和自由意志的观点均是正确的。注意,相容论者无须对决定论是否正确这样的实证问题进行表态。相反,假设决定论是对的,相容论者相信这样的可能性,即,人类的一些行为符合自由意志。同样,不相容论者也无须对决定论是否正确这样的问题进行表态,但是,相反可以认可有条件的观点,即,如果决定论是对的,则不存在自由意志。

　〔56〕　Greene & Cohen,同本章注11,第211-212页。同时注意,一个人可以出于不依赖于决定论的问题的原因拒绝自由意志。换言之,一个人可以同时拒绝强决定论和自由意志。

　〔57〕　同上,第213页。

据的直观是"不相容的"和"意志自由的"。[58] 事实上,他们主张,在"现代刑法"中"相容论法律原则"和"意志自由的道德直观"之间存在着"长期紧张的结合关系"。[59] 神经科学通过破坏道德直观"可能让这种结合不再继续":"如果神经科学能够改变直观,则神经科学能够改变法律。"[60]

在基于报应主义原则的刑罚方面,法律原则和基础的道德直观之间的紧张关系尤为突出。报应主义及其支持的原则依赖于道德责任的概念以及"我们基于一些人过去的行为合法地给予被告应得的惩罚的直观思想"。[61] 他们主张,"报应主义"和"道德责任"均是在解释人类行为的"大众心理学体系"内的某种"有魔力的心理因果性"[62]的不相容的意志自由论概念。[63] "大众心理学体系涉及精神的看不见的特征:信仰、欲望、意图等。"[64]"精神的重要特征(若不是典型的特征)"及其精神状态("信仰、欲望、意图等")是"无因之因"。[65] 他们主张,报应主义依赖于道德的应受谴责性[66],道德的应受谴责性依赖于"大众心理学体系"及其作为无因之因的心理状态的"重要的……典型的特征"。如格林和科恩所述,"大众心理学是进行道德

---

〔58〕　Greene & Cohen,同本章注 11,第 208 页。鉴于与哲学论点相比,他们更喜欢实证数据,但是,对于刑法原则是基于意志自由的直观的观点,格林和科恩提供的实证证据几乎没有,不知道原因是什么。他们依赖了两个根源,出于不同的原因,提出了脑受损(一个根源)或青少年的脑发展(另一个根源)可能与刑事责任有关。同上,第 213-217 页。然而,作为一个实证问题,非法律行为人在与具体案件有关的道德直观中明显是"相容论者"。参见 Eddy Nahmias, Surveying Freedom: Folk Intuitions About Free Will and Moral Responsibility, 18 Phil. Psych. 561(2005)。此外,该领域中的法律原则似乎不依赖明确的或隐性的意志自由论的假设。参见 Stephen Morse, The Non-Problem of Free Will in Forensic Psychiatry and Psychology, 25 Behav. Sci. & Law 203 (2007); Peter Westen, Getting the Fly Out of the Bottle: The False Problem of Free Will and Determinism, 8 Buffalo Crime. L. Rev. 599 (2005)。如果格林和科恩决定揭穿法律中的意志自由论假设,也许存在一个更好的目标,即,与供认的自愿性和米兰达规则有关的刑事程序中的原则,而不是刑事责任,这是显而易见的。参见 Ronald Allen, Miranda's Hollow Core, 100 Mw. U. L. Rev. 71 (2006)。

〔59〕　Greene & Cohen,同本章注 11,第 215 页。

〔60〕　同上,第 215 页,第 213 页。

〔61〕　同上,第 210 页。

〔62〕　同上,第 217 页。

〔63〕　他们将"大众心理学体系"与"俗常物理观(folk physics)系统"进行了比较,俗常物理观是"关于根据直观物理规律无自身目的地运动的物质的看法"。同上,第 220 页。对于"理解在世界中物体的行为"来说,这两个系统是不同的"认知系统"。

〔64〕　同上。

〔65〕　同上。

〔66〕　同上,第 210 页。

评价的途径"[67]，并且"将某事视为无因之因是将某事视为道德行动者的必要条件，但不是充分条件"[68]。

正如他们所理解的那样，这个问题是："强决定论通常是正确的"，并且基于"无因之因"的"大众心理学体系"是"一个错觉"。[69] 因此，依赖于大众心理学体系的自由意志、道德责任、应受谴责性和报应主义惩罚的概念没有合法的基础。神经科学将破坏"人们的常识、自由意志的意志自由主义概念和依据其的报应主义思想，由于关于心智及其神经基础的复杂思想很难理解，所有这两者均受到了此等难以理解性的庇护"，通过此等方式神经科学将帮助我们进行理解。[70] 一旦大众心理学错觉被揭示出来，我们能够"通过拒绝源自该错觉的直观力的报应主义的法律原则的方式相应地构建我们的社会"。[71] 神经科学究竟将如何做呢？他们预计，神经科学将通过揭示"人的行为的机械性质"以及"引起行为的机械程序"的"时间""地点"和"手段"的方式进行。[72] 正如他们承认的那样，这不是一个新结论，"具有科学意识的哲学家已经多次提及过这个结论"。[73] 不过，神经科学将以"绕开复杂的（哲学）论点"的方式揭示这个机械性质，因为面对"一般的哲学论点坚持自己的观点是一回事"，但是，"当你的对手能够更详细地预测这些机械程序的工作原理，包括所涉的脑结构的图片以及描述它们的功能的公式时坚持自己的观点则是另一回事"。[74]

为了描述它的工作原理，他们提出了下列假设。假设这样一个场景，一群科学家创造了一个人（"木偶先生"），木偶先生实施了犯罪活动。在对木偶先生的审讯中，首席科学家这样解释了他与木偶先生之间的关系：

> 他是我设计的。我仔细地挑选他身体中的每一个基因，并且精心

---

　　[67]　Greene & Cohen，同本章注 11，第 220 页。此外，他们还说："要把某事看作在道德上是应受谴责的或值得称赞的……必须首先将其视为是具有思想的'某人'。"
　　[68]　同上，第 221 页。
　　[69]　同上，第 221 页、第 209 页。
　　[70]　同上，第 208 页。
　　[71]　同上，第 209 页。
　　[72]　同上，第 217 页。
　　[73]　同上，第 214 页。
　　[74]　同上，第 217 页。

设计他生活中的每个重要事件,终于他成为今天的他。我为他选择了妈妈,这个妈妈会任由他哭上数个小时之后才会扶他起来,她懂得这样做的益处。我精心为他挑选了每个亲戚、老师、朋友、敌人等,并且详细地告诉他们对他说什么,以及怎样对待他。[75]

根据格林和科恩的观点,依据法律规定,如果木偶先生在实施该行为时是理性的(他们假设他是理性的),则木偶先生是有罪的。然而,他们做了结论,鉴于他被创造的情形,"直观上,这是不公平的"。[76] 他们主张,由于"与我们的道德谴责相比,在直观上他应该得到更多的同情,因为他的信仰和欲望是被外力操纵的"。[77] 所有刑事被告(事实上是所有的人)都有类似木偶先生的地方,这就是神经科学将揭示的内容——无须依赖哲学论点。尽管不是由科学家设计的,但是,我们的相信、欲望以及"理性的"行为均受超过我们的控制能力范围之外的"外力的控制"(基因、历史、文化和不可测的混合体)。如果木偶先生不负道德责任,则任何其他人也不必负道德责任。

神经科学将揭示我们的行为的机械性质,举例如下。

假设看到这样的一个场景,你的脑正在汤和色拉之间做出选择。分析软件对强烈要求汤的神经元使用红色突出表示,而对强烈要求色拉的神经元使用蓝色突出表示。你将这个场景放大并放慢这个场景,使你自己能够追溯单个神经元之间的因果关系——它像精神的钟表装置一样无规则地显示出来。你发现,你的前额皮质中的蓝色神经元盖过了红色神经元的那个关键点时刻,也就是控制了你的运动前皮质并且驱使你说:"我要色拉。"[78]

汤和色拉的选择所发生的情况同样适用于是否实施谋杀、强奸、攻击或偷窃的选择。

---

〔75〕　Greene & Cohen,同本章注 11,第 216 页。

〔76〕　同上。

〔77〕　同上。

〔78〕　同上,第 218 页。

然而,格林和科恩并没有将这些神经发现视为刑罚的结束。他们指出,"法律将继续惩罚犯罪,出于实际原因法律必须如此"[79],"如果我们运气好",我们主张的对惩罚的报应主义原因将让位于后果主义原因[80],因为"在缺乏常见的自由意志的情况下对于惩罚的后果主义方法仍然是实际可行的"[81]。根据后果主义惩罚,就威慑目的而言,法律原则做出了许多相同的区分,像当前一样(例如,关于未成年人和精神病),"但是,我们认为,将真正罪恶深重的人与那些神经元受害者相区别的观点似乎没有意义"。[82]他们使用了华丽的辞藻得出结论:"法律鉴定仁慈地对待那些行为明显超出他们控制力的个人。终有一天,法律可能以这种方式对待所有被证明有罪的罪犯。这是人道的。"[83]

这个论点存在许多问题。仔细分析这些独特的问题中的每个问题,将发现人的行为的神经基础对证明基于道德应受谴责性或该当性的基础上的刑罚正义性规范工程的影响是如此之小。每个问题本身足以引起对格林和科恩得出的关于报应主义结论的质疑;这些问题共同说明了这些结论应该被否定的原因。

该论点的第一个问题是假设大多数人的直觉必然涉及刑事惩罚是否正当或应如何分配的规范性问题。虽然非专业直觉可能与重塑有关,但惩罚和非专业直觉之间的某些协议对于惩罚的合法性而言可能是必要的,符合大多数人的直觉并不足以为惩罚决定辩护。有可能被广泛接受的正义惩罚的直觉是错误的。因此,即便神经科学将造成大规模舍弃报应主义直觉的

---

[79]　Greene & Cohen,同本章注 11。虽然格林和科恩断定报应主义将被破坏,他们还断定,我们仍然将使用大众心理学概念用于其他实践目的(例如,包括首先用来决定是谁实施了犯罪行为)。只有在决定刑罚的特殊情况中,我们将依赖报应主义惩罚是不正当的结论,因为没有人真正负责。但是,如果大众心理学是建立在错误的观念之上,并且构建和证明刑罚的正当性的依据是一个不合法的依据,还不清楚为什么格林和科恩认为首先选出惩罚的人是合理的依据。

[80]　同上,第 224 页。

[81]　同上,第 209 页。

[82]　同上,第 218 页。

[83]　同上,第 224 页。

趋势(正如格林和科恩预测的那样)[84]，它也只是循环论证，假定了这个舍弃可能引起更加正义的(或更加不正义的)惩罚决定。关键问题是神经科学能否贡献证据来支持有关决定论、相容论、道德应受谴责性和正义的惩罚的论点。

这个论点的第二个问题是，他们想象的神经科学证据可能不会提供此等认知证据。格林和科恩似乎承认他们对"复杂的(哲学)论点"的放弃[85]，对于支持或反对相容论、不相容论或强决定论的现有论点，神经科学没有增加任何新的内容。[86] 如果的确如此，并且神经科学的存在促使人们开始相信这些观点，并且坚持这种信任，则神经科学正在说服人们是出于心理学的原因而不是其提供的认知支持原因。正如在其他背景中的情况一样，神经科学信息的存在可能促使人们系统地得出错误的或未经证实的推论，而不是真实或正当的推论。[87] 换言之，格林和科恩预测的特有作用可能被证明是普遍的认知错误。神经信息可能促使人们得出与自由意志、决定论和刑事责任等问题有关的存在问题的(或哲学上存在不可

---

〔84〕 虽然受决定论基础思想的影响在某些情况中可能减少惩罚，参见 Sandra D. Haynes、Don Rojas & Wayne Viney，Free Will，Determinism，and Punishment，93 Psychol. Rev. 1013 (2003)，而在其他情况下接受决定论思想可能造成更多的惩罚，而不是更少的惩罚。例如，让我们考虑当前的这样一个现象：被定罪的性犯罪者服刑结束后，我们因为害怕他们再犯而对他们采取的无限期"民事监护"。去掉报应主义将减少惩罚的假设忽视了报应主义者认为可能产生的约束或限制作用。参见 Kathleen D. Vohs & Jonathan W. Schooler，The Value of Believing in Free Will：Encouraging a Belief in Determinism Increases Cheating，19 Psychol. Sci. 49 (2008)。

〔85〕 参见 Greene & Cohen，同本章注 11，第 217 页。

〔86〕 事实上，"木偶先生"和"汤/色拉"的例子与这些问题上的各种不同观点是一致的。

〔87〕 在得出推导性结论中神经科学证据所扮演的因果关系的角色可能不是正当的角色。参见 Jessica R. Gurley & David K. Marcus，The Effects of Neuroimaging and Brian Injury on Insanity Defenses，26 Behav. Sci. & Law 85 (2008)；David P. McCabe & Alan D. Castel，Seeing Is Believing：The Effect of Brain Images on Judgments of Scientific Reasoning，107 Cognition 343 (2008)；Deena Skolnick Weisberg et al.，The Seductive Allure of Neuroscience Explanation，20 J. Cognitive Neuroscience 470 (2008)。尽管一些研究认为，神经影像在推论中扮演的角色可能存在问题，但是，这种情况很复杂，并且最近的证据对这种说法提出了质疑。见 N. J. Schweitzer et al.，Neuroimages as Evidence in a Mens Rea Defense：No Impact，17 PUB. Public Policy & Law (2011)。推论是否正当将取决于超过引起它们范围的其他标准(包括哲学和概念论点)。

靠性的)推论。[88] 也许格林和科恩这样回应,因果关系至少推动着人们向着正确的观点前进,即使出于错误的原因。但是,这种说法假定了报应主义必然依赖于意志自由论(出于与神经科学无关的原因)。这便把我们带到了他们的论点中存在的第三个问题。

他们的这个假设是错误的,这就是第三个问题。报应主义必然依赖于在纯哲学上存在问题的那个版本的意志自由论的不相容论,事实并非如此。格林和科恩假设,报应主义——事实上所有的道德谴责和赞美——必须建立在"无因的因果关系"的基础上。但是,报应主义者能够一致地排斥无因的因果关系的概念,仍然允许道德判断。甚至在物质决定论的领域中,道德该当性也可能建立在人们通过行使其实践理性而对其行为的控制之上。[89] 如果人们出于某些原因行事,更普遍的情况下,如果他们基于他们的相信、欲望或其他精神状态行事,则我们可以(根据他们的精神状态)谴责或赞扬他们的行为。[90] 事实上,在他们基于威慑采用后果主义的惩罚正义论中,格林和科恩明显将这类响应归于下列原因[91]:威慑通过影响潜在罪犯的实用理性精确地发挥着作用,给他们提供了一个抑制犯罪活动的理由,这个理由(理想上)超过实施犯罪活动的理由。根据一个人的实用理性,对一个人的行为的充分控制应建立在道德该当性基础上,而不理会同一行为是否可以从纯物质(即,非精神)的角度进行解释。换言之,一个人可以始终同时是一

---

〔88〕 要了解揭示一些存在问题的推论的近期的论点,参见 Saul Smilansky, Hard Determinism and Punishment:A Practical Reductio, 30 Law & Phil. 353 (2011)。另外参见 Tom Buller, Rationality, Responsibility, and Brain Function, 19 Cambridge Q. Healthcare Ethics 196,204 (2010),讨论了格林和科恩,并且认为"坚持法律的相容论直观以及理性行动的假设有着同样好的理由"。

〔89〕 参见 Jone Martin Fischer & Mark Ravizza, Responsibility and Control:A Theory of Moral Responsbility (1999)。理性控制不意味着"无因的因果关系"。它说明,人们有能力和机会根据他们的精神状态行事。关于这个问题的更深入讨论,参见 Anthony Kenny, FreeWilland Responsibility 32 (1978)。

〔90〕 这不是假设行为人总是意识到他们的精神状态或精神状态一定先于行为。在一些情况中,可能没有可以与体现精神状态的行为相区别的独特精神状态(例如,需要、明知或意图)。

〔91〕 然而,他们的论点的其他方面可以暗示此类理性响应是错误的,因为精神状态可能不存在或可能是副现象。我们将在下文的论点中讨论这个矛盾。

名相容论者和报应主义者,这样的结合符合当前的法律。[92]

我们首先用一般术语来地解释这个观点,然后使用格林和科恩的木偶先生的例子进行描述。格林和科恩假设报应主义依赖于"无因的因果关系",因为如果决定论是对的,则行动者不会另行选择,从而不会接受道德评价。[93] 因为在讨论行动者是否可以另行选择,是否能够行动或不行动,或是否有权行动或不行动这样的问题时,术语"可以""能够"和"权利"的含义是模糊不清的。正如安东尼·肯尼(Anthony Kenny)解释的那样,这些术语可以指四个不同的概念中的一个:(1)自然力(例如,水结冰的能力),其中物理条件可能是实例化的充分条件;(2)在行动者想行使它们时依赖于他们的行使能力;(3)行使其能力的机会(例如,如果生活的环境中没有自行车,则不会骑自行车);(4)行使能力和机会同时存在。第四个与道德谴责和赞扬有关:行动者具有以不同方式实施行动的能力和机会,但是他没有使用,应该接受道德评价。[94] 因此,关键问题是这个概念是否与决定论相符。格林和科恩假设它与决定论不相符,并且认为神经科学将说明此等不相符性。这两个观点我们均不认可。

人们拥有另行选择的能力和机会的观点与决定论是一致的。[95] 能力和机会怎么能与决定论一致呢?首先,讨论能力。是否拥有某项能力(例如,骑自行车)取决于一个人是否满足拥有此等能力的标准。这些标准包括当一个人想做(并且有机会去做)的时候成功地行使这个能力,并且在其不想

---

〔92〕 另行假设可能是个错误,无论有多少人这样认为,也无论神经科学将证明什么。不是促使人们放弃报应主义和自由意志的意志自由论概念,而是增长的神经科学知识将促使人们放弃有关自由意志及其与责任的关系的令人困惑的观点。神经科学还可能帮助陪审员、法官和立法者在实际的案例中更好地理解被告对他们的行为实施了控制的程度或没有实施控制的程度以及其他社会和生物因素扮演的角色。参见 Emad H. Atiq,How Folk Beliefs about Free Will Influence Sentencing:A New Target for the Neuro-Determinist Critics of Criminal Law,16 New Criminal L. Rev. 449 (2013),认为神经科学可能纠正陪审员的关于意志自由论的自由意志以及社会和生物因素影响行为程度的错误信仰。我们同意 Atiq 的这个基本观点,即,关于人类行为的更正确的信仰可能产生道德上更正当的惩罚,并且我们认识到了科学和哲学在提高这个领域内的理解水平上的作用。在这个过程中,哲学将帮助把增长的脑知识统一整合到我们用来解释人类行为和世界的这个概念架构中,这是哲学的角色。

〔93〕 他们无法采取其他行动,因为他们的行为均受超过他们控制力的"外力的控制"。参见 Greene & Cohen,同本章注 11,第 216 页。

〔94〕 同本章注 89。

〔95〕 参见 Kenny,同本章注 89,第 34 页,决定论不会推导出行为人总是缺少采取其他行动的机会和能力的结论。因此,决定论也不会推导出让人们对自己的行为负责任是不公平的结论。

做（并且有机会不去做）的时候成功地克制此等行为。即便一个人在相关特殊情况下没有行使这个能力，也能够满足这个标准。其次，关于机会。如果一个人的外部条件没有强迫或阻止在特殊情况下行使该能力，则一个人拥有行动（或不行动）的机会。但是，行动者的脑状态以一种方式强迫他行动并且以另一种方式阻止他行动（"外力控制其行为"），从而剥夺了他另行选择的机会吗？不一定。我们假设，如果行动者想采取不同的行动（例如，骑自行车或不骑自行车），则他的脑状态也可能是不同的。如果在他想采取相反行动的时候他的脑状态促使他骑自行车（或不骑自行车），则情况不同。在这种情况下，刑事责任依赖的该类理性控制可能出现了故障。

　　木偶先生的例子将帮助我们说明这些基本观点。假设木偶先生抢劫了一家银行。让我们假定决定论是对的，并且我们必须对是否让木偶先生对其行动承担责任的问题做出决定。进一步假设只有在木偶先生在抢劫银行时能自由行动的情况下，也就是说他在具有不抢劫银行的能力和机会的情况下才承担责任。我们问他这样做的原因，他说："我想要钱。"我们可以说金钱（或对金钱的欲望）是促使他抢劫银行的原因，但是，这一点不会否定道德谴责。[96] 根据推测，木偶先生有能力克制自己不抢银行，也就是说，他的精神状态（他的信仰和欲望）在他的行为中扮演了因果关系的角色，并且他在采取行动时对支持和反对其行动的理由做出了响应。[97] 因此，在抢劫银行中他的行动与不行动的能力与在当时患有梦游或精神病的人是不同的。例如，如果木偶先生得知警察在银行内守候，我们假设他对这则信息做出了响应，并且（考虑到他想得到钱并且不想入狱的想法和欲望）放弃抢劫这家银行的计划，从而行使了这个能力。相比之下，梦游症患者或精神病患者可

----

　　[96] 因果关系，即便是异常因果关系，并不一定等于借口。参见 Morse，同本章注 12。此外，这个"需要"（wanting）无须是先于抢劫银行的独特事件，它可以在抢劫本身中体现出来。

　　[97] 这是基于格林和科恩的假设，木偶先生"具有与其他罪犯一样的理性，并且是他的欲望和相信产生了他的行为"。Greene & Cohen，同本章注 11，第 216 页。他们还提出了从神经认知的角度（而不是行为的角度）定义"理性"的可能性。同上，第 224 页注 3。但是，这可能正在改变主题（即，我们谈论的内容不再是我们现在所指的理性）或与当前理解的理性的解释是不相干的。人（而不是脑）理性地采取行动（或相反）。理性可以指大脑状态的假设是"部分性谬误"的例子（即，错误地将属性归于部分，而只有归于总体的时候才有意义）。参见第一章；M. R. Bennett & P. M. S Hacker, *Philosophical Foundation of Neuroscience* (2003)。

能不具有以类似方式对这个信息做出响应的能力。拥有某能力不要求在可能时行使该能力，即便在决定论观点下木偶先生没有行使抢劫银行这个能力，这不代表他缺少采取其他行为方式的能力。[98]

但是，木偶先生有采取其他行为方式的机会吗？从某种重要意义上说，答案是肯定的。当木偶先生行动的时候没有强制他的外力。[99] 我们还可以假设，如果木偶先生不想要钱，他的脑状态可能与他想要钱并抢劫银行时的脑状态不同，从而他可能采取其他行为方式。[100] 因此，无论木偶先生的神经和其他身体状态是什么样的，如果木偶先生不想抢劫银行，情况则不同，而这些身体状态可能促使他一定采取此行为或剥夺他遵守法律的机会。我们再一次将木偶先生与不能行使此等控制力的人进行比较。假设某人不能按照其欲望、目标、计划和意图支配其行为，或，出于各种原因无法控制其身体动作。[101] 在这样的情况下，我们不会做出道德谴责的判断，并且，事实上，甚

〔98〕 如果木偶先生在他想做的(并且在他有机会这样做的)时候能够行使此等能力，则木偶先生有能力克制自己不抢银行。

〔99〕 尽管根据该假设的构想我们可能有理由推论出设计木偶先生的科学家在木偶先生的行为中施加了强制力。由第三方施加的某类强制特别指人们所指的某人的行为是不自由的主张。参见 Nahmias et al.，同本章注 58；Inwagen，同本章注 53，第 329 页，"('自由意志'的)非哲学应用几乎被限制在'其自己的自由意志'这样的措辞中，'其自己的自由意志'指'无强制的'"。

〔100〕 同样，在格林和科恩之前的例子中，如果一个人想要汤而不是色拉，我们假设一个人的神经元可能是不同的。要做出其他假设，格林和科恩可能不得不为更尖锐的主张进行辩护(与实际相比)，也就是说，(1)在脑状态和特殊的精神状态之间存在着一一对应的关系；(2)在各种精神状态之间的关系以及在精神状态和行为之间的关系受适用于脑状态的相同物理规律的约束(或可简化成这些规律)。他们没有为任何主张辩护，参见 Greene & Cohen，同本章注 11，第 225 页，"我们不想暗示神经科学将不可避免地将我们置于这样的一种状况，即，基于神经学检测对任何特定行为进行预测"，任何主张不一定由决定论产生。这种拒绝任何一个主张的貌似可信的观点与物质决定论一致。参见 Donald Davidson，Mental Events，Esseys on Actionsand Events，207 (第二辑，2001)；Richard Rorty，The Brain as Hardware，Culture as Software，47 Inquiry 219，231 (2004)。他们提出的大众心理学基于错误观点的主张可能暗示了更激进的主张，但是，这些主张否定了精神状态的因果关系的角色，而不是解释了因果关系的角色。我们将注意力转向下文论点的这方面。我们还注意到，通过引用他们的理性、需要、相信、欲望、意图等来解释某人的行为可能根本无法提供因果关系的解释，而更像是理性的、技术的解释。对于符合这些观点的论点，参见 P. M. S. Hacker，Human Nature——The Categorical Framework，199－232 (2007)。无论一个人选择这个道路——还是选择戴维森式(Davidsonian)的道路(精神状态可能被描述成原因)——我们主张的为谴责(和称赞)的判断提供了充分依据的该类规范性很好地生存着。在任何一种情况下，"无因的因果关系"是不必要的。

〔101〕 后者的例子可能包括"外来手"综合征或"利用行为"的一些案例。参见 Iftah Biran et al.，The Alien Hand Syndrome：What Makes the Alien Hand Alien? 23 Cognitive Neuropsychology 563 (2006)。

至通常情况下根本不认为此动作是"行为"，刑法不会进行惩罚。在针对道德赞扬的行为时，道德判断和决定论之间的一致性更加明确。假设，与犯罪行为相反，木偶先生实施了英雄般的勇敢行为或善举，例如，冒着生命危险救了一个陌生人。如果这种行为发生在一个物质决定论的世界中并且他是自身基因和培养的产物，他的英雄般的行为或善举不应得到道德称赞吗？我们认为并非如此。像道德谴责一样，重要的是木偶先生是否出于某些原因采取行动，并且是否能够基于这些原因对其行为行使控制力。在实施值得称赞的行为时他有采取其他行为方式的能力和机会，并且是自愿的行为吗？将这一点与身体动作不受某人理性控制的人进行比较。例如，如果某人癫痫发作或昏厥，后来发现这个人发病时的身体动作恰好救了某第三方，这个人的行为是英雄般的或勇敢的行为吗？这个人应该得到道德赞扬吗？这个人真正实施了行为吗？像道德谴责一样，我们认为这个区别是明显的。[102] 对于木偶先生的道德善举和任何其他值得称赞的成就，木偶先生应该得到赞扬；对于木偶先生有采取其他行为方式的能力和机会的情况下做出的道德恶行，木偶先生应该得到谴责。

如果假设道德赞扬或谴责需要无因的因果关系，则会失去（或曲解）人类行为的规范性。我们对人类行为的规范性判断与涉及身体行为的解释相一致；他们至少要求我们的身体动作是人的行为，不是单纯的身体动作——也就是说，它们可以基于行为人的精神状态做出解释[103]——这些行为符合或不符合各种道德标准或规范，并非说它们是"无因的因果关系"的结果。然而，格林和科恩在这个层次上否定了规范性以及我们采用木偶先生的例子确定的区别（我们认为他们是基于大众心理学体系的"错误观点"）。

这便引出了他们的论点中存在的第四个问题：它暗示了关于大众心理学的站不住脚的主张。无论是通常层面上的决定论还是具体层面的神经科学均不会以他们假设的方式破坏大众心理学。让我们回顾一下格林和科恩

---

[102] 我们还怀疑神经科学可能说服大多数人有不同的想法，但是，这是一个实证问题，也许是"实验哲学"。与有关归因于意图的诺布效应（Knobe effect）类似，参见 Joshua Knobe, Intentional Action and Side Effects in Ordinary Language, 63 Analysis 190 (2003)，被试者可能出于决定论和自由意志之间的关系之外的原因区分善举和恶举。

[103] 参见 G. E. M. Anscombe, Intention (1957)。

的观点:(1)道德评价依赖于对人的行为的大众心理学解释;(2)大众心理学解释依赖于心智和精神状态的概念(即,信仰、欲望和意图);(3)心智和精神状态依赖于"无因的因果关系"。但是,后者是错误的观点。这意味着在这个体系下的心智和精神状态的概念同样是错误的,并且就他们的论点而言这个概念最终使得道德评价缺少了合法基础。尽管格林和科恩没有明确赞同这个主张,即,精神状态是不存在的(或取而代之,是种副现象)[104],但是,他们暗示这个观点明显可由他们的主张推断出来,"心智和精神状态的重要特征,如果不是最典型的特征",是"无因的因果关系"。此外,这种暗示的观点必然会破坏道德评价。如果道德评价基本上依赖于大众心理学解释,且精神状态是存在的,并且起着因果关系的作用,则大众心理学不是错误的,并且为道德评价提供了合法基础。换言之,要以他们假设的方式破坏了道德评价,神经科学需要从更基本的层次上破坏大众心理学体系。

如果格林和科恩提出的论点依赖于关于精神状态的更强烈的暗示,则它将面临更多的困难。[105] 要理解他们从更基本的层次上将道德评价与大众心理学联系起来的论点是很重要的。我们可以重新构建这条思路,如下所示:(1)报应主义惩罚依赖于道德评价;(2)道德评价要求受惩罚的人控制他们的行为;(3)要控制行为,他们必须能够行动或克制自己不行动;(4)行动或不行动的能力要求他们的精神状态在控制他们的行为中扮演因果关系的角色;(5)但是,精神状态并不存在,或他们没有起到因果关系的作用;[106](6)从而人们对他们的行为没有控制力;(7)因此,报应主义的惩罚是不正当的。在这个观点中,通过阐明行为在因果关系上受身体状态(包括脑状态)决定支持了第(5)项的内容,从而将神经科学引入了这个观点。但是,事实并非如此。精神状态在具有基础的神经学相关物时可以存在并且起到因果

---

〔104〕　事实上,有时他们好像同意精神状态的因果关系的角色。同本章注77。

〔105〕　我们注意到,我们在批评中解释的其他四个问题不依赖于这个暗示的观点。因此,不同意这种暗示观点的读者可以接受我们的其他论点。

〔106〕　这个论点的这方面内容不一定依赖"无因的因果关系"的概念。相反,我们认为第(5)项是由下列事实暗示得出的:心智和精神状态以及大众心理(根据格林和科恩的观点)均依赖于无因的因果关系的事实。如果后者不存在,则前者也不存在(至少按照他们对它们的理解)。还应注意,如果格林和科恩不承认第(5)项,则出于上述的原因,行为人将对他们的行为拥有必需的控制力,并且道德评价将与之一致。

关系的作用。因此，精神状态伴随着脑状态，脑状态是物质世界的组成部分并且受其规律的约束，这个简单事实不会使前者成为错误或副现象。此外，作为一个实证问题，如果大众心理学通常是"错误的"，一些精神状态（例如，意图）确实以不可能的方式起到因果关系的作用。[107]

此外，让我们仔细思考片刻，通常情况下认为大众心理学是个错误的观点意味着什么，即不存在这样的事物，如相信、欲望、需求、恐惧、明知、意图或计划。我们（或木偶先生）与癫痫患者或无法"理性"控制而引起身体动作的人之间没有任何区别，这是第一个明显的影响。第二个影响是心理学解释可能是错误，并且使用心理学做出的解释完全是不正确的（或完全不会影响行为）。第三个影响是人类的行为事实上不再是"人"或"行为"，至少不再是我们现在对这些概念的理解。因此，如果格林和科恩的论点含蓄地依赖了这些关于大众心理学的更激进主张，则这为他们的论点提供了归谬法。[108]

最后，他们的论点中存在第五个问题。即便他们的预测是对的；即便人们被基于神经科学的论点说服相信了强决定论；即便他们得出结论，认为解释人类行为的大众心理学体系所依据的内容是错误的；即便他们放弃了报应主义作为证明惩罚的正当性的基础，格林和科恩提出的我们将是"幸运的"并且惩罚一定会更"人道的"的假设也是错误的。尽管格林和科恩预测放弃惩罚的报应主义原因将减少惩罚[109]，但是，在过去30年美国的实际量刑实践简史告诉我们，事实恰好相反。实际上，当美国最高法院针对偷窃高

---

〔107〕 要了解相关文献的概述，参见 Peter M. Gollwitzer 和 Paschal Sheeran，Implementation Intentions and Goal Achievement：A Meta-Analysis of Effects and Processes，69 Advances in Experimental Social Psychology 69（2006）。对这些研究与关于自由意志的辩论的关系，参见 Alfred R. Mele，Effective Intentions：The Power of Conscious Will（2009）。另外参见 Mario Beauregard，Mind Really Does Matter：Evidence from Neuroimaging Studies of Emotional Self-Regulation，Psychotherapy，and Placebo Effect，81 Progress in Neurobiology 218（2007）。

〔108〕 还应注意这真是弄巧成拙，就像是给报应主义的挑战和后果主义刑罚的辩护。记得他们认为，"例如，我们将出于实际原因仍然实施惩罚来威慑未来的犯罪。噢，为什么？我们想威慑犯罪？我们相信或知晓惩罚将威慑犯罪？所以我们将针对他们选择某些形式的惩罚？还应该注意，后果主义对惩罚的正当性解释还涉及大众心理学概念；威慑通过影响潜在罪犯的实践理性发挥作用。如果他们犯罪，潜在的罪犯相信将受到惩罚，他们不想受到惩罚，从而他们将选择不去犯罪？格林和科恩的论点的这方面内容假设了这些实体的存在。我们同意安东尼·肯尼的观点："不考虑心理状态的法律制度是空想的，必然遭到反对。" Kenny，同本章注 89，第 93 页。

〔109〕 参见 Greene ＆ Cohen，同本章注 11，第 224 页。同本章注 84。

尔夫球杆和从商店中偷窃录像带分别判处了"25 年至终身监禁"和"50 年至终身监禁"（均为"三次打击"*案件）时，证明这样的决定的正当性不是基于该当性概念，而是其他的刑罚目的，例如，威慑和消除犯罪能力。[110] 此外，放弃惩罚的报应主义基本原理而支持威慑、消除犯罪能力和基本的犯罪控制将为针对毒品犯罪、将青少年作为成人进行起诉、严格责任犯罪、废除精神病辩护的建议和重罪－谋杀规则的严苛量刑创造条件。[111] 缺少报应主义的限制可能使罪犯服刑结束之后还面临无限期的"民事监护"。[112] 事实上，认为罪犯不会收手并且"一定"会继续犯罪行为的观点是被更普遍地接受的观点，这种观点对我们而言似乎不是实现更加仁慈和人道的惩罚的良方。此外，在心理学上具有说服力但在认知上存在不确定性的神经科学可能仅仅加重而不是缓解了这个问题。[113] 我们同意刑罚应该更加人道的观点，我们认为这是格林和科恩的观点，但是，我们认为实现方法不是通过拒绝我们共同认可的人道。我们的行为可以使用大众心理学的语言进行解释和评价，这是我们共同接受的人道的重要组成部分。[114]

　　我们现在讨论最后一点。假设一群开明的决策者面对着构建一套公平

---

　　*　"three strikes law"指的是立法规定罪犯如果第三次犯重罪应判处终身监禁或其他严厉的刑罚。

〔110〕　参见尤因诉加利福尼亚州案（Ewing v. California），538 U. S. 11 (2003)；洛克耶诉安德雷德案（Lockyer v. Andrade），538 U. S. 63(2003)。

〔111〕　参见 Paul H. Robinson, Owen D. Jones & Robert Kurzban, Realism, Punishment, and Reform, 77 U. CHI. L. REV. 1611, 1630 (2010)。

〔112〕　参见堪萨斯州诉亨德雷克斯案（Kansas v. Hendricks），521 U. S. 346 (1997)。

〔113〕　Richard Sherwin 预计，神经影像将促进更严苛惩罚的实施。参见 Richard Sherwin, Law's Screen Life: Criminal Predators and What to Do about Them, Imaging, Legality: Where Law Meets Popular Culture(Austin Sarat ed. , 2011)。注意，这与格林和科恩的预测相反。要了解 Sherwin 的批判观点，参见 Michael S. Pardo, Upsides of the American Trial's "Anti-confluential" Nature: Notes on Richard K. Sherwin, David Foster Wallace, and James O. Incandenza, Imaging, Legality。

〔114〕　尽管我们不同意格林和科恩的总体主张，但是，我们同意神经科学将通过纠正关于可原谅的和减缓条件的错误信仰或通过提供这些条件可以获得的更好证据的方式在更基层的规模上为实现更人道的惩罚发挥作用。参见 Atiq，同本章注 92，第 481－482 页。

　　这里提出的道德论点不依赖于有争议的应受惩罚的不相容论假设，但是，前提条件是罪犯必须对其行为具有约束力，此等约束力是决定论世界中缺少的。根据这里提出的观点，外部因素通过因果关系影响人的行为的事实本身不会减轻刑事犯罪者的罪行或为其罪行开脱。这种观点仅依赖某些类别的外部因素对个人的刑事犯罪行为倾向的因果影响的理论，考虑到这些因素影响行为的独特方式，减轻个人应得的惩罚量。

　　我们同意这种说法。

的法律惩罚制度的任务。他们决定听从和认真对待格林和科恩提出的关于报应主义、强决定论和神经科学的论点。在一天结束时，他们可能对不同的主张和理由进行评估，并且仔细考虑不同的途径，以及每项的优势和代价，然后选择他们认为正义或与替代方案相比更正义的行动方案，或者他们仅仅休息并且等待他们的神经元为他们做出决定，或者他们可以掷硬币。对于证明刑罚的正当性的规范性工程而言，这些区别涉及大量的问题，即，以后实施的刑罚是否正当和合法的问题。[115] 然而，从格林和科恩的角度看，这些区别最终并不重要（正如在刑事责任的层次上它们并不重要一样）。如果没有人是真正值得谴责的或值得称赞的，正义的或非正义的，则也同样适用于决定怎样分配惩罚和什么时候分配惩罚的立法者。如果始终是被因果关系决定的神经元活动，并且如果大众心理学对惩罚行为的解释是建立在一个错误的基础上，则就道德评价而言，任何人选择参与刑罚的原因或参与方式也就无关紧要。[116] 这也同样适用于参与批评和辩护与刑罚分配有关的可能政策的规范性工程的理论家。如果是这样的话，则每个人都会问，为什么他们还要自寻烦恼提出这个论点。

---

〔115〕 对于格林和科恩这一点似乎是很重要的，格林和科恩明显认为实施惩罚应该出于后果主义原因而不是报应主义原因。

〔116〕 还应注意格林和科恩提出的论点与第二部分（第一个挑战）中讨论的格林提出的那个论点之间存在的深层反讽。对于第一个挑战，它大量涉及脑程序与惩罚决定是有关的（"感性的"或"认知的"），以及惩罚者是否全面考虑明确的后果主义/功利主义/成本收益推论程序。不同类别的精神状态之间的区别，从这个区别得出的规范性结论假设第二个挑战声称的特有类型的观点的存在和重要性是"错误的"，这就是反讽。

结　论

　　首先,这本书是一个哲学课题。的确,在整本书中,我们讨论了许多法律问题,并且就如何回答许多富有争议的问题提出了论点。但是,对法律的强调不应该掩盖这样的事实:贯穿这本著作的重点一直是哲学问题,这个哲学问题渗透在关于法律和神经科学之间的交集讨论当中。随着本书的收尾,我们想谈论一些关于哲学对法律和神经科学的重要性,以及我们针对哲学挑战采取的特殊方法的重要性问题。

　　若如我们所愿,则我们已经证明,在法律和神经科学方面的工作不能忽视基本的哲学问题。我们确定的最基本区别之一是实证和概念问题之间的区别。一些人认为,这种区别不会保持下去,因为概念以及表述概念的术语的含义始终随着科学知识的增长而演变。我们已经证明,处理这个问题的方式是混乱的。概念能够并且确实在演变,并且概念的含义在变化,这一点毋庸置疑。我们的观点是,改变一个概念或变更一个术语的含义也就改变了含义与含义的目标之间的联系。在我们对基于脑的测谎的讨论中这一点也许是最清楚的。要正确地说"X 正在说谎",首先必须知道"说谎"的含义。对于另一个人的表达是否在说谎不能仅凭借脑活动就得到正确的判断。脑不能扮演规范性的、规定性的角色,但是,我们的概念可以扮演这个角色。

　　同样,"明知"问题引起了概念问题,概念问题不能简化成有关脑活动的事实。许多学者主张,明知被"嵌入"脑的特殊区域中。我们坚持认为,获得明知的这个方法缺乏意义。明知是一种能力,而不是脑的状态。正如哲学家们喜欢说,"知道"是一个成功动词。某人是否具体知晓某事可能只能通过该人的所说所做来决定。[1] 脑的存在使得此等行为成为可能。但是,脑不是评估是否存在明知的场所。

如果概念和实证问题不是非常复杂和麻烦的,将法律问题添加进来则提高了复杂程度。法律采取了复杂的并且有时相冲突的方法处理由神经科学造成的实证和概念问题。仅举一例:证据规则。虽然许多科学家相信 fMRI 扫描技术的结果能够深入理解人的能力,但是,法律实践者对此等说法是持怀疑态度的,并且在几个案例中证据规则限制了将证据用于此用途。相比之下,在其他情况下证据规则允许将神经科学证据用于许多神经科学家可能反对的用途。简言之,法律规定了其证据可采性和充分性标准,它们本身不仅部分依赖实证,还依赖于公平、各方权利和其他政策问题。因此,即便构建心智和大脑之间关系的概念和实证问题被充分理解,仍然存在将它们与法律联系起来的重要的概念和实证问题。

正如我们在本书序言部分中所说的那样,法律与神经科学的交集引起了四类问题:实证的、实践的、伦理的和概念的问题。我们谈及了所有类别,但是,我们的重点依然是概念问题。我们坚持认为,概念问题是最受忽视的,同时,讽刺的是,概念问题也是最重要的。结束时,我们再用几句话讲述一下我们的哲学方法以及这种方法是如何影响我们对这些问题的研究。

我们把哲学看成是治疗的或纠正性的工作。我们并没有提出任何哲学"命题"。当然,我们提出了观点和论点。但是,我们提出观点的动机是希望消除模糊性,并且对这些问题有个更清晰的观点。简言之,我们认为明晰性和洞察力是哲学反思的真正成果,而不是对嵌入的算法或模块建立理论。我们的"概念分析"(如果想这样称呼)更像一种方法,而不是原则。在整本书中,我们已经在多种背景中采用了这个方法,并且,我们始终坚持使其发挥有效的作用。我们相信,对于法律而言,神经科学前程远大。随着神经科学家的技术工具的改进,法律将采用这门快速发展的科

---

[1] 存在着例外情况,例如,某人明知某事,但是该人在行为中不表现出来或无法表现出来,但是,这种例外发生的背景是明知通常以各种方式被表达并且归因于其他事物。

学所产生的一些非凡成果。我们希望我们已经证明了哲学能够影响科学的发展和法律的改进。[2]

〔2〕　参见 Robert B. Brandom, How Analytic Philosophy Has Failed Cognitive Science, Reason in Philosophy, 197 (2009), 我们分析哲学家辜负了认知科学的同仁们。在一个多世纪里我们没有分享托付给我们照料和培育的关于概念的性质、概念使用和概念内容等中心课程。

参考文献

Abe, Nobuhito et al. , "Deceiving Others: Distinct Neural Responses of the Prefrontal Cortex and Amygdala in Simple Fabrication and Deception with Social Interactions", 19 J. Cog. Neuroscience 287 (2007).

Abend, Gabriel, "Thick Concepts and the Moral Brain", 52 Euro. J. Sociology 143 (2011).

Abend, Gabriel, "What the Science of Morality Doesn't Say about Morality", Phil. Social Sci. (published online July 20, 2012).

Adler, Jonathan, "Epistemological Problems of Testimony", in Stanford Encyclopedia of Philosophy (2012), available at: http://plato. stanford. edu/ archives/fall2012/ entries/testimony-episprob/.

Aharoni, Eyal et al. , "Can Neurological Evidence Help Courts Assess Criminal Responsibility? Lessons from Law and Neuroscience", 1124 Ann. N. Y. Acad. Sci. 145 (2008).

Alder, Ken, The Lie Detectors: The History of an American Obsession (2007).

Allen, Ronald J. , "Miranda's Hollow Core", 100 Northwestern U. L. Rev. 71(2006).

Allen, Ronald J. & Kristen Mace, "The Self-Incrimination Clause Explained and Its Future Predicted", 94 J. Crim. & Criminology 243 (2004).

Allen, Ronald J. & Joseph S. Miller, "The Common Law Theory of Experts: Deference or Education?", 87 Nw. U. L. Rev. 1131 (1993).

Allen, Ronald J. & Michael S. Pardo, "The Problematic Value of Mathematical Models of Evidence", 36 J. Legal Stud. 107 (2007).

Alexander, Larry, "Criminal and Moral Responsibility and the Libet Experiments", in Conscious Will and Responsibility (Walter Sinnott-Armstrong & Lynn Nadel eds., 2011).

Alexander, Larry & Kimberly Kessler Ferzan (with Stephen Morse), Crime and Culpability: A Theory of Criminal Law (2009).

Alexander, Larry & Michael Moore, "Deontological Ethics", in Stanford Encyclopedia of Philosophy (2012), available at: http://plato. stanford. edu/entries/ethics-deontological/.

Amar, Akhil Reed, "Fourth Amendment First Principles", 107 Harv. L. Rev. 757 (1994).

Amar, Akhil Reed & Renee B. Lettow, "Fifth Amendment First Principles: The Self-Incrimination Clause", 93 Mich. L. Rev. 857 (1995).

Anscombe, G. E. M., Intention (1957).

Atiq, Emad H., "How Folk Beliefs about Free Will Influence Sentencing: A New Target for the Neuro-Determinist Critics of Criminal Law", 16 New Criminal Law Review 449 (2013).

Beccaria, Cesare, On Crimes and Punishments (1764).

Baker, G. P. & P. M. S. Hacker, Wittgenstein: Understanding and Meaning, in An Analytical Commentary on the Philosophical Investigations. Vol. 1. (1980).

Baker, G. P. & P. M. S. Hacker, Wittgenstein: Rules, Grammar and Necessity, in An Analytical Commentary on the Philosophical Investigations. Vol. 2. (1985).

Baker, G. P. & P. M. S. Hacker, Wittgenstein: Understanding and Meaning, in An Analytical Commentary on the Philosophical Investigations. Vol. 1. (2nd ed., 2005).

Bartels, Andreas & Semir Zeki, "The Neural Basis of Romantic Love", 11

Neuroreport 3829 (2000).

Bartels, Andreas & SemirZeki, "The Neural Correlates of Maternal and Romantic Love", 21 NeuroImage 1155 (2004).

Bauby, Jean-Dominique, The Diving Bell and the Butterfly (1997).

Beauregard, Robinson Mario, "Mind Really Does Matter: Evidence from Neuroimaging Studies of Emotional Self-Regulation, Psychotherapy, and Placebo Effect", 81 Progress in Neurobiology 218 (2007).

Bellin, Jeffrey, "The Significance (if any) for the Federal Criminal Justice System of Advances in Lie Detection Technology", 80 Temp. L. Rev. 711 (2007).

Bengson, John and Jeff A. Moffett eds. , Knowing How: Essay on Knowledge, Mind, and Action (2012).

Bennett, Maxwell, "Epilogue" to Neuroscience and Philosophy: Brain, Mind, and Language (2007).

Bennett, M. R. & P. M. S. Hacker, Philosophical Foundations of Neuroscience (2003).

Bennett, M. R. & P. M. S. Hacker, "The Conceptual Presuppositions of Cognitive Neuroscience: A Reply to Critics", in Neuroscience and Philosophy: Brain, Mind and Language (2007).

Bennett, M. R. & P. M. S. Hacker, History of Cognitive Neuroscience (2008).

Bentham, Jeremy, An Introduction to the Principles of Morals and Legislation (1789).

Berker, Selim, "The Normative Insignificance of Neuroscience", 37 Phil. & Pub. Affairs 293 (2009).

Berman, Mitchell, "Two Kinds of Retributivism", in Philosophical Foundations of the Criminal Law (R. A. Duff & Stuart P. Green eds. , 2011).

Bhatt, S. et al. , "Lying about Facial Recognition: An fMRI Study", 69 Brain & Cognition 382 (2009).

Biran, I. & A. Chatterjee, "Alien Hand Syndrome", 61 Archives Neurology

292(2004).

Biran, Iftah et al., "The Alien Hand Syndrome: What Makes the Alien Hand Alien?", 23 Cognitive Neuropsychology 563 (2006).

Birke, Richard, "Neuroscience and Settlement: An Examination of Scientific Innovations and Practical Applications", 25 Ohio St. J. Dispute Res. 477 (2011).

Blakemore, Colin, The Mind Machine (1988).

Boccardi, E., "Utilisation Behaviour Consequent to Bilateral SMA Softening", 38 Cortex 289 (2002).

Bockman, Collin R., Note, "Cybernetic-Enhancement Technology and the Future of Disability Law", 95 Iowa L. Rev. 1315 (2010).

Boire, Richard G., "Searching the Brain: The Fourth Amendment Implications of Brain-Based Deception Devices", 5 Am. J. Bioethics 62 (2005).

Braddon-Mitchell, David & Robert Nola eds., Conceptual Analysis and Philosophical Naturalism (2008).

Brain Waves Module 4: Neuroscience and the Law (Royal Statistical Society, 2011), available at: http://royalsociety. org/policy/projects/brain-waves/responsibility-law/.

Brandom, Robert B., Making It Explicit: Reasoning, Representing, and Discursive Commitment (1994).

Brandom, Robert B., "How Analytic Philosophy Has Failed Cognitive Science", in Reason in Philosophy (2009).

Bratman, Michael E., Faces of Intention (1999).

Brigandt, Ingo & Alan Love, "Reductionism in Biology", in Stanford Encyclopedia of Philosophy (2012), available at: http://plato. stanford. edu/entries/reduction-biology/.

Bronsteen, John, "Retribution's Role", 84 Indiana L. J. 1129 (2009).

Brown, Teneille & Emily Murphy, "Through a Scanner Darkly: Functional Neuroimaging as Evidence of a Criminal Defendant's Past Mental

States", 62 Stan. L. Rev. 1119 (2012).

Buller, Tom, "Rationality, Responsibility, and Brain Function", 19 Cambridge P. Healthcare Ethics 196 (2010).

Cahill, Michael T., "Punishment Pluralism", in Retributivism: Essays on Theory and Policy (Mark D. White ed. , 2011).

Cappelen, Herman, Philosophy without Intuitions (2012).

Carlsmith, Kevin M., John M. Darley & Paul H. Robinson, "Why Do We Punish? Deterrence and Just Deserts as Motives for Punishment", 83 J. Personality & Soc. Psych. 284 (2002).

Chadwick, Martin J. et al. , "Decoding Individual Episodic Memory Traces in the Human Hippocampus", 20 Current Biology 544 (2010).

Chomsky, Noam, Aspects of the Theory of Syntax (1965).

Chomsky, Noam, New Horizons in the Study of Language and Mind (2000). Chorvat, Terrence & Kevin McCabe, "Neuroeconomics and Rationality", 80 Chicago-Kent L. Rev. 1235 (2005).

Chorvat, Terrence, Kevin McCabe & Vernon Smith, "Law and Neuroeconomics", 13 Sup. Ct. Econ. Rev. 35 (2005).

CwhnrEis. t, Sha, "The Contributions of Prefrontal Cortex and Executive Control to Deception: Evidence from Activation Likelihood Meta-Analyses", 19 Cerebral Cortex 1557 (2009).

Church, Dominique J. , Note, "Neuroscience in the Courtroom: An International Concern", 53 William & Mary L. Rev. 1825 (2012).

Churchland, Patricia S. , Neurophilosophy: Toward a Unified Science of the Mind / Brain (1986).

Churchland, Patricia S. , "Moral Decision-Making and the Brain", in Neuroethics: Defining the Issues in Theory, Practice, and Policy (Judy Illes ed. , 2006).

Churchland, Patricia S. , Braintrust: What Neuroscience Tells Us about Morality (2011).

Churchland, Paul M. , " Eliminative Materialism and the Propositional Attitudes", 78 J. Phil. 67 (1981).

Clark, Andy, Supersizing the Mind: Embodiment, Action, and Cognitive Extension (2008).

Clark, Andy & David J. Chalmers, "The Extended Mind", 58 Analysis 7 (1998).

Coleman, Jules L. & OriSimchen, "'Law'", 9 Legal Theory 1 (2003).

Collier, Charles W. , "Speech and Communication in Law and Philosophy", 12 Legal Theory 1 (2006).

Conway, Martin A. , "Ten Things the Law and Others Should Know about Human Memory", in Memory and Law (Lynn Nadel & Walter Sinnott-Armstrong eds. ,2012).

Corrado, Michael, "The Case for a Purely Volitional Insanity Defense", 42 Tex. Tech. L. Rev. 481 (2009).

Coulter, Jeff, "Is Contextualising Necessarily Interpretive?", 21 J. Pragmatics 689 (1994).

Coulter, Jeff & Wes Sharrock, "Brain, Mind, and Human Behaviour" in Contemporary Cognitive Science (2007).

Coulthard, E. et al. , " Alien Limb Following Posterior Cerebral Artery Stroke: Failure to Recognize Internally Generated Movements", 22 Movement Disord. 1498 (2007).

Crick, Francis, The Astonishing Hypothesis (1994).

Darley, John M. , " Citizens' Assignments of Punishments for Moral Transgressions: A Case Study in the Psychology of Punishment", 8 Ohio St. J. Crim. L. 101 (2010).

Damasio, Antonio R. , Descartes' Error: Emotion, Reason, and the Human Brain (1996).

Dann, B. Michael, "The Fifth Amendment Privilege against Self-Incrimination: Extorting Physical Evidence from a Suspect", 43 S. Cal. L. Rev. 597 (1970).

Davidson, Donald, "Three Varieties of Knowledge", in A. J. Ayer: Memorial Essays (A. Phillips Griffiths ed., 1991), reprinted in Donald Davidson, Subjective, Intersubjective, Objective (2001).

Davidson, Donald, "Mental Events", in Essays on Actions and Events (2d ed. 2001).

Davachi, Lila, "Encoding: The Proof Is Still Required", in Science of Memory: Concepts (H. R. Roediger, Y. Dudai & S. M. Fitzpatrick eds., 2007).

Dean, Richard, "Does Neuroscience Undermine Deontological Theory?", 3 Neuroethics 43 (2010).

Denno, Deborah W., "Crime and Consciousness: Science and Involuntary Acts", 87 Minn. L. Rev. 269, 320 (2002).

DePaulo, P. et al., "Lying in Everyday Life", 70 J. Personality & Soc. Psych. 979 (1996).

Dery, George M., "Lying Eyes: Constitutional Implications of New Thermal Imaging Lie Detection Technology", 31 Am. J. Crim. L. 217 (2004).

Descartes, René, "Meditation VI", Meditation on First Philosophy (John Cottingham trans., 1996).

Dretske, Fred, Explaining Behavior: Reasons in a World of Causes (1988).

Duff, Anthony, "Legal Punishment", in Stanford Encyclopedia of Philosophy (2008), available at: http://plato.stanford.edu/entries/legal-punishment/.

Duff, R. A., Intention, Agency, and Criminal Liability: Philosophy of Action and the Criminal Law (1990).

Easton, Susan, The Case for the Right to Silence (2nd ed. 1998).

Eggen, Jean Macchiaroli & Eric J. Laury, "Toward a Neuroscience Model of Tort Law: How Functional Neuroimaging Will Transform Tort Doctrine", 13 Colum. Sci. & Tech. L. Rev. 235 (2012).

Einesman, Floralynn, "Vampires among Us—Does a Grand Jury Subpoena for Blood Violate the Fourth Amendment?", 22 Am. J. Crim. L. 327

(1995).

Ellis,Jonathan1 & Daniel Guevara eds. ,Wittgenstein and the Philosophy of Mind (2012).

Faigman,David L. et al. ,Modern Scientific Evidence: The Law and Science of Expert Testimony §40 (2011).

Fallis,Don,"What Is Lying?", 106 J. Phil. 29 (2009).

Farah,Martha J. , & Cayce J. Hook,"The Seductive Allure of 'Seductive Allure,'" 8 Perspectives Psych. Sci. 88 (2013).

Farahany,Nita A. ,"Incriminating Thoughts", 64 Stan. L. Rev. 351 (2012).

Farahany,Nita A. ,"Searching Secrets", 160 U. Pa. L. Rev. 1239 (2012).

Farwell,Lawrence A. , Eman Donchin, "The Truth Will Out: Interrogative Polygraphy ('Lie Detection') with Event-Related Brain Potentials",28 Psychophysiology 531 (1991).

Farwell,Lawrence A. & Sharon S,Smith,"Using Brain MERMER Testing to Detect Knowledge despite Efforts to Conceal", 46 J. Forensic Sci. 135 (2001).

Feldman,Richard,"Naturalized Epistemology", in Stanford Encyclopedia of Philosophy (2001), available at: http://plato. stanford. edu /entries /epistemology-naturalized/. Ferzan, Kimberly Kessler,"Beyond Intention", 29 Cardozo L. Rev. 1147 (2008).

Fischer,John Martin & Mark Ravizza,Responsibility and Control: A Theory of Moral Responsibility (1999).

Foot, Philippa, "The Problem of Abortion and the Doctrine of Double Effect", in Virtues and Vices (2002).

Fox,Dov,"Brain Imaging and the Bill of Rights: Memory Detection Technologies and American Criminal Justice", J8. ABimoe. thics 34 (2008).

Fox,Dov, "The Right to Silence as Protecting Mental Control: Forensic Neuroscience and 'the Spirit and History of the Fifth Amendment,'" 42 Akron L. Rev. 763 (2009).

Frank, Lone, "The Quest to Build the Perfect Lie Detector", Salon. com, Jul. 23, 2011, available at: http: //www. salon. com /2011 /07 /23 /lie_detector_excerpt /.

Freidberg, Susanne, Fresh: A Perishable History (2009).

Fruehwald, Edwin S. , "Reciprocal Altruism as the Basis for Contract", 47 Louisville L. Rev. 489 (2009).

Fullam, Rachel S. et al. , "Psychopathic Traits and Deception: Functional Magnetic Resonance Imaging", 194 British J. Psychiatry 229 (2009).

Gamer, Matthias et al. , "fMRI-Activation Patterns in the Detection of Concealed Information Rely on Memory-Related Effects", 7 SCAN 506 (2009).

Ganis, Giorgio et al. , "Lying in the Scanner: Covert Countermeasures Disrupt Deception Detection by Functional Magnetic Resonance Imaging", 55 Neuroimage 312 (2011).

Ganis, Giorgio et al. , "Neural Correlates of Different Types of Deception: An fMRI Investigation", 13 Cerebral Cortex 830 (2003).

Ganis, Giorgio & Julian Paul Keenan, "The Cognitive Neuroscience of Deception", 4 Social Neuroscience 465 (2008).

Garza, Gilbert & Amy Fisher Smith, "Beyond Neurobiological Reductionism: Recovering the Intentional and Expressive Body", 19 Theory & Psychology 519 (2009).

Gazzaniga, Michael S. , Nature's Mind: The Biological Roots of Thinking, Emotions, Sexuality, Language, and Intelligence (1992).

Gazzaniga, Michael S. , Who's in Charge? Free Will and the Science of the Brain (2012).

Gazzaniga, Michael S. & Jed S. Rakoff eds. , A Judge's Guide to Neuroscience: A Concise Introduction (2010).

Gazzaniga, Michael S. , Richard B. Ivry & George R. Mangun, Cognitive Neuroscience: The Biology of the Mind (3rd ed. 2008).

Gettier, Edmund, "Is Justified True Belief Knowledge?", 23 Analysis 121 (1963).

Gibson, William G. , Les Farnell & Max. R. Bennett, "A Computational Model Relating Changes in Cerebral Blood Volume to Synaptic Activity in Neurons", 70 Neurocomputing 1674 (2007).

Giridharadas, Anand, "India's Novel Use of Brain Scans in Courts Is Debated", New York Times, Sept. 14, 2008.

Glannon, Walter, "Our Brains Are Not Us", 23 Bioethics 321 (2009).

Godsey, Mark A. , "Rethinking the Involuntary Confession Rule: Toward a Workable Test for Identifying Compelled Self-Incrimination", 93 Cal L. Rev. 465 (2005).

Goldberg, Sanford C. , "Reductionism and the Distinctiveness of Testimonial Knowledge", in The Epistemology of Testimony (Jennifer Lackey & Ernest Sosa eds. , 2006).

Goldberg, Steven, "Neuroscience and the Free Exercise of Religion", in Law & Neuroscience: Current Legal Issues (Michael Freeman ed. , 2010).

Goldman, Alvin I. , "Discrimination and Perceptual Knowledge", 73 J. Phil. 771 (1976).

Goldman, Alvin I. , Epistemology & Cognition (1986).

Goldman, Alvin I. , Knowledge in a Social World (1999).

Gollwitzer, Peter M. & Paschal Sheeran, "Implementation Intentions and Goal Achievement: A Meta-Analysis of Effects and Processes", 69 Advances in Experimental Social Psychology 69 (2006).

Goodenough, Oliver R. , "Mapping Cortical Areas Associated with Legal Reasoning and Moral Intuition", 41 Jurimetrics 429 (2000—2001).

Goodenough, Oliver R. & Kristin Prehn, "A Neuroscientific Approach to Normative Judgment in Law and Justice", in Law & the Brain 77 (SemirZeki & Oliver Goodenough eds. , 2006).

Goodenough, Oliver R. & Micaela Tucker, "Law and Cognitive Neuroscience", 6

Ann. Rev. L & Soc. Sci. 28. 1 (2010).

Greely, Henry T. , "Prediction, Litigation, Privacy, and Property", in Neuroscience and the Law:Brain, Mind,and the Scales of Justice (Brent Garland ed. ,2004).

Greely, Henry T. & Judy Illes, "Neuroscience-Based Lie Detection:The Urgent Need for Regulation", 33 Am. J. L. & Med. 377 (2007).

Greene,Joshua D. , "From Neural 'Is' to Moral 'Ought':What Are the Moral Implications of Neuroscientific Moral Psychology?", 4 Nature Rev. Neuroscience 847 (2003).

Greene,Joshua D. , "Reply to Mikhail and Timmons", in Moral Psychology, Vol. 3:The Neuroscience of Morality:Emotion, Disease, and Development (Walter Sinnott-Armstrong ed. ,2007).

Greene,Joshua D. , "The Secret Joke of Kant's Soul", in Moral Psychology, Vol. 3:The Neuroscience of Morality:Emotion, Disease, and Development (Walter Sinnott-Armstrong ed. ,2007).

Greene,Joshua D. et al. , "An fMRI Investigation of Emotional Engagement in Moral Judgment", 293 Science 2105 (2001).

Greene,Joshua D. et al. , "The Neural Bases of Cognitive Conflict and Control in Moral Judgment", 44 Neuron839 (2004).

Greene,Joshua D. et al. , "Pushing Moral Buttons:The Interaction between Personal Force and Intention in Moral Judgment", 111 Cognition 364 (2009).

Greene,Joshua & Jonathan Cohen, "For Law, Neuroscience Changes Nothing and Everything", in Law & the Brain (SemirZeki & Oliver Goodenough eds. ,2006).

Greene,Joshua & Jonathan Haidt, "How (and Where) Does Moral Judgment Work?", 6 Trends in Cog. Sci. 517 (2002).

Greene, Joshua D. & Joseph M. Paxton, "Patterns of Neural Activity Associated with Honest and Dishonest Moral Decisions", 106 Proc.

Nat. Acad. Sci. 12506 (2009).

Gurley, J. R. & D. K. Marcus, "The Effects of Neuroimaging and Brain Injury on Insanity Defenses", 26 Behav. Sci. & Law 85 (2008).

Hacker, P. M. S., "Language, Rules and Pseudo-Rules", 8 Language & Comm. 159 (1988).

Hacker, P. M. S., "Chomsky's Problems", 10 Language & Comm. 127 (1990).

Hacker, P. M. S., "Eliminative Materialism", in Wittgenstein and Contemporary Philosophy of Mind 83 (Severin Schroeder ed., 2001).

Hacker, P. M. S., Human Nature: The Categorical Framework (2007).

Hale, Bob & Crispin Wright eds., A Companion to the Philosophy of Language (1999).

Harman, Gilbert, Kelby Mason & Walter Sinnott-Armstrong, "Moral Reasoning", in The Moral Psychology Handbook (John M. Doris ed., 2010).

Hart, H. L. A., Punishment and Responsibility (2nd ed., 2008).

Hawthorne, James, "Inductive Logic", in Stanford Encyclopedia of Philosophy (2012), available at: http://plato. stanford. edu /entries /logic-inductive /.

Hauser, Marc D., Moral Minds (2006).

Haynes, Sandra D., Don Rojas & Wayne Viney, "Free Will, Determinism, and Punishment", 93 Psych. Rev. 1013 (2003).

Henig, Marantz, "Looking for the Lie", New York Times Magazine, February 5(2006).

Hetherington, Stephen, "How to Know (That Knowledge-That Is Knowledge-How)", in Epistemology Futures (Stephen Hetherington ed., 2006).

Hoffman, Morris B., "The Neuroeconomic Path of the Law", in Law & the Brain (Semir Zeki & Oliver Goodenough eds., 2006).

Hotz, Robert Lee, "The Brain, Your Honor, Will Take the Witness Stand", Wall St. J., Jan. 16(2009).

Ito, Ayahito et al. , "The Dorsolateral Prefrontal Cortex in Deception When Remembering Neutral and Emotional Events", 69 Neuroscience Research 121 (2011).

Jackson, Frank, From Metaphysics to Ethics: A Defence of Conceptual Analysis (2000).

Jolls, Christine, Cass R. Sunstein & Richard Thaler, "A Behavioral Approach to Law and Economics", 50 Stan. L. Rev. 1471 (1998).

Jones, Owen D. et al. , "Brain Imaging for Legal Thinkers: A Guide for the Perplexed", 5 Stan. Tech. L. Rev. (2009).

Kahane, Guy et al. , "The Neural Basis of Intuitive and Counterintuitive Moral Judgment", 7 Soc. Cognitive and Affective Neuroscience 393 (2012).

Kamm, F. M. , "Neuroscience and Moral Reasoning: A Note on Recent Research", 37 Phil. & Pub. Affairs 331 (2009).

Kant, Immanuel, The Metaphysics of Morals (Mary J. Gregor trans. , 1996).

Katz, Leo, Bad Acts and Guilty Minds (1987).

Katz, Leo, Why the Law is so Perverse (2011).

Kaylor-Hughes, Catherine J. , et al. , "The Functional Anatomical Distinction between Truth Telling and Deception Is Preserved among People with Schizophrenia", 21 Crim. Behavior & Mental Health 8 (2011).

Keckler, Charles N. W. , "Cross-Examining the Brain: A Legal Analysis of Neural Imaging for Credibility Impeachment", 57 Hastings L. J. 509 (2006).

Kenny, Anthony, Freewill and Responsibility (1978).

Kenny, Anthony, The Legacy of Wittgenstein (1984).

Kitcher, Philip, The Ethical Project (2011).

Knobe, Joshua, "Intentional Actions and Side Effects in Ordinary Language", 63 Analysis 190 (2003).

Knobe, Joshua & Shaun Nichols eds. , Experimental Philosophy (2008).

Kolber, Adam, "The Experiential Future of Law", 60 Emory L. J. 585 (2011).

Kolber, Adam, "Smooth and Bumpy Laws", 102 Cal. L. Rev. (2014), available at: http://ssrn. com /abstract=1992034.

Kong, J. et al. , "Test-Retest Study of fMRI Signal Change Evoked by Electro-Acupuncture Stimulation", 34 NeuroImage 1171 (2007).

Kornblith, Hilary, "What is Naturalistic Epistemology?", in Naturalizing Epistemology (Hilary Kornblith ed. , 2nd ed. 1997).

Kozel, F. Andrew et al. , "A Pilot Study of Functional Magnetic Resonance Imaging Brain Correlates of Deception in Healthy Young Men", 16 J. Neuropsychiatry Clin. Neurosci. 295 (2004).

Kozel, F. Andrew et al. , "Detecting Deception Using Functional Magnetic Resonance Imaging", Biol. Psychiatry 58 (2005).

Kozel, F. Andrew et al. , "Functional MRI Detection of Deception after Committing a Mock Sabotage Crime", 54 J. Forensic Sci. 220 (2009).

Kozel, F. Andrew et al. , "Replication of Functional MRI Detection of Deception", 2 Open Forensic Sci. J. 6 (2009).

Laird, Philip Johnson, How We Reason (2008).

Langleben, Daniel D. et al. , "Brain Activity during Simulated Deception: An Event-Related Functional Magnetic Resonance Study", 15 Neuroimage 727 (2002).

Langleben, Daniel D. & Jane Campbell Moriarty, "Using Brain Imaging for Lie Detection: Where Science, Law and Policy Collide", 19 Psych. , Pub. Pol. & Law 222 (2013).

Lee, Tatia M. C. et al. , "Lie Detection by Functional Magnetic Resonance Imaging", 15 Human Brain Mapping 157 (2002).

Lee, Tatia M. C. et al. , "Lying about the Valence of Affective Pictures: An fMRI Study", 5 PLoS ONE (2010).

LeDoux, Joseph, The Emotional Brain: The Mysterious Underpinnings of Emotional Life (1998).

Lehembre, Rémy et al., "Electrophysiological Investigations of Brain Function in Coma, Vegetative and Minimally Conscious Patients", 150 Arch. Ital. Biol. 212 (2012).

Lehrer, Keith, Theory of Knowledge (2nd ed., 2000).

Leiter, Brian, Nietzsche on Morality (2002).

Leiter, Brian, "Legal Realism and Legal Positivism Reconsidered", in Naturalizing Jurisprudence (2007).

Leiter, Brian, "Postscript to Part II: Science and Methodology in Legal Theory", in Naturalizing Jurisprudence (2007).

Leiter, Brian, "Legal Formalism and Legal Realism: What Is the Issue?", 16 Legal Theory 111 (2010).

Levy, Neil, Neuroethics: Challenges for the 21st Century (2007).

Levy, Neil, "Introducing Neuroethics", 1 Neuroethics 1 (2008).

Lewis, David, "Are We Free to Break the Laws?", 47 Theoria 112 (1981).

Lhermitte, F., "Utilization Behaviour and Its Relation to Lesions of the Frontal Lobes", 106 Brain 237 (1983).

Libet, Benjamin, "Unconscious Cerebral Initiative and the Role of Conscious Will in Voluntary Action", 8 Behav. & Brain Sci. 529 (1985).

Libet, Benjamin, "Are the Mental Experiences of Will and Self-Control Significant for the Performance of a Voluntary Act?" 10 Behav. & Brain Sci. 783 (1997).

Libet, Benjamin, Mind Time (2004).

Luck, Steven J., An Introduction to the Event-Related Potential Technique (2005).

The MacArthur Foundation's "Research Network on Law and Neuroscience", available at: http://www.lawneuro.org/.

Marcus, Eric, Rational Causation (2012).

Margolis, Eric & Stephen Laurence, "Concepts", in Stanford Encyclopedia of Philosophy (2011), available at: http: //plato. stanford. edu /entries / concepts /.

Markel, Dan, "What Might Retributive Justice Be? An Argument for the Confrontational Conception of Retributivism", in Retributivism: Essays on Theory and Policy (Mark D. White ed. ,2011).

Maroney, Terry A. , "The False Promise of Adolescent Brain Science in Juvenile Justice", 85 Notre Dame L. Rev. 89 (2009).

Maroney, Terry A. , "Adolescent Brain Science after Graham v. Florida", 86 Notre Dame L. Rev. 765 (2011).

Maroney, Terry A. , "The Persistent Cultural Script of Judicial Dispassion", 99 Cal. L. Rev. 629 (2011).

Matthews, Robert J. , The Measure of Mind: Propositional Attitudes and Their Attribution (2010).

Mayberg, Helen, "Does Neuroscience Give Us New Insights into Criminal Responsibility?", in A Judge's Guide to Neuroscience: A Concise Introduction (Michael S. Gazzaniga & Jed S. Rakoff eds. ,2010).

MvidcCP. abe, Da et al. , "The Influence of fMRI Lie Detection Evidence on Juror Decision-Making", 29 Behav. Sci. & Law 566 (2011).

McCabe, David P. & Alan D. Castel, "Seeing Is Believing: The Effect of Brain Images on Judgments of Scientific Reasoning", 107 Cognition 343 (2008).

McCabe, Kevin & Laura Inglis, "Using Neuroeconomics Experiments to Study Tort Reform", Mercatus Policy Series (2007).

McKay, Thomas & Michael Nelson, "Propositional Attitude Reports", in Stanford Encyclopedia of Philosophy (2010), available at: http: //plato. stanford. edu /entries / prop-attitude-reports /.

Meixner, John B. , Comment, "Liar, Liar, Jury's the Trier? The Future of Neuroscience-Based Credibility Assessment in the Court", 106 Nw. U.

L. Rev. 1451 (2012).

Meixner, John B. & J. Peter Rosenfeld, "A Mock Terrorism Application of the P300-Based Concealed Information Test", 48 Phospyhcysiology 149 (2011).

Mele, Alfred R., Effective Intentions: The Power of Conscious Will (2009).

Merrill, Thomas W. & Henry E. Smith, "The Morality of Property", 48 Wm. & Mary L. Rev. 1849 (2007).

Mertens, Ralf & John J. B. Allen, "The Role of Psychophysiology in Forensic Assessments: Deception Detection, ERPs, and Virtual Reality Mock Crime Scenarios", 45 Psychophysiology 286 (2008).

Mikhail, John, "Moral Cognition and Computational Theory", in Moral Psychology, Vol. 3: The Neuroscience of Morality: Emotion, Disease, and Development (Walter Sinnott-Armstrong ed., 2007).

Mikhail, John, "Universal Moral Grammar: Theory, Evidence, and the Future", 11 Trends in Cognitive Sci. 143 (2007).

Mikhail, John, "Moral Grammar and Intuitive Jurisprudence: A Formal Model of Unconscious Moral and Legal Knowledge", 50 Psych. of Learning and Motivation 5 (2009).

Mikhail, John, Elements of Moral Cognition: Rawls' Linguistic Analogy and the Cognitive Science of Moral and Legal Judgments (2011).

Mikhail, John, "Emotion, Neuroscience, and Law: A Comment on Darwin and Greene", 3 Emotion Review 293 (2011).

Mikhail, John, "Review of Patricia S. Churchland, Braintrust: What Neuroscience Tells Us about Morality", 123 Ethics 354 (2013).

Miller, Gregory A., "Mistreating Psychology in the Decades of the Brain", 5 Perspectives Psych. Sci. 716 (2010).

Milne, A. A., Winnie-the-Pooh (2009).

Moenssens, Andre A., "Brain Fingerprinting—Can It Be Used to Detect the Innocence of a Person Charged with a Crime?", 70 UMKC L. Rev. 891

（2002）.

Mohamed, Feroze B. et al. , "Brain Mapping of Deception and Truth Telling about an Ecologically Valid Situation: Functional MR Imaging and Polygraph Investigation—Initial Experience", 238 Radiology 697 (2006).

Monastersky, Richard, "Religion on the Brain", Chron. Higher Ed. A15 (May 2006).

Monteleone, G. T. et al. , "Detection of Deception Using fMRI: Better than Chance, but Well Below Perfection", 4 Social Neuroscience 528 (2009).

Moore, Michael, Act and Crime: The Philosophy of Action and Its Implications for Criminal Law (1993).

Moore, Michael, Placing Blame: A General Theory of the Criminal Law (1998).

Moore, Michael, "Libet's Challenge (s) to Responsible Agency", in Conscious Will and Responsibility (Walter Sinnott-Armstrong & Lynn Nadel eds. , 2011).

Moore, Michael, "Responsible Choices, Desert-Based Legal Institutions, and the Challenges of Contemporary Neuroscience", 29 Soc. Phil. & Policy 233 (2012).

Moreno, Joëlle Anne, "The Future of Neuroimaged Lie Detection and the Law", 42 Akron L. Rev. 717 (2009).

Mnookin, Jennifer L. , "The Image of Truth: Photographic Evidence and the Power of Analogy", 10 Yale J. L. & Human. 1 (1998).

Morse, Stephen J. , "Diminished Rationality, Diminished Responsibility", 1 Ohio St. Crim. L. 289 (2003).

Morse, Stephen J. , "New Neuroscience, Old Problems", in Neuroscience and the Law: Brain, Mind, and the Scales of Justice (Brent Garland ed. , 2004).

Morse, Stephen J. , "Criminal Responsibility and the Disappearing Person", 28 Cardozo Law Review 2545 (2007).

Morse, Stephen J. , "The Non-Problem of Free Will in Forensic Psychiatry and Psychology", 25 Behav. Sci. & Law 203 (2007).

Morse, Stephen J. , "Determinism and the Death of Folk Psychology: Two Challenges to Responsibility from Neuroscience", 9 Minn. J. L Sci. & Tech. 1 (2008).

Morse, Stephen J. , "Mental Disorder and Criminal Law", 101 J. Crim. & Criminology 885 (2011).

Mueller, Pam, Lawrence M. Solano & hnJ M. Darley, "When Does Knowledge Become Intent? Perceiving the Minds of Wrongdoers", 9 J. Emp. Legal Stud. 859 (2012).

Murphy, Erin, "DNA and the Fifth Amendment", in The Political Heart of Criminal Procedure: Essays on Themes of William J. Stuntz (Michael Klarman et al. eds. , 2012).

Murphy, Erin, "The Politics of Privacy in the Criminal Justice System: Information Disclosure, The Fourth Amendment, and Statutory Law Enforcement Exemptions", 111 Mich. L. Rev. 485 (2013).

Murray, R. et al. , "Cognitive and Motor Assessment in Autopsy-Proven Corticobasal Degeneration", 68 Neurology 1274 (2007).

Nadelhoffer, Thomas, "Neural Lie Detection, Criterial Change, and Ordinary Language", 4 Neuroethics 205 (2011).

Nadelhoffer, Thomas et al. , "Neuroprediction, Violence, and the Law: Setting the Stage", 5 Neuroethics 67 (2012).

Nadler, Janice, "Blaming as a Social Process: The Influence of Character and Moral Emotion on Blame", 75 Law & Contemp. Probs. 1 (2012).

Nagareda, Richard A. , "Compulsion 'to Be a Witness' and the Resurrection of Boyd", 74 N. Y. U. L. Rev. 1575 (1999).

Nahmias, Eddy et al. , "Surveying Freedom: Folk Intuitions About Free Will and Moral Responsibility", 18 Phil. Psych. 561 (2005).

National Research Council, The Polygraph and Lie Detection (2003).

National Research Council, Strengthening Forensic Science in the United States: A Path Forward (2009).

Noë, Alva, Out of Our Heads: Why You Are Not Your Brain, Other Lessons from the Biology of Consciousness (2010).

Nunez, Jennifer Maria et al., "Intentional False Responding Shares Neural Substrates with Response Conflict and Cognitive Control", 267 NeuroImage 605 (2005).

Oakley, David A. & Peter W. Halligan, "Hypnotic Suggestion and Cognitive Neuroscience", 13 Trends in Cog. Neuroscience (2009).

O'Hara, Erin Ann, "How Neuroscience Might Advance the Law", in Law & the Brain (SemirZeki & Oliver Goodenough eds., 2006).

Owen, Adrian M. & Martin R. Coleman, "Functional Neuroimaging of the Vegetative State", 9 Nature Rev. Neuro. 235 (2008).

Papineau, David, "Naturalism", in Stanford Encyclopedia of Philosophy (2007), available at: http://plato.stanford.edu/entries/naturalism/.

Pardo, Michael S., "Disentangling the FourthAmendment and the Self-Incrimination Clause", 90 Iowa L. Rev. 1857 (2005).

Pardo, Michael S., "Neuroscience Evidence, Legal Culture, and Criminal Procedure", 33 Am. J. Crim. L. 301 (2006).

Pardo, Michael S., "Self-Incrimination and the Epistemology of Testimony", 30 Cardozo L. Rev. 1023 (2008).

Pardo, Michael S., "Testimony", 82 Tulane L. Rev. 119 (2007).

Pardo, Michael S., "Upsides of the American Trial's 'Anticonfluential' Nature: Notes on Richard K. Sherwin, David Foster Wallace, and James O. Incandenza", in Imagining Legality: Where Law Meets Popular Culture (Austin Sarat ed., 2011).

Pardo, Michael S., "Rationality", 64 Ala. L. Rev. 142 (2012).

Pardo, Michael S. & Dennis Patterson, "Philosophical Foundations of Law and Neuroscience", 2010 Univ. Illinois L. Rev. 1211 (2010).

Pardo, Michael S. & Dennis Patterson, "Minds, Brains, and Norms", 4 Neuroethics 179 (2011).

Pardo, Michael S. & Dennis Patterson, "More on the Conceptual and the Empirical: Misunderstandings, Clarifications, and Replies", 4 Neuroethics 215 (2011).

Pardo, Michael S. & Dennis Patterson, "Neuroscience, Normativity, and Retributivism", in The Future of Punishment (Thomas A. Nadelhoffer ed. , 2013).

Patterson, Dennis, "The Poverty of Interpretive Universalism: Toward the Reconstruction of Legal Theory", 72 Tex. L. Rev. 1 (1993).

Patterson, Dennis, "Langdell's Legacy", 90 Nw. U. L. Rev. 196 (1995).

Patterson, Dennis, Law and Truth (1996).

Patterson, Dennis, "Fashionable Nonsense", 81 Tex. L. Rev. 841 (2003).

Patterson, Dennis, "Review of Philosophical Foundations of Neuroscience", Notre Dame Philosophical Reviews (2003), available at: http://ndpr. nd. edu /review. cfm? id=1335.

Patterson, Dennis, "Dworkin on the Semantics of Legal and Political Concepts", 26 Oxford J. Legal Studies 545 (2006).

Peter, Fabienne, o"liPtical Legitimacy", in Stanford Encyclopedia of Philosophy (2010), available at: http://plato. stanford. edu /entries /legitimacy /.

Pettys, Todd E. , "The Emotional Juror", 76 Fordham L. Rev. 1609 (2007).

Plato, Theaetetus (Robin H. Waterfield trans. , 1987).

Poldrack, Russell A. , "Can Cognitive Processes Be Inferred from Neuroimaging Data?", 10 Trends in Cog. Sci. 79 (2006).

Poldrack, Russell A. , "The Role of fMRI in Cognitive Neuroscience: Where Do We Stand?", 18 Curr. Opinion Neurobiology 223 (2008).

Prinz, Jesse J. & Shaun Nichols, "Moral Emotions", in The Moral Psychology Handbook (John M. Doris ed. , 2010).

Purdy, Jedediah, "The Promise (and Limits) of Neuroeconomics", 58 Ala.

L. Rev. 1 (2006).

Pustilnik, Amanda C., "Violence on the Brain: A Critique of Neuroscience in Criminal Law", 44 Wake Forest L. Rev. 183 (2009).

Pustilnik, Amanda C., "Pain as Fact and Heuristic: How Pain Neuroimaging Illuminates Moral Dimensions of Law", 97 Cornell L. Rev. 801 (2012).

Pustilnik, Amanda C., "Neurotechnologies at the Intersection of Criminal Procedure and Constitutional Law", in The Constitution and the Future of the Criminal Law (John Parry & L. Song Richardson eds., forthcoming 2013), available at: http://ssrn.com/abstract=2143187.

Putnam, Hilary, "Aristotle's Mind and the Contemporary Mind", in Philosophy in an Age of Science: Physics, Mathematics, and Skepticism (Mario De Caro & David Macarthur eds., 2012).

Putnam, Hilary, "The Content and Appeal of 'Naturalism,'" in Philosophy in an Age of Science: Physics, Mathematics, and Skepticismi(Mar eds., 2012).

Putnam, Hilary & Martha Nussbaum, "Changing Aristotle's Mind", in Essays on Aristotle's "De Anima" (M. C. Nussbaum & A. O. Rorty eds., 1992).

Quine, W. V. O., "Epistemology Naturalized", in Ontological Relativity and Other Essays (1969).

Quine, W. V. O., "Two Dogmas of Empiricism", in From a Logical Point of View (1980). Quine, W. V. O., Pursuit of Truth (2nd ed. 1992).

Raichle, Marcus, "What Is an fMRI?", in A Judge's Guide to Neuroscience: A Concise Introduction (Michael S. Gazzaniga & Jed S. Rakoff eds., 2010).

Ramsey, William, "Eliminative Materialism", in Stanford Encyclopedia of Philosophy (2007) at: http://plato.stanford.edu/entries/materialism-eliminative/.

Restack, Richard M., The Modular Brain (1994).

Risinger, D. Michael, "Navigating Expert Reliability: Are Criminal Standards of Certainty Being Left on the Dock?", 64 Alb. L. Rev. 99 (2000).

Rissman, Jesse, Henry T. Greely & Anthony D. Wagner, "Detecting Individual Memories through the Neural Decoding of Memory States and Past Experience", 107 PNAS 9849 (2012).

Ristroph, Alice, "Proportionality as a Principle of Limited Government", 55 Duke L. J. 263 (2005).

Robins, Sarah K. & Carl F. Craver, "No Nonsense Neuro-Law", 4 Neuroethics 195 (2011).

Robinson, Howard, "Dualism", in Stanford Encyclopedia of Philosophy (2011), available at: http://plato. stanford. edu /entries /dualism /.

Robinson, Paul H., "Empirical Desert", in Criminal Law Conversations (Paul Robinson, Stephen Garvey & Kimberly Ferzan eds. , 2009).

Robinson, Paul H. & John M. Darley, "Intuitions of Justice: Implication for Criminal Law and Justice Policy", 81 S. Cal. L. Rev. 1 (2007).

Robinson, Paul H. & Jane A, Grall, "Element Analysis in Defining Criminal Liability: The Model Penal Code and Beyond", 35 Stan. L. Rev. 681 (1983).

Robinson, Paul H., Owen D. Jones & Robert Kurzban, "Realism, Punishment, and Reform", 77 U. Chi. L. Rev. 1611 (2010).

Rorty, Richard, "The Brain as Hardware, Culture as Software", 47 Inquiry 219 (2004).

Rorty, Richard, "Born to Be Good", New York Times, August 27, 2006.

Rosen, Jeffrey, "The Brain on the Stand", New York Times Mag. , March 11, 2007.

Rosenfeld, J. Peter et al. , "A Modified, Event-Related Potential-Based Guilty Knowledge Test", 42 Int'l J. Neuroscience 157 (1988).

Roskies, Adina L. , "Neuroimaging and Inferential Distance", 1 Neuroethics 19 (2008).

Rubinstein, Ariel, "Comment on Neuroeconomics", 24 Econ. & Phil. 485 (2008).

Ryle, Gilbert, The Concept of Mind (1949).

Sanfey, Alan G., et al., "The Neural Basis of Economic Decision-Making in the Ultimatum Game", 300 Science 1755 (2003).

Sanfey, Alan G., et al., "Neuroeconomics: Cross-Currents in Research on Decision-Making", 10 Trends in Cog. Sci. 108 (2006).

Sarkar, Shahotra, "Models of Reduction and Categories of Reductionism", 91 Synthese 167 (1991).

Shapira-Ettinger, Karen, "The Conundrum of Mental States: Substantive Rules and Evidence Combined", 28 Cardozo L. Rev. 2577 (2007).

Schauer, Fred, "Can Bad Science Be Good Evidence? Neuroscience, Lie Detection, and Beyond", 95 Cornell L. Rev. 1191 (2010).

Schauer, Fred, "Lie Detection, Neuroscience, and the Law of Evidence", available at: http://ssrn.com/abstract=2165391 (last visited 2013-04-17).

Schmitz, Rémy, Hedwige Dehon & Philippe Peigneux, "Lateralized Processing of False Memories and Pseudoneglect in Aging", Cortex (published online June 29, 2012).

Schweitzer, N. J. et al., "Neuroimage Evidence and the Insanity Defense", 29 Behav. Sci. & Law 592 (2011).

Schweitzer, N. J. et al., "Neuroimages as Evidence in a Mens Rea Defense: No Impact", 17 Psychol., Pub. Policy & Law 357 (2011).

Schulte, Joachim, Wittgenstein: An Introduction (William H. Brenner & John F. Holley trans., 1992).

Soehanrle, J, "End of the Revolution", N. Y. Rev. Books, Feb. 28, 2002.

Searle, John, "Putting Consciousness Back in the Brain: Reply to Bennett and Hacker, Philosophical Foundations of Neuroscience", in Neuroscience and Philosophy: Brain, Mind and Language (2007).

Segal, Jeffrey A. & Harold J. Spaeth, The Supreme Court and the Attitudinal

Model Revisited (2002).

Seidmann, Daniel J. & Alex Stein, "The Right to Silence Helps the Innocent: A Game-Theoretic Approach to the Fifth Amendment Privilege", 114 Harv. L. Rev. 430 (2000).

Sharrock, Wes & Jeff Coulter, "ToM: A Critical Commentary", 14 Theory & Psychol. 579 (2004).

Shen, Francis X., "The Law and Neuroscience Bibliography: Navigating the Emerging Field of Neurolaw", 38 Int. J. Legal. Information 352 (2010).

Shen, Francis X. et al., "Sorting Guilty Minds", 86 N. Y. U. L. Rev. 1306 (2011).

Shen, Francis X. & Owen D. Jones, "Brain Scans as Legal Evidence: Truth, Proof, Lies, and Lessons", 62 Mercer L. Rev. 861 (2011).

Sherwin, Richard K., "Law's Screen Life: Criminal Predators and What to Do about Them", in Imaging Legality: Where Law Meets Popular Culture (Austin Sarat ed., 2011).

Simons, Daniel J. & Christopher F. Chabris, "What People Believe about How Memory Works: A Representative Survey of the U. S. Population", 6 PLoS ONE 5 (2011).

Simons, Kenneth W., "Rethinking Mental States", 72 B. U. L. Rev. 463 (1992).

Simons, Kenneth W., "Retributivism Refined—or Run Amok?", 77 U. Chi. L. Rev. 551 (2010).

Simons, Kenneth W., "Statistical Knowledge Deconstructed", 92 B. U. L. Rev. 1 (2012).

Sinnott-Armstrong, Walter et al., "Brain Scans as Legal Evidence", 5 Episteme 359 (2008).

Sinnott-Armstrong, Walter & Ken Levy, "Insanity Defenses", in The Oxford Handbook of Philosophy of Criminal Law (John Deigh & David

Dolinko eds. ,2011).

Sip,Kamila E. et al. ,"The Production and Detection of Deception in an Interactive Game", 48 Neuropsychologia 3619 (2010).

Slobogin,Christopher,Proving the Unprovable:The Role of Law,Science, and Speculation in Adjudicating Culpability and Dangerousness (2007).

Smilansky,Saul,"Hard Determinism and Punishment:A Practical Reductio", 30 Law & Phil. 353 (2011).

Snead,O. Carter,"Neuroimaging and the 'Complexity' of Capital Punishment", 82 N. Y. U. L. Rev. 1265 (2007).

Sorensen,Roy,"Epistemic Paradoxes", in Stanford Encyclopedia of Philosophy (2011),http://plato. stanford. edu /entries /epistemic-paradoxes / ♯ MooPro.

Spence,Sean A. et al. ,"Behavioural and Functional Anatomical Correlates of Deception in Humans", 12 NeuroReport 2849 (2001).

Spence,SeanA. et al. ,"A Cognitive NeurobiologicalAccount of Deception: Evidence from Functional Neuroimaging", 359 Phil. Trans. R. Soc. Lond. 1755 (2004).

Spence,Sean A. et al. ,"Speaking of Secrets and Lies:The Contribution of Ventrolateral Prefrontal Cortex to Vocal Deception", 40 NeuroImage 1411 (2008).

Spranger ed. ,International Neurolaw:A Comparative Analysis (2012).

Stake,Jeffrey Evans, "The Property 'Instinct,'" in Law & the Brain (SemirZeki & Oliver Goodenough eds. ,2006).

Stanley,Jason,Know How (2011).

Strawson,P. F. ,Analysis and Metaphysics (1992).

Stuntz,William J. , "Self-Incrimination and Excuse", 88 Colum. L. Rev. 1227 (1988).

Stuntz,William J. ,The Collapse of American Criminal Justice (2011).

Sumner,Petroc & Masud Husain,"At the Edge of Consciousness:Automatic Motor Activation and Voluntary Control", 14 Neuroscientist 476 (2008).

Sutton, Samuel et al., "Evoked-Potential Correlates of Stimulus Uncertainty", 150 Science 1187 (1965).

Tallis, Raymond, "License My Roving Hands", Times Literary Supplement 13 (Apr. 11, 2008).

Tallis, Raymond, Aping Mankind: Neuromania, Darwinitis, and the Misrepresentation of Humanity (2011).

Tancredi, Laurence R., "Neuroscience Developments and the Law", in Neuroscience & the Law: Brain, Mind, and the Scales of Justice (Brent Garland ed., 2004).

Taylor, Charles, "Interpretation and the Sciences of Man", in Philosophy and the Human Sciences: Philosophical Papers 2 (1985).

Thagard, Paul, The Brain and the Meaning of Life (2012).

Thomson, Judith Jarvis, "The Trolley Problem", 94 Yale L. J. 1395 (1985).

Thomson, Judith Jarvis, "Turning the Trolley", 36 Phil. & Pub. Affairs 359 (2008).

Thompson, Sean Kevin, Note, "The Legality of the Use of Psychiatric Neuroimaging in Intelligence Gathering", 90 Cornell L. Rev. 1601 (2005).

Tversky, Amos & Daniel Kahneman, "Extensional Versus Intuitive Reasoning: The Conjunction Fallacy in Probability Judgment", in Heuristics and Biases: The Psychology of Intuitive Judgment (Thomas Gilovich et al. eds., 2002).

Uttal, William R., The New Phrenology: The Limits of Localizing Cognitive Processes in the Brain (2003).

Uviller, H. Richard, "Foreword: Fisher Goes on Quintessential Fishing Expedition and Hubbell Is Off the Hook", 91 J. Crim. & Criminology 311 (2001).

van Inwagen, Peter, "How to Think about the Problem of Free Will", 12 Ethics (2008): 327, 330.

Varzi, Achille, "Mereology", in Stanford Encyclopedia of Philosophy (2009) http: //plato. stanford. edu /entries /mereology /.

Vidmar, Neil & Valerie P. Hans, American Juries: The Verdict (2007).

Vohs, Kathleen D. & Jonathan W. Schooler, "The Value of Believing in Free Will: Encouraging a Belief in Determinism Increases Cheating", 19 Psych. Sci. 49 (2008).

Wagner, Anthony, "Can Neuroscience Identify Lies?", in A Judge's Guide to Neuroscience: A Concise Introduction (Michael S. Gazzaniga & Jed S. Rakoff eds. ,2010).

Wegner, Daniel M. , The Illusion of Conscious Will (2003).

Weisberg, Deena Skolnick et al. , "The Seductive Allure of Neuroscience Explanations", 20 J. Cog. Neuroscience 470 (2008).

Westen, Peter, "Getting the Fly Out of the Bottle: The False Problem of Free Will and Determinism", 8 Buffalo Crim. L. Rev. 599 (2005).

White, Amy E. , "The Lie of fMRI: An Examination of the Ethics of a Market in Lie Detection Using Functional Magnetic Resonance Imaging", HEC Forum (2012).

Williams, Meredith, Wittgenstein, Mind and Meaning: Toward a Social Conception of Mind (1999).

Williamson, Timothy, "Past the Linguistic Turn?", in The Future for Philosophy (Brian Leiter ed. ,2004).

Williamson, Timothy, The Philosophy of Philosophy (2007).

Wilson, Mark, Wandering Significance: An Essay on Conceptual Behavior (2006).

Wittgenstein, Ludwig, Philosophical Investigations (G. E. M. Anscombe trans. ,1953).

Wittgenstein, Ludwig, The Blue and Brown Books (1958).

Wolpe, Paul Root, Kenneth Foster & Daniel D. Langleben, "Emerging Neurotechnologies for Lie Detection: Promises and Perils", 5 Am. J.

Bioethics 39 0(250).

Wood, David, "Punishment: Nonconsequentialism", 5 Philosophy Compass 470 (2010).

Woods, Andrew K., "Moral Judgments & International Crimes: The Disutility of Desert", 52 Va. J. Int. L. 633 (2012).

Wright, R. George, "Electoral Lies and the Broader Problems of Strict Scrutiny", 64 Fla. L. Rev. 759 (2012).

Yaffe, Gideon, "Libet and the Criminal Law's Voluntary Act Requirement", in Conscious Will and Responsibility (Walter Sinnott-Armstrong & Lynn Nadel eds., 2011).

Zak, Paul, "Neuroeconomics", in Law & the Brain (Semir Zeki & Oliver Goodenough eds., 2006).

案　例

Atwater v. Lago Vista,532 U. S. 318 (2001),154n37,160n73

Baltimore City Dep't of Soc. Servs. v. Bouknight, 493 U. S. 549 (1990),
　　169n111 Barnard, United States v. , 490 U. S. 907 (9th Cir. 1973),
　　118nn168-70

Baxter v. Palmigiano,425 U. S. 308 (1976),169n111

Berger v. New York,388 U. S. 41 (1967),152n21

Bd. of Educ. v. Earls,122 S. Ct. 2559 (2002),153n30,155n40

Brower v. County of Inyo,489 U. S. 593 (1989),151n18

California v. Acevedo,500 U. S. 565 (1991),152n26

California v. Byers 402 U. S. 424 (1971),169n111

California v. Hodari D. ,499 U. S. 621 (1991),151nn18-19,154nn33,38

Chadwick,United States v. ,433 U. S. 1 (1977),151n11

Chavez v. Martinez,538 U. S. 760 (2003),150n7,176n144,177nn146-47

Chimel v. California,395 U. S. 752 (1969),152n28

Clark v. Arizona,548 U. S. 735 (2006),141n77,142n18403,n82,146nn93-94

Cooper Indus. ,Inc. v. Leatherman Tool Group,Inc. ,532 U. S. 424 (2001),59n61

Daubert v. Merrell Dow Pharm. ,Inc. ,509 U. S. 579 (1993),90n59,115,
　　116,116nn161-62

译后记

　　这本书虽然是关于心智、大脑和法律的著作，但实质是一部哲学书籍，颇具批判意识。全书具有较强的思辨性，一些理论话语比较艰深晦涩，但作者尽可能采用一些具体事例进行演绎说明，实属不易。为了帮助大家更好地理解，特对相关问题说明如下。

　　1. 关于心智

　　原文"mind"一词，有多种译法，如"意识""精神""思想""主意""心理""心灵""智力"等等，本书在多数时候采用"心智"的译法，但在一些地方，结合上下文语境及中文表达习惯，译为"精神"或"意识"等。

　　2. 关于大脑

　　《现代汉语词典》认为"脑"是"动物中枢神经的主要部分，位于头部。人脑管全身知觉、运动和思维、记忆等活动，由大脑、小脑和脑干等部分构成"。本书中的 brains 确切地说应该翻译为"人脑"，但是为了兼顾中文表达习惯，满足语句通顺的要求，书中通常宽泛地译为"大脑""脑""人脑"，其意并非特指脑的某个细分部分，就像著名综艺节目《最强大脑》一样，其中的"大脑"其实也是泛指。我们认为这总体是契合原书作者表达的意思的，因为原文中 brains 在大多数情况下，也是泛指我们头部用于控制思维、感觉、运动的器官。

　　3. 关于经验与实证

　　"empirical"指的是来源于实验和观察，基于科学测试或基于实践经验，而不是理论。该词通常译为"经验的"或"实证的"，比较权威的《元照英美法词典》采用的是"经验"一说。本书在具体译法上，考虑到行文流畅性，两种译法兼而有之。

4.关于特权

"privilege"通常翻译为"特权",在文中主要指嫌疑人"不得自证其罪"的"特权"。这与中文的"特权"字面意思有一定差异,中文的"特权"更多的是指个别人相对于一般人享有特殊的权利待遇。因此,在理解"不得自证其罪"这一"特权"时,将其当作一项"权利"可能更有助于理解。

笔者尽量避免译不达意(lost in translation)的情况发生,对行文再三推敲,意追求"信、达、雅",然而由于才疏学浅,可能仍存在诸多纰漏,希望读者批评斧正。

在此译著即将重印之际,我想感谢吴旭阳师兄,没有吴师兄的牵线搭桥,就不会有此痛苦并快乐的尝试;我想感谢钱济平、王长刚、陈佩钰编辑的辛勤付出,没有他们的一再督促,就不可能有本书的面世,而作者其实是靠编辑成就的!我还想感谢缪璨如、何季明、李晶洁、许静、徐震宇、张卓明、杨焯等亲友在翻译过程中提供的各种帮助。最后感谢我的父母和我先生的支持,有了他们我才能不过多地考虑经济压力而随心所欲做自己喜欢的事,感谢由由自主自立学习为我节约了不少时间,感谢甲甲总想着坐在我腿上帮我干活。

谨以此铭记他们的贡献!

图书在版编目（CIP）数据

心智、大脑与法律：法律神经科学的概念基础 /
（美）迈克尔·帕尔多，（美）丹尼斯·帕特森著；杨彤
丹译. —杭州：浙江大学出版社，2019.4（2020.6 重印）
（神经科学与社会丛书）
书名原文：Minds，Brains and Law：The Conceptual
Foundations of Law and Neuroscience
ISBN 978-7-308-19111-1

Ⅰ.①心⋯ Ⅱ.①迈⋯ ②丹⋯ ③杨⋯ Ⅲ.①神经科
学—应用—法律—研究 Ⅳ.①Q189 ②D9

中国版本图书馆 CIP 数据核字（2019）第 078666 号

浙江省版权局著作权合同登记图字：11-2016-132 号

心智、大脑与法律：法律神经科学的概念基础

[美]迈克尔·帕尔多　丹尼斯·帕特森　著

杨彤丹　译

责任编辑	钱济平　陈佩钰	
责任校对	杨利军　张培洁	
封面设计	卓义云天	
出版发行	浙江大学出版社	
	（杭州市天目山路 148 号　邮政编码 310007）	
	（网址：http://www.zjupress.com）	
排　　版	杭州中大图文设计有限公司	
印　　刷	浙江印刷集团有限公司	
开　　本	710mm×1000mm　1/16	
印　　张	15.5	
字　　数	243 千	
版 印 次	2019 年 4 月第 1 版　2020 年 6 月第 2 次印刷	
书　　号	ISBN 978-7-308-19111-1	
定　　价	59.00 元